衣领袖
结构设计与制板

房世鹏　著

中国纺织出版社

内 容 提 要

本书科学、系统地介绍了各类服装、各种领型和袖型的结构设计及变化方法。种类全面，不仅讲解衬衫、西裤、西服等常规服装的结构设计，还推出文胸、泳装、婴儿装及各种针织内衣等结构制图，解析服装的结构原理及变化规律，以精确可靠的打板、推板方法和技巧强调服装的专业技术性及可操作性。"照单打板""照衣打板""照图打板"等案例，是本书的一大特色。服装制图简练直观，一目了然，具体翔实，精准到位。服装板型优良，源自服装企业，确保合体、舒适、美观。

本书面向全国广大服装专业师生、服装打板师以及从事服装设计和生产的专业技术人员以及业余爱好者。

图书在版编目（CIP）数据

衣领袖结构设计与制板／房世鹏著. ––北京：中国纺织出版社，2015.1（2024.6重印）

ISBN 978-7-5180-0841-4

Ⅰ．①衣…　Ⅱ．①房…　Ⅲ．①服装—设计②服装量裁　Ⅳ.①TS941.2②TS941.631

中国版本图书馆CIP数据核字（2014）第180671号

———————————————————————

责任编辑：郭　沫　　责任校对：高　涵　　责任印制：王艳丽

———————————————————————

中国纺织出版社出版发行

地址：北京市朝阳区百子湾东里A407号楼　邮政编码：100124

销售电话：010—67004422　传真：010—87155801

http://www.c-textilep.com

中国纺织出版社天猫旗舰店

官方微博http://weibo.com/2119887771

北京虎彩文化传播有限公司印刷　各地新华书店经销

2015年1月第1版　2024年6月第8次印刷

开本：787×1092　1/16　印张：26

字数：487千字　定价：58.00元

———————————————————————

前言

本书以服装生产技术为核心，注重科学性、先进性和实用性。内容多数为原创。以图为主，形象直观，文字简练，通俗易懂，是本书的特色。把服装制板的技术和技巧渗透到各个案例中。讲述深入浅出，具体生动，易学易懂，零基础的初学者也能看懂。本书旨在为服装企业全方位培养技术力量的后备军，打造与现代化服装企业生产接轨、与国际接轨的高素质服装制板和设计技术人才。

本书从结构的视角研究和解析各类服装的款式，系统地阐述服装制板技术的基础知识、专业知识及相关知识，包含了作者在长期生产和教学实践中积累的丰富经验。遵循现代服装生产的规律，理论与实践相结合，把服装制板的重点放在服装结构原理的研究上，从根本上提高学生的综合能力及学生在实践中的应变能力。

一、内容多数来自服装生产第一线。各种数据和技术性指标均经实践验证，科学、合理、成熟、可靠。

二、通过全面系统的梳理整合，使服装行业中凌乱无章的知识，变得条理化、逻辑化、形象化，更加容易理解，便于记忆。

三、服装结构制图及推板放码，标注规范，准确到位。注重服装版型，把合体、舒适、美观作为服装结构设计的硬性标准。

四、首次提出"正省"与"负省"的理论。这一理论更深层揭示服装结构原理，从一个新的切入点，解析服装结构变化中的疑点和难点。

五、推陈出新，与时俱进。近几年流行的最新款式结构、奇特的袖造型、领造型其结构变化方法等技术性的疑难问题，在这里均可找到答案。

六、"照单打板""照衣打板""照图打板"案例，更贴近企业生产，贴近实践。也是该书的一大亮点。

七、文字简练，系统规范，以图为主，形象直观。版面紧凑，信息量大。

本书面向全国大、中专的在校生、毕业生，从事服装设计和生产的专业技术人员以及业余爱好者。也可作为企业的技术培训教材。

由于时间等原因，本书难免有疏漏和不足，敬请广大读者赐教指正。

2014年10月

概述

什么是服装样板？服装样板将根据服装的款式造型、规格尺寸，遵循结构原理和规则，把立体服装分解成平面衣片，制成的供裁剪和制作工艺使用的平面模板，是用较厚的牛皮纸、卡纸、塑料板或金属板等制成。制作样板的过程称作打板，因其主要用于工业生产，也称工业制板。工业制板是服装生产中一个非常重要的环节。

什么是推板？推板也称放码、推档。推板指用一个或两个号的样板作为基准板（也称底板），按一定规律进行缩放、推移，制出同一款式其他多个号型的样板。推板比逐个号型打板不仅节省时间，而且精确度也高，因而在服装企业中一个款式如有两个以上规格的样板，多用推板的方法。推板是制板的一个重要组成部分，因而统称打板推板。

负责打样板的技术人员称打板师，也称版型设计师，版型师，也是设计师之一，版型师在服装企业中属最高层次的技术人员之一。版型师具有一定的权威性，其所担负的责任非常重大，除制作样板外，几乎贯穿服装生产的每个环节，因而对版型师素质的要求是全方位的。一名合格的版型师，不仅要全面掌握系统的服装专业知识，而且应具有丰富的实践经验，掌握扎实的基本功和娴熟的操作技能，具有一定的观察分析能力、逻辑推理能力、判断能力及丰富的想象能力。工业制板涉及人体、版型、结构、材料、工艺生产等方方面面的知识，其专业技术极为复杂，是一门综合性技术。版型师还需要具备灵活的应变能力。

工业制板分为手工制板和CAD制板两种形式。传统的手工制板不需要复杂的设备，使用工具较为简单，因地制宜、灵活实用。但其制板过程是比较繁杂，尤其分板耗时费力，劳动效率较低。随着电子工业的发展，许多企业逐步增添CAD制板系统设备，用CAD进行打板、推板、排板，不仅精确度高，降低劳动强度，而且效率也是手工制板的几倍甚至是几十倍。普及CAD制板是今后发展的方向。但是我们也应该认识到CAD不是万能的，再先进的CAD也仅是一种工具而已，制板过程还需要人去操作，因而学习工业制板，应该先熟练地掌握手工制板的知识和技能，然后再学习CAD制板。有手工制板的基础用CAD制板才会得心应手。

学习工业制板与设计，必须从规格设置、结构制图等服装基础知识入手，深入了解和掌握服装结构原理和版型特征，掌握服装版型的变化规律，同时不断培养自己的观察能力、分析能力、判断能力、逻辑推理能力及创新能力。联系实际，动手和动脑相结合，多操作，多实践，不断提高各种操作技能。脱离实践的理论是空洞的胡编乱造；没有正确理论指导的实践是盲目的蛮干。只有理论密切联系实践，多干，多练，在实践中不断总结经验，吸取教训，逐步丰富自己的专业知识，全面提高自己解决实践中所遇到的问题的能力，制作出高质量的样板，成为一个名副其实的样板师。

什么事情都是干了以后才会，而不是会了以后才干。干了就会，不干永远不会。

近几年服装设计出现一个新趋向，新的款式都产生于新的结构之后，结构变化在先，款式变化在后，以结构变化的创新，带动款式的变化。很多设计工作，都是由打板师承担。

由此可见结构设计的重要性。不懂结构，不懂制板，就不是一名合格的设计师。

目录

上篇 服装基础知识与结构制图

第一章 服装制图基础知识

第一节 长度单位的认识及换算

一、公制

1cm（厘米）=10mm（毫米）
1m（米）=100cm（厘米）

二、英制

1″（英寸）=8英分
1′（英尺）=12″（英寸）
1Y（码）=3′（英尺）=36″（英寸）=91.44cm（厘米）
1″（英寸）=2.54cm（厘米）

三、市制

1丈=10市尺
1市尺=10市寸
1市寸=10市分
1m（米）=3市尺

说明：

（1）厘米（cm）是标准单位；一般外单用英寸；市寸早已淘汰，但是服装行业个别地区仍有使用。

（2）英寸的计数方法：由于英寸不是十进位，而是八进位，不用小数表示，一般都用分数表示。如果使用计算器进行计算时，就必须把分数换算成小数。

四、英寸计数方法

英分	英寸的分数表示	英寸的小数表示
1	1/8″	0.125″
2	2/8″ =1/4″	0.25″
3	3/8″	0.375″

续表

英分	英寸的分数表示	英寸的小数表示
4	4/8″ =1/2″	0.5″
5	5/8″	0.625″
6	6/8″ =3/4″	0.75″
7	7/8″	0.875″
8	8/8″ =1″	1″

第二节　服装制图主要部位代号

代号	中文	英文
L	长　度	Length
H	臀围	Hip Girth
W	腰　围	Waist Girth
B	胸围	Bust Girth
N	领围	Neck Girth
S	肩　宽	Shoulder
SL	袖　长	Sleeve Length
BP	胸高点	Bust Point
NP	颈肩点	Neck Point
AH	袖窿弧长	Arm Hole
FC	前中线	Front Center Line
BL	胸围线	Bust Line
WL	腰围线	Waist Line
HL	臀围线	Hip Line
EL	肘　线	Elbow Line
KL	膝围线	Knee Line
NL	领围线	Neck Line

第三节　服装结构制图的线条和符号

线　条　符　号	名　称	说　明
——————————	结构线（框架线）	构成衣片框架的线条，线条较细
——————————	轮廓线（边线）	由边线构成的衣片的外轮廓，线条较粗
—·—·—·—·	对　折　线	表示衣片双层对折
····················	示　意　线	表示某些衣片的个别线或透视线

线 条 符 号	名 称	说 明
	等 分 线	表示该线段分成若干相等的小段
	省 缝	缝掉衣片包裹人体多余的量
	褶 裥	褶裥也称活褶
	明裥暗裥	向外折的为明裥，向内折的为暗裥
	经向符号	表示衣片在面料上的方向，该符号为面料的经纱方向
	标 注 线	表示该线段的长度
	垂 直 角	表示两条线呈90° 垂直角
	等距符号	相同符号的线段长度相同
	缉 明 线	在衣片的某些部位缉明线
	交叉（重叠）	表示两个衣片相交叉、重叠及长度相等
	断 开	画结构图的空间不够长，可把衣片假设中间断开
	省缝转移	在样板上某一部位的省缝合并，使其他部位的切线展开，形成新的省缝，这一过程叫省缝转移
	合 并	从一个衣片样板上分割下一部分，然后与另一衣片样板合并，样板的接缝不再存在
	扩 展	将衣片样板剪成若干片（不要剪断），然后把片与片之间展开，使衣片变形，产生褶量
	挂面贴边	衣片前门往里翻的一层。翻驳领称挂面，关门领称贴边、挂边
	拉 链	表示该部位用拉链
	松紧带（橡根）	表示该部位装松紧带
	罗 纹	表示该部位用罗纹
	归 拔	衣片在烫熨过程中，归缩的部位称归拢，拉开的部位称拔开
	工艺指示	表示衣片与衣片或辅料在缝纫时的关系
	抽 褶	在衣片上抽碎褶

第四节 服装结构制图各部位线条名称

一、裙结构制图各部位线条名称

腰头

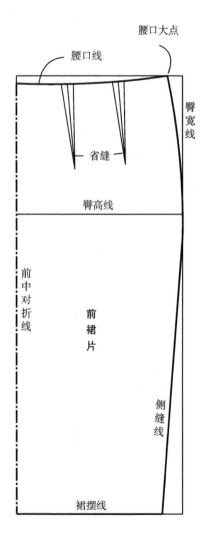
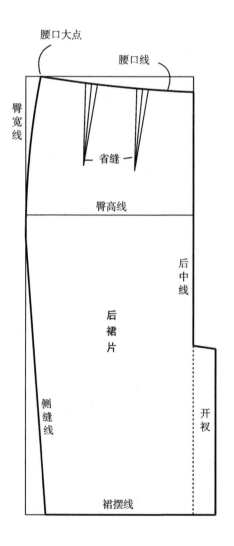

二、裤结构制图各部位线条名称

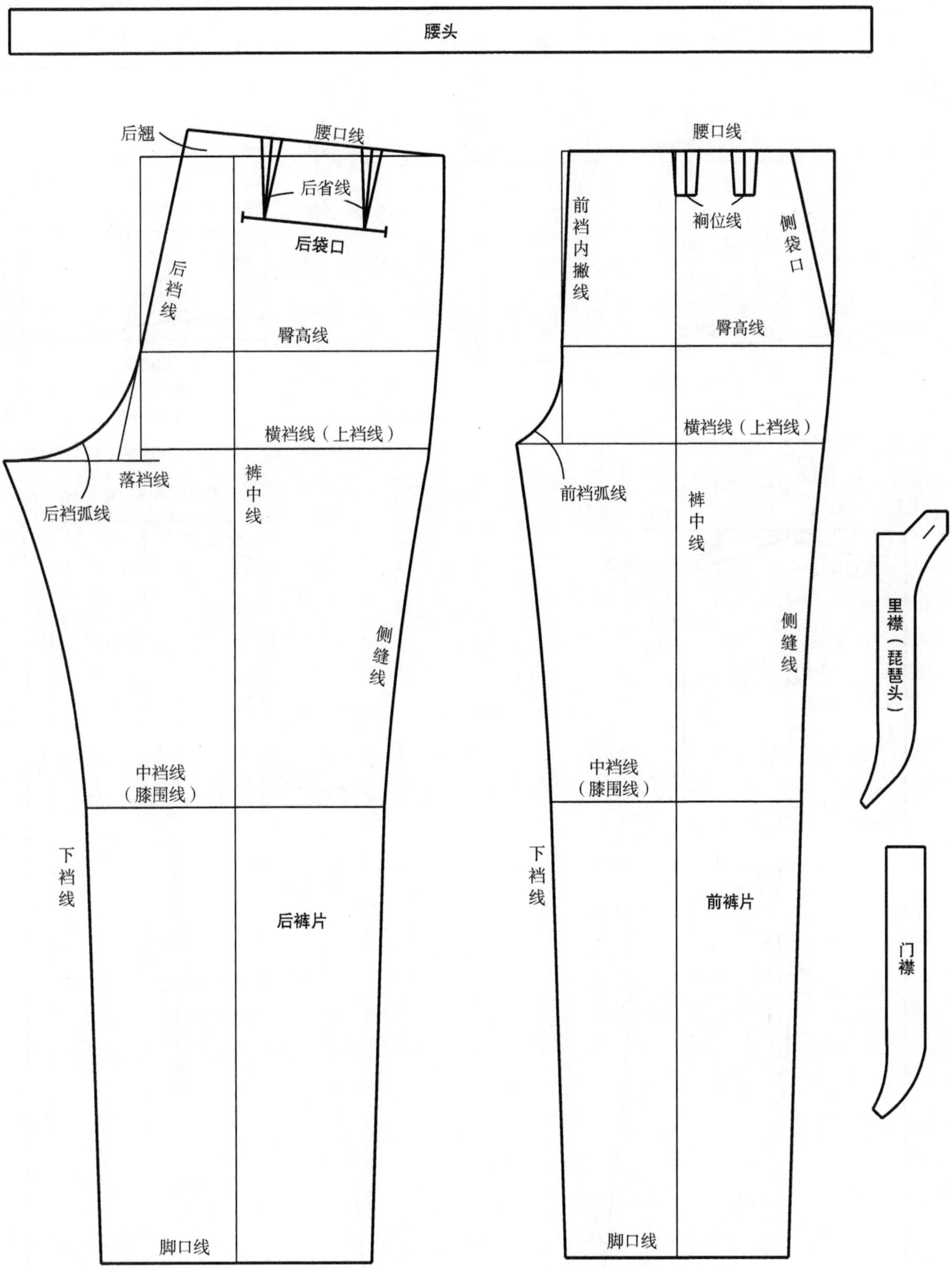

腰头

后翘　　　腰口线

后省线

后袋口

后裆线　　　臀高线

横裆线（上裆线）

落裆线　　裤中线

后裆弧线

侧缝线

中裆线
（膝围线）

下裆线　　后裤片

脚口线

腰口线

前裆内撇线　　裆位线　　侧袋口

臀高线

横裆线（上裆线）

前裆弧线　　裤中线

侧缝线

中裆线
（膝围线）

下裆线　　前裤片

脚口线

里襟（琵琶头）

门襟

三、女上衣结构制图各部位线条名称

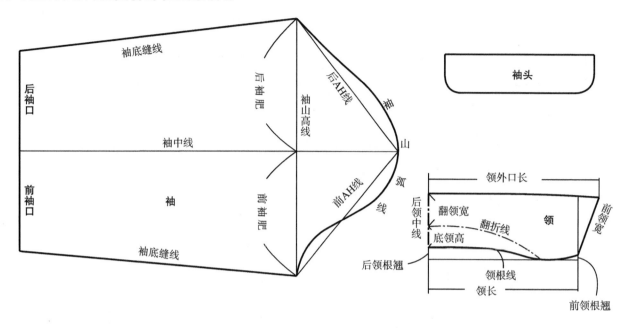

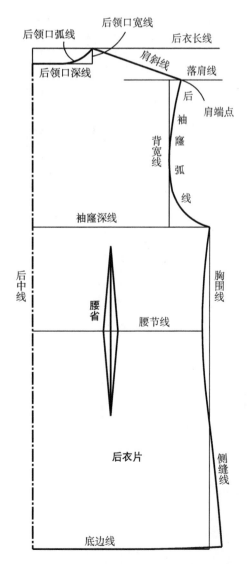

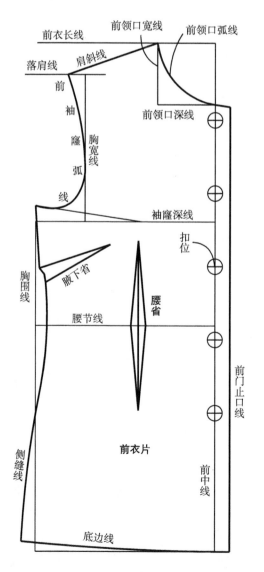

四、男西服结构制图各部位线条名称

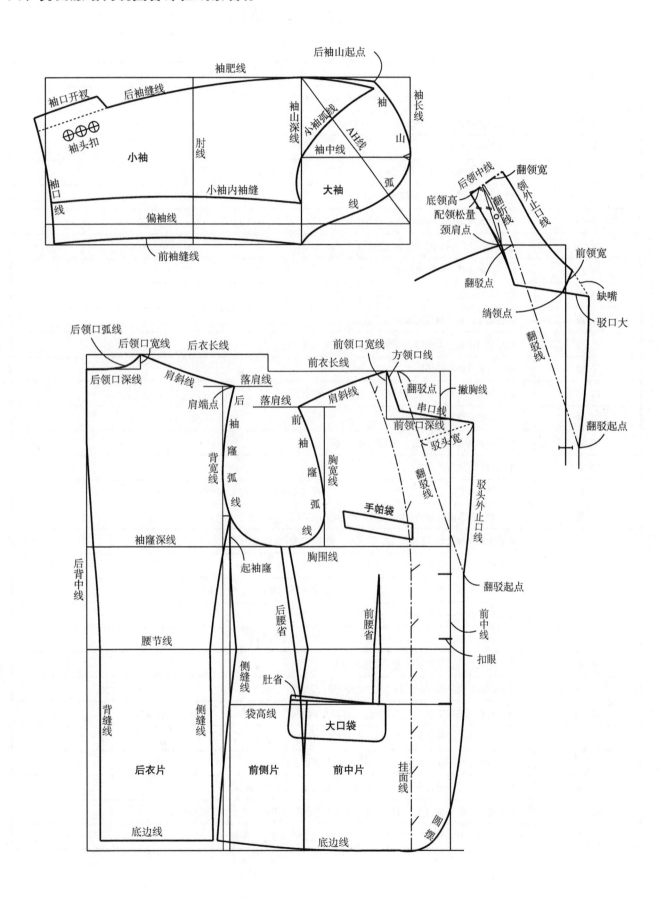

第五节　服装术语解释

服装术语	含义
款 式	款式是构成服装的基本形态，包括外观及结构形式
缝 份	服装缝制时缝在缝线外的部分，一般约为1cm
净 板	不含缝份的样板
毛 板	包含缝份在内的样板
止 口	服装领、前门、腰头等部位的外边沿
搭 门	左右片重叠部分，一般钉纽扣的服装要有搭门
驳 头	上衣前门上部向外翻出部分，如西装驳头
贴 边	贴在前门或领口向里翻的那一层面料
挂 面	前门贴边翻在外面的一层（如西装驳头上外面一层）
过 肩	肩缝前移，越过原肩缝部分称"过肩"
育 克	衣片横向分割，上面的一块也称"月克"（系外来语）
克 幅	袖头、袖口处的外镶边
面 料	裁制服装的主料（一般指外面的一层），泛指衣料
里 料	用作里子的材料
辅 料	服装的辅助材料，如纽扣、拉链、衬布等
幅 宽	指衣料的纬向宽度，也称门幅
窝 势	经过烫熨或收省，使衣片产生立体变形，出现漏斗状曲面，与人体"球面"相吻合
吃 量	某些部位制作时应抽缩、吃进的部分（如袖山弧线）
剪 口	样板上在衣片某些部位剪"U"形记号，便于缝制时定位
合 并	两片样板的边线对接，成为一体（接缝不再存在）
拼 接	衣料宽度不够，缝上一块称"拼"；衣料长度不够，缝上一块称"接"，统称"拼接"
屋檐边	在衣片上加上一个双层垂边，起装饰作用
覆 片	在衣片外面又加一层，一般不封死，能掀起来，起装饰作用
缩 率	面料经过水洗、熨烫等处理后收缩的比率
倒 涨	个别面料不仅不收缩，反而出现"负缩率"，也称"倒涨"
缝 耗	衣片在缝制过程中翻折要消耗一定的量，主要影响较小的衣片尺寸，如衣领、袋盖等
单 耗	制作单件服装或单套服装需要的面料及其他材料，主要指面料
线 耗	服装缝纫制作用线的数量，一般指单件服装或单套服装
搅 盖	左右前襟下部重叠过多，出现"倒八字"型褶皱，主要出现在正装上
豁 口	左右前襟下部重叠过少，往外裂开，出现"八字"型褶皱，主要出现在正装上
反 吐	衣服止口"内紧外松""外长内短"处理不到位，导致里子外露

第六节　服装制图使用工具

工　具	用　途	工　具	用　途
	软卷尺 用于量体、测量曲线等		计算器 用来计算较复杂的数据
	铅笔、中性笔、橡皮 用于画图、制板		裁纸刀 用于切割样板
	比例尺 用于画各种比例的结构图		剪刀 用于裁剪样板
	直尺 用于画样板		牙剪 用于在样板上打牙剪，做记号
	牛皮纸 用于打板和练习制板 A4纸 用于画结构图、抄写资料等		打孔器 用来在样板上打孔
	活页夹 用于夹装图表、资料		橡皮印章、印泥 用于在样板上盖章
	滚线器 用于滚压透视线，多用于复制样板		透明胶带、固体胶 用于合并样板、粘纸样等

第七节　服装号型规格的设计

一、号型规格

无论生产什么产品，都要有一个量的标准，或长度，或重量，或面积，或体积，或其他标准。这个标准就是规格。服装生产也不例外，必须有一定的号型规格。

二、服装生产中的号型规格的来源

（1）量体：团体装多数为单量单裁，其号型规格尺寸依据测量人体获得。

（2）客供：多数外贸订单为批量生产，其号型规格一般为客户提供。

（3）自编：内销服装、时装及品牌服装的号型规格须自己编写。自编号型规格是服装生产中的一个非常重要的环节，是关系到该产品能否满足消费者需求的重要条件。自编号型规格应注意以下三点。

①要掌握消费者群体的分布情况，设置哪几个号型规格，应以市场需求为依据。

②要熟悉和掌握人体各部位的比例作为参考。

③参照国标，各号型中的规格尺寸要合理。

三、服装企业中常用的号型规格

（1）国标：正规产品按照规定应该统一使用国家服装号型规格标准，简称国标（略）。

（2）欧码：销往欧美的服装多用欧码。欧码以英寸为计量单位。

（3）模糊代号：模糊代号用S、M、L、XL分别代表小、中、大号、特大号，国际国内许多服装采用此种标法。

（4）通号（均码）：一种款式只有一个号（中间号），一般是针织服装和有较大弹性面料的服装。

第八节　人体测量

单量单裁一件服装，首先要对人体的有关部位进行测量，取得数据。而量体所得到的数据则是裁剪（打样板）的主要依据。量体的数据是否准确合理，是决定做出的服装是否合体、舒适、美观的重要因素之一。因而说量体是服装单量单裁中的关键环节。量得的数据即为成品规格。

一、裤子量体方法

裁剪一条裤子，一般须有裤长、臀围、腰围和脚口宽最基本的四个部位数据。

（1）裤长：由腰部最细处（低腰裤下移）垂直向下，量到所需位置（具体可根据长短要求而定）。

（2）臀围：在臀部最丰满处平量一周，再加一定的放松量（具体加放标准见附表）。

（3）腰围：在腰部最细处（低腰裤下移）量一周，再加放1~3cm的放松量（具体加放标准见附表）。

（4）脚口宽：与被测量者商定。可根据当时当地的流行情况，裤子的款式及个人爱好而定。

二、上衣量体方法

裁剪一件上衣，一般须有衣长、胸围、领围、肩宽、袖长和袖口宽共六个最基本的部位数据。

（1）衣长：由颈肩点经前胸垂直向下，量到所需位置（详见附表）。

（2）胸围：在胸部最高处平量一周，再加适当的放松量（详见附表）。

（3）领围：在颈部围量一周（能放进两个手指为宜），再加适当的放松量（详见附表）。

（4）肩宽：由左肩端点测量至右肩端点的水平弧长。根据款式要求适当缩放（如做泡泡袖服装的肩宽应比一般服装的肩宽小3~4cm左右）。

（5）袖长：由肩端点沿手臂向下，量到所需位置（详见附表）。

（6）袖口宽：一般不用量，可根据胸围的1/10再加补充数即可。款式不同，加补充数的大小也不同。如，女西服袖口宽：胸围/10+3cm；男西服袖口宽：胸围/10+4cm；中山服袖口宽：胸围/10+5cm。

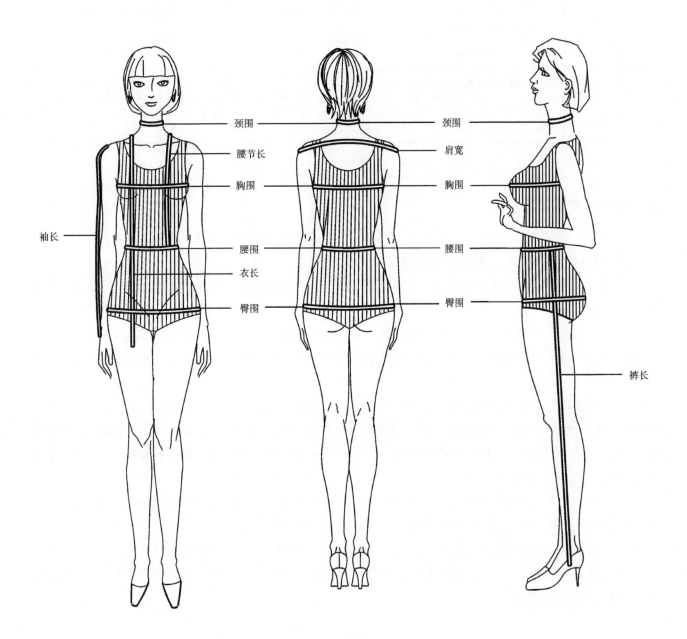

三、男女西服、西裤的量体

部 位	量 体 方 法	加 放 松 量	
		男	女
衣 长	由颈肩点经前胸向下量到拇指尖平齐		
胸 围	衬衫外量	17~20cm	10~15cm
肩 宽	由左肩端点经后背量到右肩端点		
袖 长	男：由肩端点沿手臂向下量至手背的1/2处 女：由肩端点沿手臂向下量至手腕下3cm左右		
袖口宽	男：胸围/10+4cm 女：胸围/10+3cm		
裤 长	由腰部最细处向下量到所需位置		
臀 围	在臀部最丰满处围量一周	17~20cm	10~15cm
腰 围	在腰部最细处（低腰裤向下移）围量一周	3~4cm	2~3cm
脚口宽	男：22~25cm（西裤） 女：20~23cm（西裤）		

四、量体注意事项

（1）量体前先了解衣料的品种及性能，并问清款式及被测量者的具体要求，做到心中有数。

（2）量体时要求被测量者身体自然站正。

（3）仔细观察被测量者的体形是否正常，如有不正常的体形特征，应加测其特殊部位，以便按特殊体形的要求处理。

（4）量长度，尺要拉直，并注意"量身长，穿身短"（即做出的成衣穿到身上，有一定的回缩。一般衣长、袖长、裤长都达不到量体的位置）的特性，适当放长。量围度，尺要平，不要过松或过紧，一般能插入两个手指为宜。

（5）围度加放松量是量体的关键。要想加放得当，除参照附表中规定的标准外，还应根据被测量者的年龄、体形及穿衣习惯，特别是穿衣的季节差别及内衣的厚薄程度，进行适当增减。一般来说，中老年服装要比青年服装多加放；体瘦人的服装要比体胖人的服装多加放；老年服装和儿童服装，应掌握"长度宁大勿小，围度宁肥勿瘦"的原则。

（6）熟悉正常人体各部位比例，对不匀称体形的某些部位（如上衣的领围、肩宽等）做适当修正，可起到弥补不足的作用，力求做出的服装既匀称美观，又合体好穿。

（7）量体时要随时把量出的尺寸（加放后）读出来，以便及时征求被测量者的意见。

（8）认真填写加工单（生产通知单），除把尺寸填写准确外，对服装的款式及被测量者的特殊要求记录清楚，必要时画图说明。

第九节 童装号型规格参考表

单位：cm

规格部位 \ 年龄（岁）	0~1	1~1.5	2	3	4	5	6	7	8	9	10	11 男	11 女	12 男	12 女	13 男	13 女	14 男	14 女	15 男	15 女
身高	70	80	90	100	106	112	118	124	130	136	142	148	150	153	154	158	156	163	158	168	160
上衣长	34	38	42	46	48.4	50.8	53.2	55.6	58	60.4	62.8	65.2	64	67.2	65.6	69.2	66.4	71.2	67.2	73.2	68
胸围+15cm	62	64	66	69	72	75	78	81	84	87	90	93	94	96	96	99	98	102	100	105	102
领围	23.6	24.2	24.8	25.7	26.6	27.5	28.4	29.3	30.2	31.1	32	35.9	35.2	36.8	35.8	37.7	36.4	38.6	37	39.5	37.6
肩宽	24	25	26	27	28	29	30	31	32	33	34	37	36	39.5	37	41	38	42.5	39	43.8	40
腰节长	20	22	24	26	27.2	28.4	29.6	30.8	32	33.2	34.4	36.5	36	37.7	37	39	37.4	40.1	37.9	41.3	38.4
头围	40.3	41.6	42.9	44.8	46.8	48.8	50.7	52.6	54.6	56.5	58.5	60.4	61.1	62.4	62.4	64.4	63.7	66.3	65	68.3	66.3
长袖长	29	32	35	38	39.8	41.6	43.3	45.2	47	48.8	50.6	52.4	53	53.9	54.2	55.4	54.8	56.9	55.4	58.4	56
短袖长	9.7	10.7	11.7	12.7	13.3	13.9	14.5	15.1	15.7	16.3	16.9	17.5	17.7	18	18	18.4	18.3	19	18.5	19.5	18.7
裤长	43	49	55	61	64.6	68.2	71.8	75.4	79	82.6	86.2	90	91	92.8	93.4	95.8	94.6	98.8	95.8	101.8	97
臀围	62	64	66	69	72	75	78	81	84	87	90	93	100	96	102.7	99	104.8	102	107	105	109
腰围	52	53	54	55	56	57	58	59	60	61	62	64	62	65	63	66	64	68	66	70	68
脚口	13.4	13.8	14.2	14.8	15.4	16	16.6	17.2	17.8	18.4	19	19.6	21	20.2	21.5	20.8	22	22.4	23.4	23	23.8

备注
①0~1岁为婴儿，2~5岁为幼儿，6~12岁为学童。
②年龄越大，准确率越低。
③此表仅供制定服装规格时参考。
④婴儿身高：0~3个月62cm　　3~6个月68cm　　6~9个月74cm　　9~12个月80cm

第十节　针织童装参考规格

一、针织儿童裤规格表

单位：cm

参考年龄（岁）	身高	裤长	下裆	前横裆	后横裆	臀围	脚口1	脚口2	膝围	腰围1	腰围2	前裆长	后裆长
2	90	56	37	17	19	64	12	9	13	54	40	14	19
3	100	60	40	18.3	20.3	67	12.5	9.5	14	57	43	15	20
4	110	64	43	19.6	21.6	70	13	10	15	60	46	16	21
5	120	68	46	20.9	22.9	73	13.5	10.5	16	63	49	17	22
6	130	72	49	22.2	24	76	14	11	17	66	52	18	23

二、针织儿童上衣规格表

单位：cm

参考年龄（岁）	身高	衣长	胸围	罗纹下摆	领围	头围	肩宽	袖窿（直量）	胸宽	背宽	袖长	袖肥	袖口1	袖口2	帽高	帽宽
2	90	37	60	58	27	38	25	23	24	24	34	12	9	7	22	17
3	100	40	64	62	28	40	26	24	25	25	36	13	9.5	7.5	23	18
4	110	43	68	66	29	42	27	24	26	26	38	14	10	8	24	19
5	120	46	72	70	30	44	28	25	27	27	40	15	10.5	8.5	25	20
6	130	49	76	74	31	46	29	25	29	29	42	16	11	9	26	21

第十一节 中、英、日、韩部位名称对照表

中 文	英 文	英文代号	日 文	韩 文
身 高	High	H	身长	신장
衣 长	Length	L	身丈 着丈	옷길이
胸 围	Bust Girth	B	身巾	가슴둘레
领 围	Neck Girth	N	衿ぐり	에리둘레
袖窿弧长	Arm Hole	AH	アームホール弧長	진동둘레
颈 围	Neck Wide	NW	天巾	목둘레
前领口深	Front Neck Deep	FND	前下がり	앞목길이
后领口深	Back Neck Deep	BND	後ろ下がり	뒤목길이
领 宽	Collar Width	CW	衿幅	에리넓이
下摆宽	Hem Length	HL	裾幅	밑부분 넓이
肩 宽	Shoudler	S	肩巾 肩幅	어깨넓이
袖 长	Sleeve Length	SL	袖丈	소매길이
袖 肥	Bicpes Circumference	BC	袖巾	소매둘레
袖 口	Cuff	CW	袖口	소매통
袖克夫长	Cuff Length	CL	袖口長	소매길이
袖克夫宽	Cuff Width	CW	袖口巾	소매넓이
胸 宽	Front Bust Width	FBW	胸が広い	앞가슴넓이 [유]
背 宽	Back Bust Width	BBW	背幅	등넓이
裤 长	Length	L	長ズボン	바지길이
臀 围	Hip Girth	H	ヒッフ巾	힢둘레
腰 围	Waist Girth	W	ウエスト巾	허리둘레
脚口宽	Slacks Bottom	SB	裙（とり）巾	바지부리
横 裆	Cross Piece	CP	渡リ巾	힢넓이
上 裆	Top Rise	TR	股上	밑윗길이
下裆（内裆）	Buttom Rise	BR	股下	힢아래길이
前裆长（前浪）	Front Rise	FR	股くり	앞바지춤
后裆长（后浪）	Back Rise	BR	尻くり	뒤바지춤
膝 围	Knee Girth	K	膝巾	무릎
腰头宽	Waist Top	WT	腰の頭が広い	허리 머리 넓다
门襟长	Open Length	OL	開口長	입을 길다
袋口宽	Pocket Width	PW	ポケット巾	넓다
颈肩点	Side Neck Point	SNP	首の肩点	颈肩 좀
胸高点	Bust Point	BP	胸の高	가슴 높다
前中线	Front Center Line	FCL	前に正中線	전 중선

第十二节　服装结构制图的要求

服装结构制图是服装制板的基础。在服装生产中，无论照单打板、照衣打板或照图打板，都离不开结构图这个基础。

一、服装制图的内容

1. 效果图

服装穿着在人体上的图称为服装效果图。效果图分为彩色效果图和黑白效果图。效果图作为服装设计的图稿，一般还需加上简单的文字说明及面料小样。

2. 款式图

款式图是直观地显示服装外观造型效果的图。以正面视图为主，还包括小的背面图及局部放大图。

3. 结构图

结构图也称裁剪图。结构图是以效果图或款式图为依据，以号型规格为标准，遵循服装结构的原理和规律，按一定比例绘制出来的各衣片的平面图。结构图是以框架线为制图基准线，由衣片的轮廓线和其中的结构线构成，在结构图中应标明各部位线条的计算方法和数据。

二、服装结构制图的顺序

（1）先画水平线，确定位置，定出坐标。

（2）再画各条垂直线，并定出各部位的长度。垂直线和水平线构成结构图的框架，因而也称框架线。

（3）再画各条横向结构线定出各部位的宽度和肥度。

（4）连接各点画线并画顺轮廓的弧线、边线。

（5）画上衣片内的省缝等结构线。

（6）画出每个衣片零部件的结构图，包括口袋、纽扣等。

（7）画上经向符号（说明纱向的符号），标上衣片名称。

（8）把衣片的外轮廓线描粗，形成明显的衣片轮廓线。

三、服装结构制图的要求

（1）横平竖正，弧线圆顺。

（2）各部位尺寸准确。

（3）线条顺畅有力度。

（4）所有线条无差错，无遗漏。

（5）经向符号标注正确。

（6）版面布局合理，整洁干净。

第二章 服装结构制图

第一节 裙子

一、一步裙

西服裙，也称一步裙，裙摆较小，只能迈开一步，由此得名。合体庄重，与西服配套，组合成职业装。

1. 前裙片分步制图

（1）第一步：画框架线。

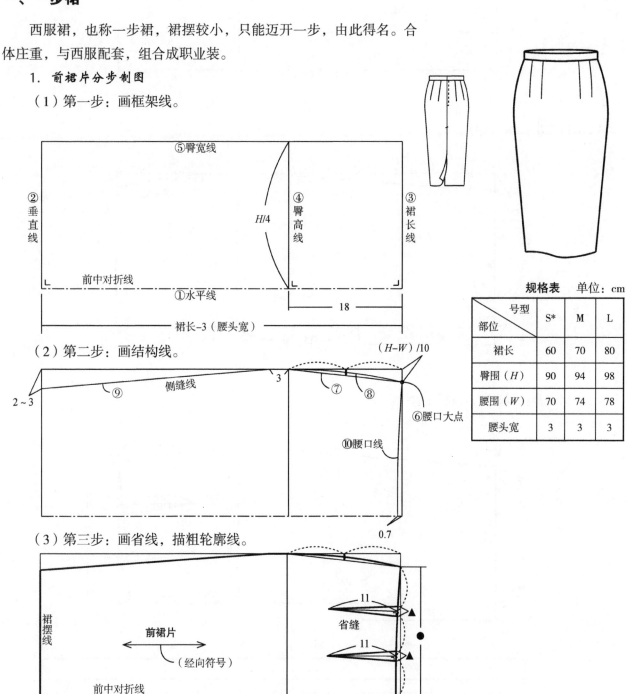

（2）第二步：画结构线。

（3）第三步：画省线，描粗轮廓线。

规格表　单位：cm

部位 \ 号型	S*	M	L
裙长	60	70	80
臀围（H）	90	94	98
腰围（W）	70	74	78
腰头宽	3	3	3

●−W/4=省量（▲+▲）

2. 后裙片分步制图

（1）第一步：画框架线。

要点：腰口省缝大小通过计算获得。腰口处侧缝的劈量也是计算出来的。这样有利于合理地分配各部位的省量，合体度会更高。

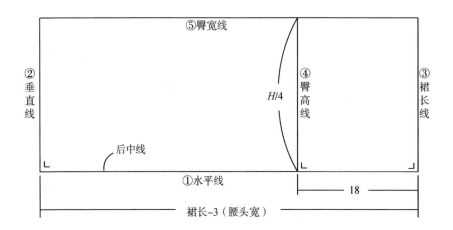

（2）第二步：画结构线。

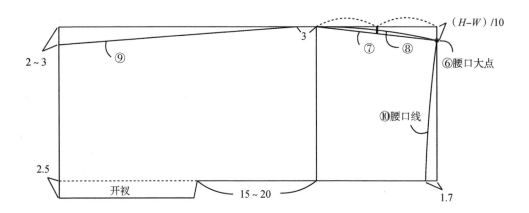

（3）第三步：画省线，描粗轮廓线。

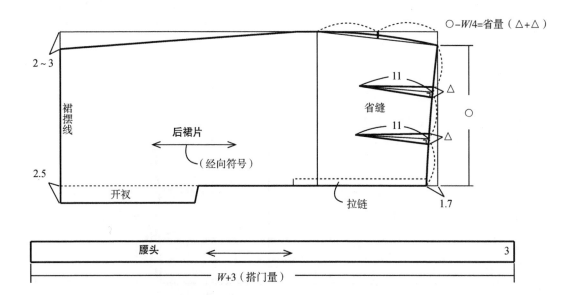

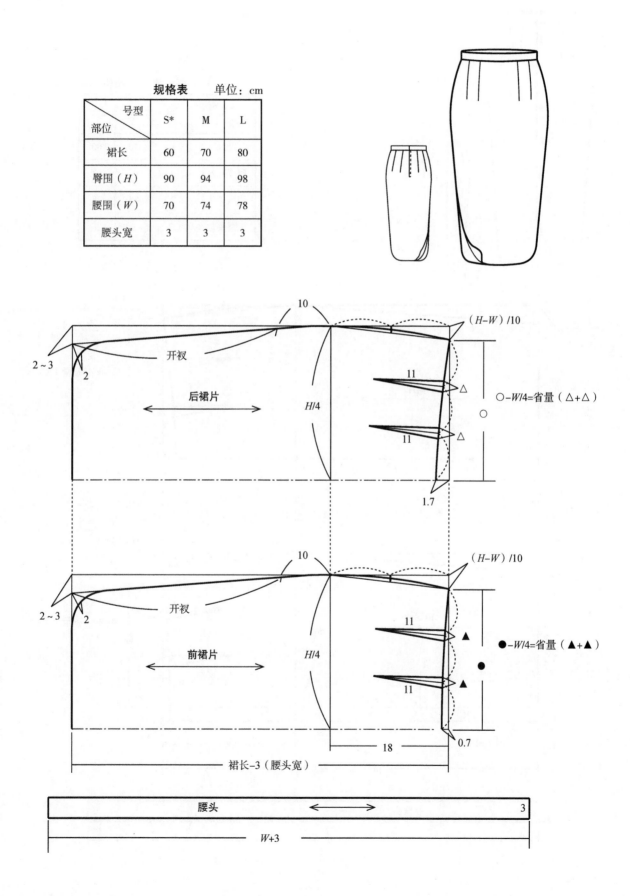

二、旗袍裙

号型 部位	S*	M	L
裙长	60	70	80
臀围（H）	90	94	98
腰围（W）	70	74	78
腰头宽	3	3	3

规格表　单位：cm

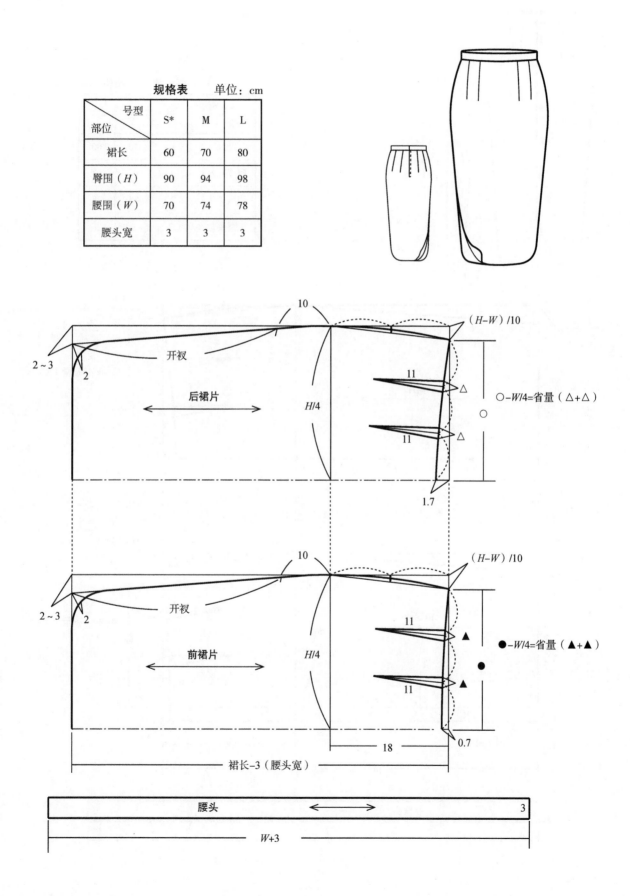

三、开襟裙

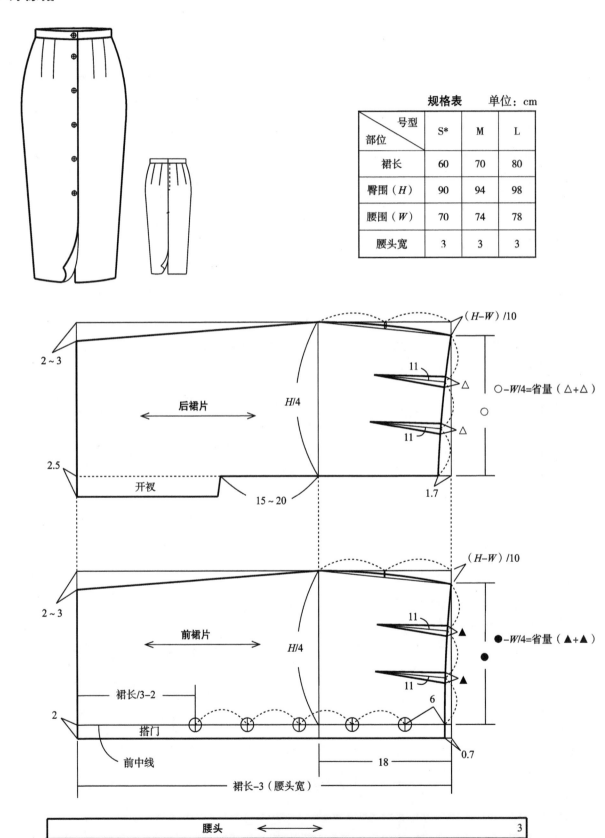

号型 部位	S*	M	L
裙长	60	70	80
臀围（H）	90	94	98
腰围（W）	70	74	78
腰头宽	3	3	3

规格表　　单位：cm

（$H-W$）/10

2~3

后裙片

$H/4$

11

△

○$-W/4$=省量（△+△）

11

△

○

2.5

开衩

15~20

1.7

（$H-W$）/10

2~3

前裙片

$H/4$

11

▲

●$-W/4$=省量（▲+▲）

11

▲

●

裙长/3-2

6

2

搭门

18

0.7

前中线

裙长-3（腰头宽）

腰头

3

$W+4$

四、连腰式一步裙

号型 部位	S*	M	L
裙长	60	70	80
臀围（H）	90	94	98
腰围（W）	70	74	78
腰头宽	6	6	6

规格表　单位：cm

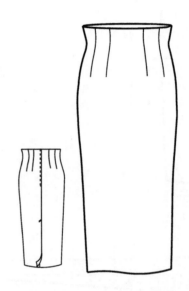

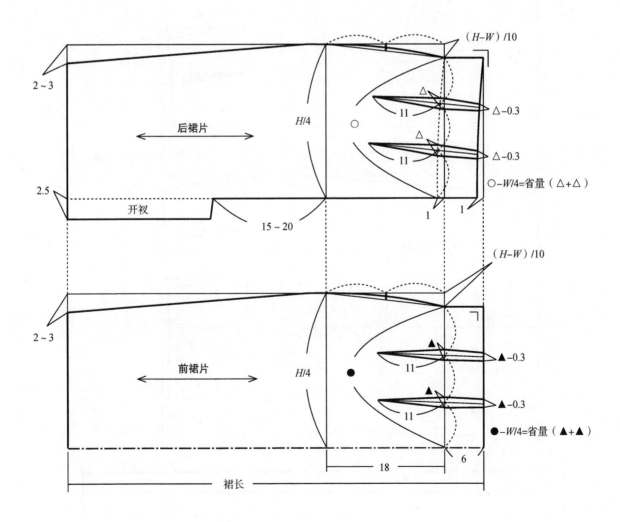

五、单褶裙

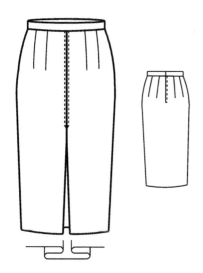

规格表　　单位：cm

部位＼号型	S*	M	L
裙长	60	70	80
臀围（H）	90	94	98
腰围（W）	70	74	78
腰头宽	3	3	3

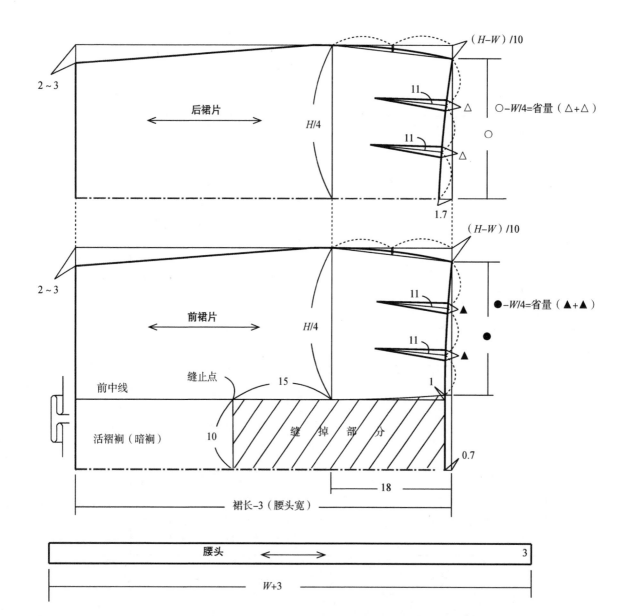

六、八片裙

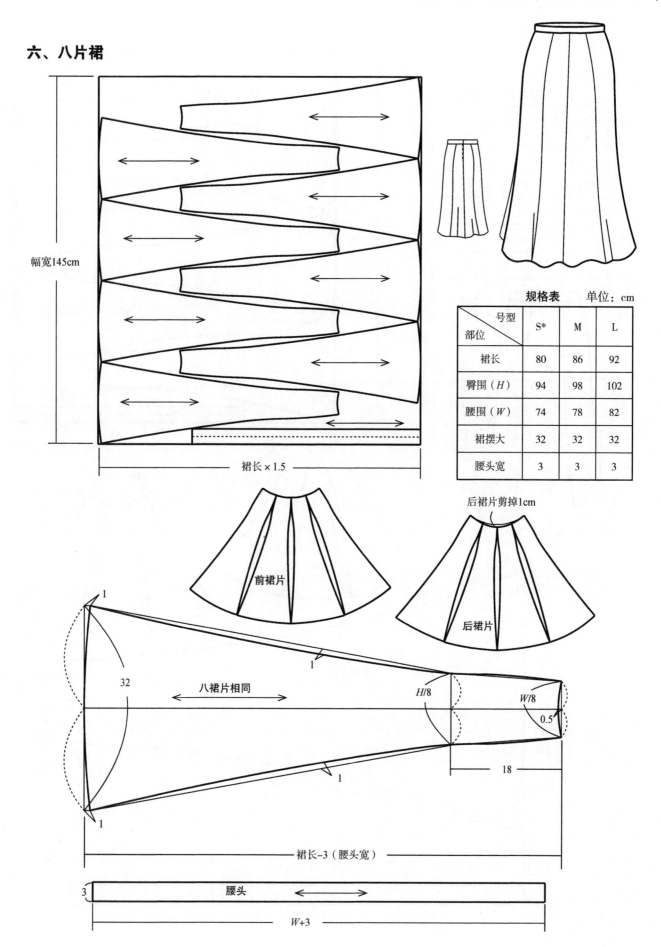

幅宽145cm

裙长×1.5

规格表　单位：cm

部位 \ 号型	S*	M	L
裙长	80	86	92
臀围（H）	94	98	102
腰围（W）	74	78	82
裙摆大	32	32	32
腰头宽	3	3	3

前裙片

后裙片剪掉1cm

后裙片

32

八裙片相同

H/8

W/8

0.5

18

1

1

1

1

裙长−3（腰头宽）

腰头

3

W+3

七、六片裙

部位 \ 号型	S*	M	L
裙长	80	86	92
臀围（H）	94	98	102
腰围（W）	74	78	82
裙摆大	41	41	41
腰头宽	3	3	3

规格表　单位：cm

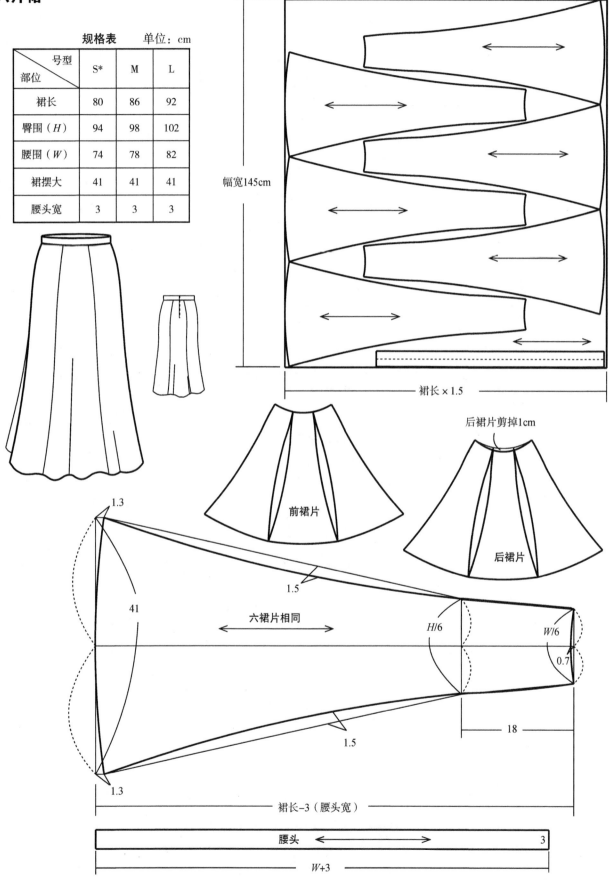

幅宽145cm

裙长×1.5

前裙片

后裙片

后裙片剪掉1cm

1.3

41

1.5

六裙片相同

H/6

W/6

0.7

1.5

1.3

18

裙长-3（腰头宽）

腰头　3

W+3

八、裙子放缝份示意图

图中细实线样板为净板，粗实线样板为毛板。

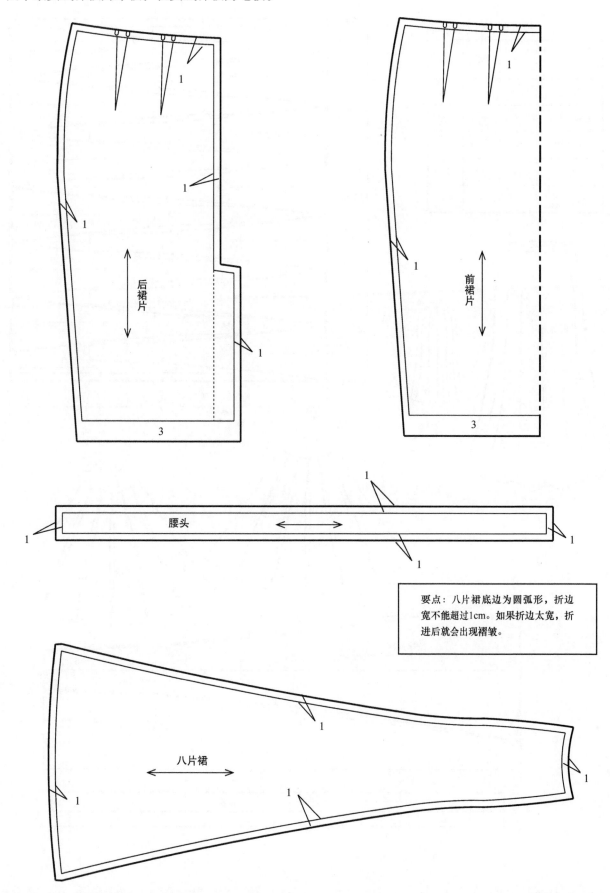

要点：八片裙底边为圆弧形，折边宽不能超过1cm。如果折边太宽，折进后就会出现褶皱。

九、十二片裙

号型 部位	S*	M	L
裙长	80	86	92
臀围（H）	94	98	102
腰围（W）	74	78	82
裙摆大	22	22	22
腰头宽	3	3	3

规格表　单位：cm

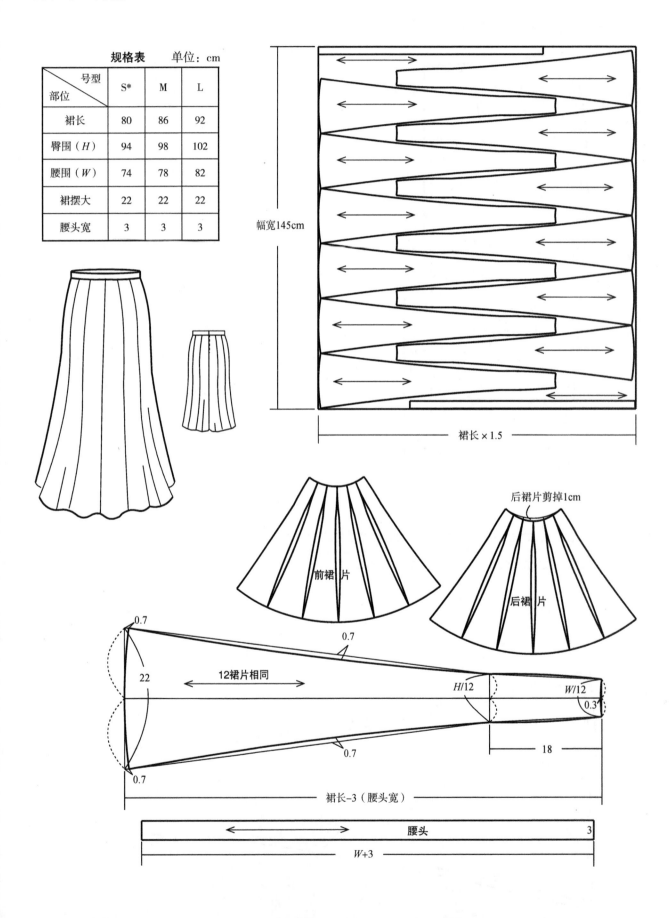

幅宽145cm

裙长×1.5

前裙片

后裙片剪掉1cm

后裙片

12裙片相同

H/12　W/12

0.3

18

0.7　0.7　0.7　0.7

22

裙长−3（腰头宽）

腰头　3

W+3

十、裙子版型解析

1. 重心调整

当女性穿着高跟鞋的时候，身体后仰，重心后移，就会出现裙摆向前倾斜，前裙片往外翘，后裙片往腿上贴，同时出现前裙摆上吊，后裙摆下坠，前、后裙摆不平齐，重心不正的现象。把后腰口下落，后裙片往上提，整个裙子旋转一个角度，重心变正。

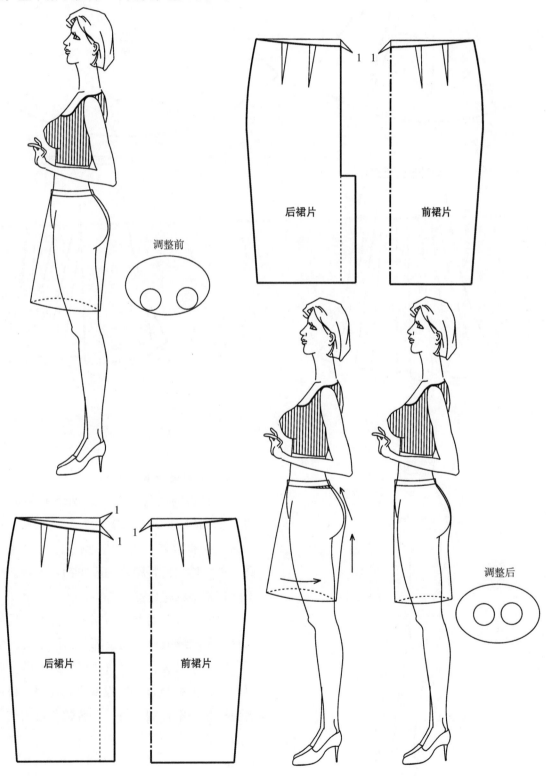

其实不仅西服裙，几乎所有的裙子都应该把后腰口下落，才能有好的版型效果。

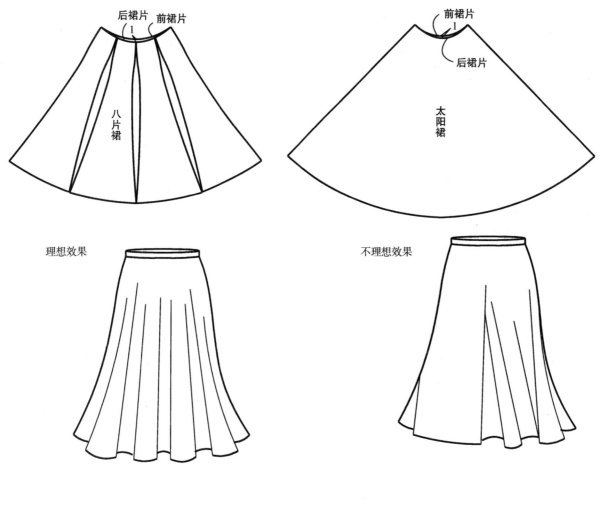

2. **臀腰差的合理分配**

人的腰围比臀围要小，两者的差量称作臀腰差。例如臀围（90cm）-腰围（70cm）=20cm，20cm就是臀腰差。人的体型不同，臀腰差也有所不同。正常体型的臀腰差一般在20～30cm。合体式裙子的臀腰差也就是省量。

臀腰差分配给前、后裙片，前片或后片首先拿出1/10在侧缝撇掉，剩余部分为两个省的量。实践证明，由于其较合理地解决了臀腰差的分配问题，更能与人体相吻合，其版型更趋合理、稳定。不仅适应臀腰差中等的条件，对臀腰差过大或过小，同样适用。

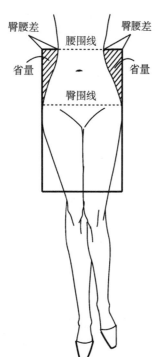

十一、太阳裙

号型 部位	S*	M	L
裙长	90	93	96
腰围（W）	60	64	68
腰头宽	3	3	3

规格表　单位：cm

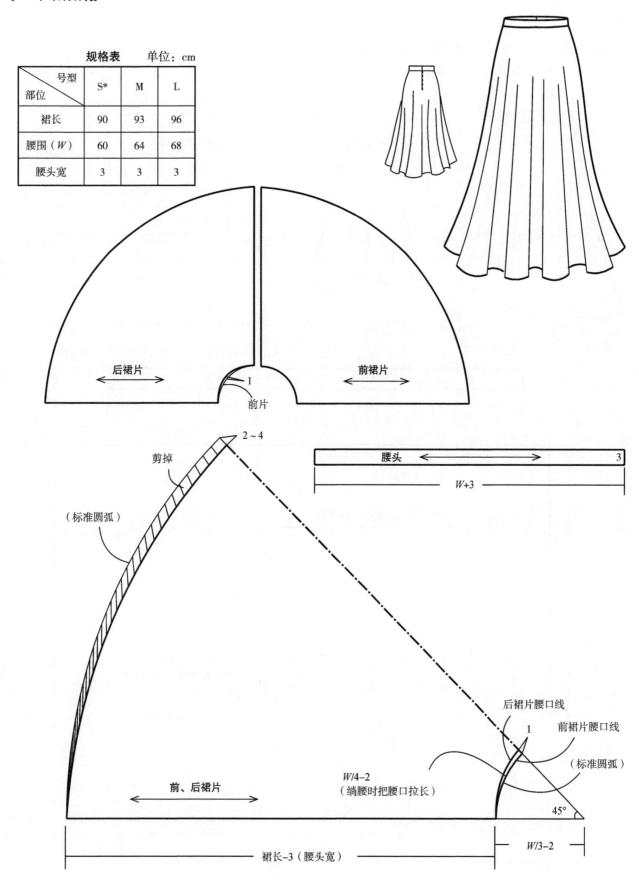

后裙片

前裙片

1

前片

剪掉

（标准圆弧）

2~4

腰头

3

W+3

后裙片腰口线

前裙片腰口线

1

（标准圆弧）

W/4-2
（绱腰时把腰口拉长）

前、后裙片

45°

裙长-3（腰头宽）

W/3-2

十二、蝙蝠裙

蝙蝠裙裙摆为360°。平面造型是长方形。四个尖角下垂，感觉似蝙蝠，因此而得名。

部位　　号型	S*	M	L
裙长	65	68	71
腰围（W）	62	66	70
腰头宽	3	3	3

规格表　单位：cm

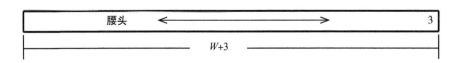

腰头　　3
W+3

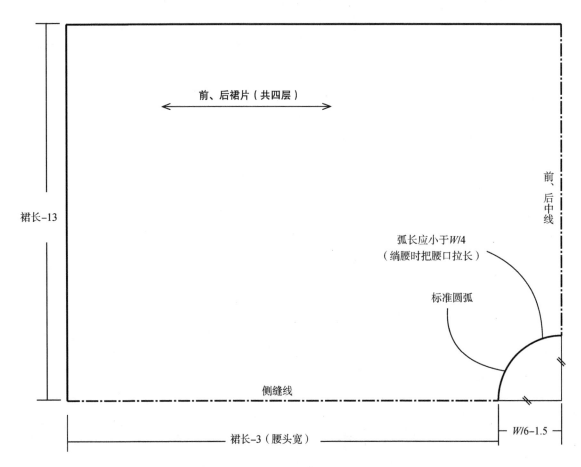

前、后裙片（共四层）

裙长-13

前、后中线

弧长应小于W/4
（绱腰时把腰口拉长）

标准圆弧

侧缝线

裙长-3（腰头宽）

W/6-1.5

十三、针织伞形裙

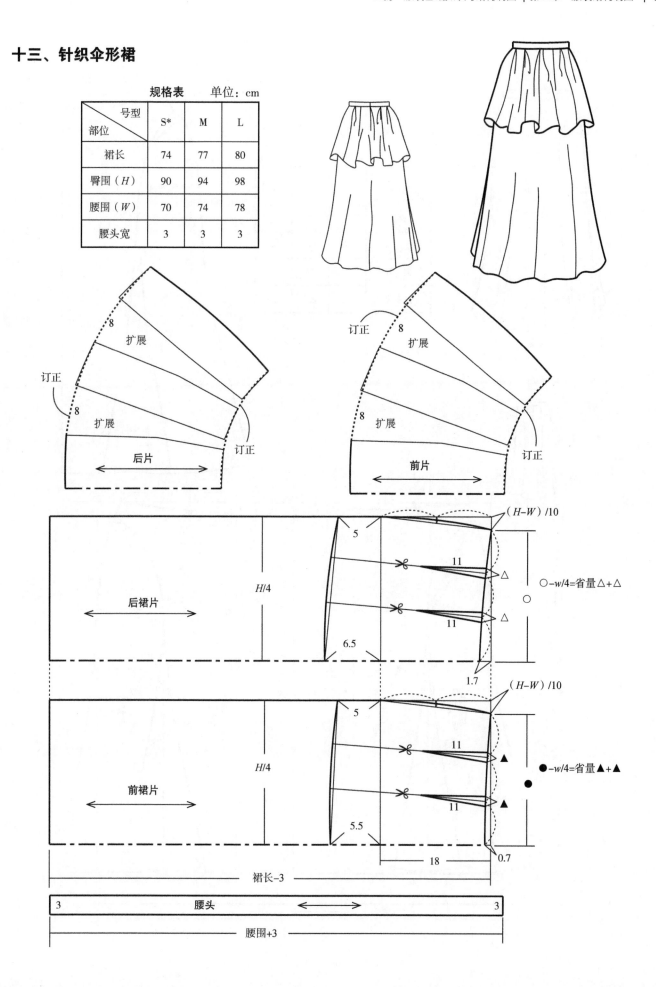

规格表　　单位：cm

部位 \ 号型	S*	M	L
裙长	74	77	80
臀围（*H*）	90	94	98
腰围（*W*）	70	74	78
腰头宽	3	3	3

8　扩展

订正　8　扩展

后片

订正　8　扩展

8　扩展

前片

订正

后裙片　*H*/4

5　11　11　6.5

（*H*－*W*）/10

○－*w*/4=省量△+△

○　△　△

1.7

前裙片　*H*/4

5　11　11　5.5

（*H*－*W*）/10

●－*w*/4=省量▲+▲

●　▲　▲

18　0.7

裙长-3

3　腰头　3

腰围+3

十四、刀背裙

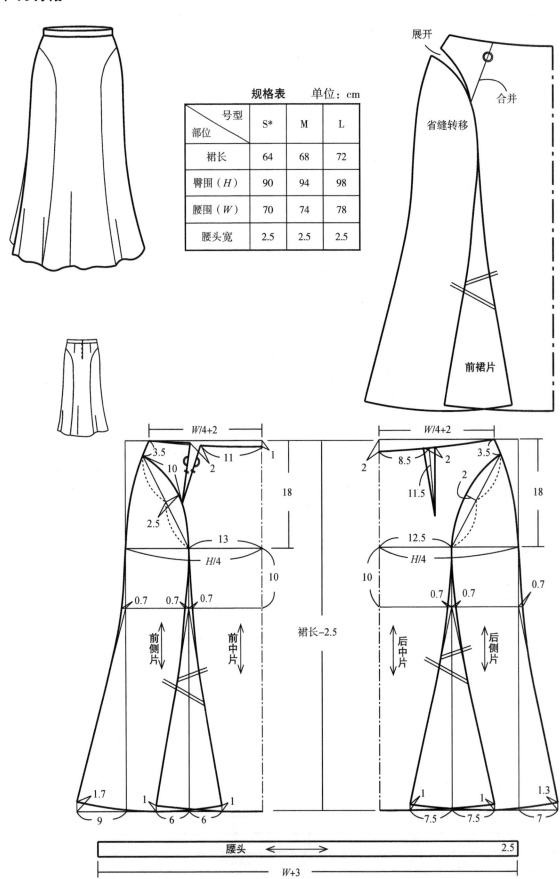

规格表　　单位：cm

部位 ＼ 号型	S*	M	L
裙长	64	68	72
臀围（H）	90	94	98
腰围（W）	70	74	78
腰头宽	2.5	2.5	2.5

十五、四片裙

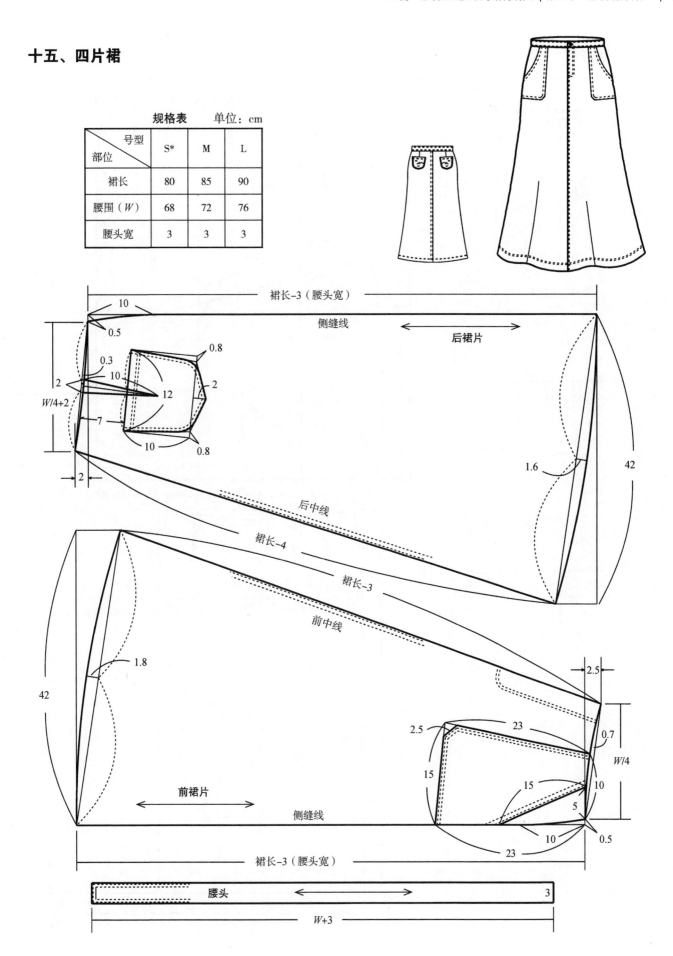

规格表　　单位：cm

部位 ＼ 号型	S*	M	L
裙长	80	85	90
腰围（W）	68	72	76
腰头宽	3	3	3

裙长-3（腰头宽）

10

0.5

0.3

10

0.8

2

W/4+2

2

12

2

7

10

0.8

2

后裙片

侧缝线

1.6

42

后中线

裙长-4

裙长-3

前中线

42

1.8

2.5

2.5

23

0.7

W/4

15

前裙片

15

10

侧缝线

10

5

23

0.5

裙长-3（腰头宽）

腰头

3

W+3

十六、抽褶裙

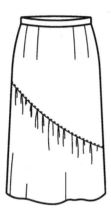

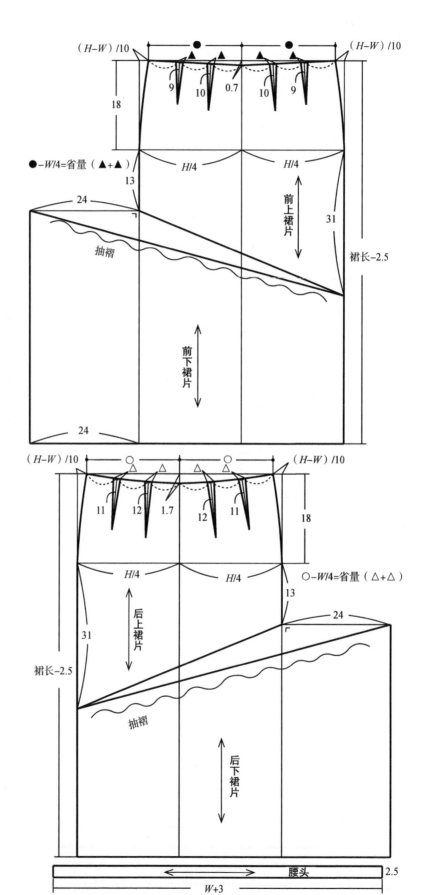

规格表			单位：cm
号型 部位	S*	M	L
裙长	84	86	88
臀围（H）	90	94	98
腰围（W）	70	74	78
腰头宽	2.5	2.5	2.5

十七、插角裙

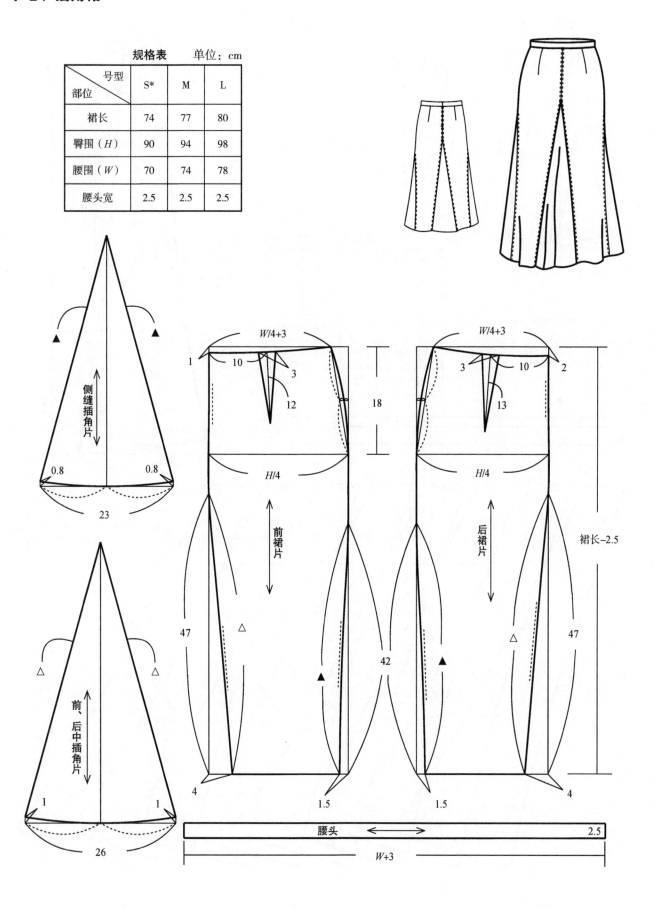

号型 部位	S*	M	L
裙长	74	77	80
臀围（H）	90	94	98
腰围（W）	70	74	78
腰头宽	2.5	2.5	2.5

规格表　单位：cm

十八、斜裁八片裙

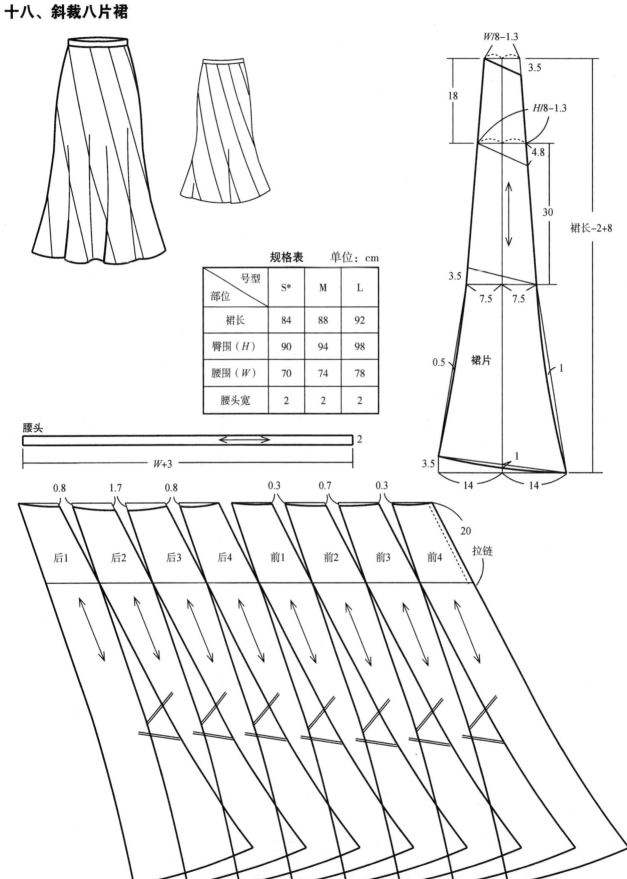

规格表　　　单位：cm

部位＼号型	S*	M	L
裙长	84	88	92
臀围（H）	90	94	98
腰围（W）	70	74	78
腰头宽	2	2	2

腰头

W+3

2

W/8−1.3

3.5

18

H/8−1.3

4.8

30

裙长−2+8

3.5

7.5　7.5

0.5　　裙片　　1

1

3.5

14　　14

0.8　1.7　0.8　　0.3　0.7　0.3

20

后1　后2　后3　后4　前1　前2　前3　前4

拉链

十九、时装裙

部位 \ 号型	S*	M	L
裙长	82	85	88
臀围（H）	90	94	98
腰围（W）	70	74	78
腰头宽	2.5	2.5	2.5

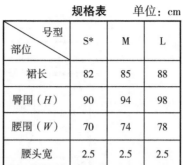

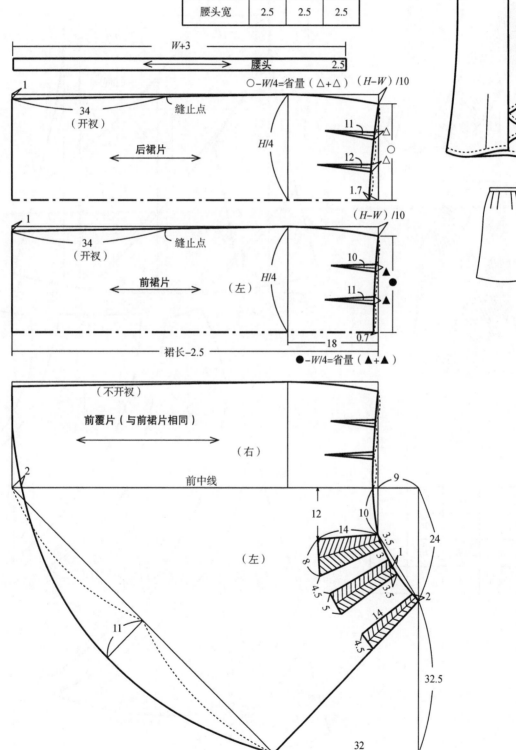

二十、螺旋裙

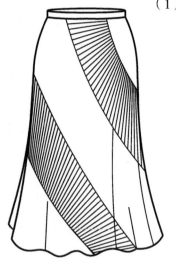

（1）剪开。

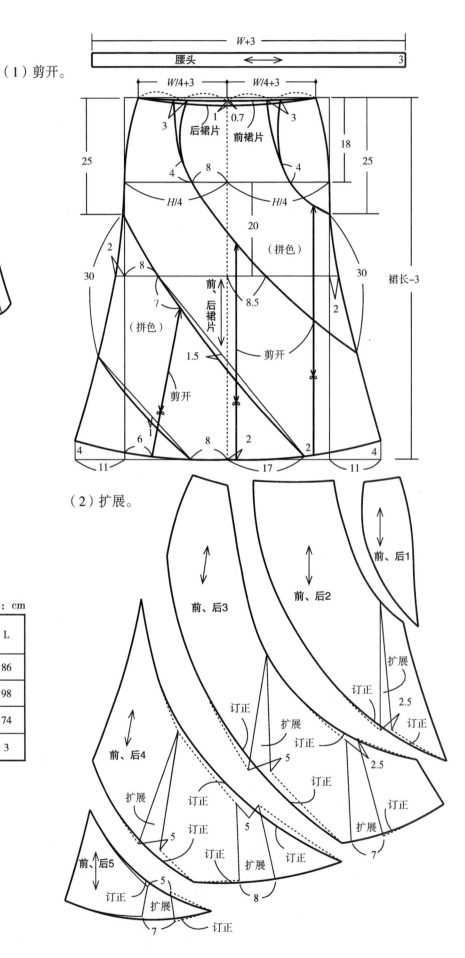

（2）扩展。

规格表		单位：cm

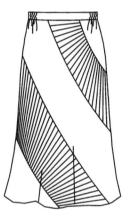

号型 部位	S*	M	L
裙长	80	83	86
臀围（H）	90	94	98
腰围（W）	66	70	74
腰头宽	3	3	3

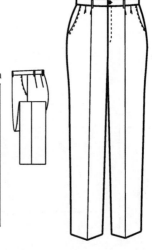

第二节　裤子

一、女西裤

规格表　　　单位：cm

部位＼号型	S	M*	L	XL	XXL	XXXL	XXXXL
裤长	96	98	100	102	104	106	108
臀围（H）	96	100	104	108	112	116	120
腰围（W）	72	76	80	84	88	92	96
脚口宽	19	20	21	22	23	24	25
腰头宽	4	4	4	4	4	4	4

1. 前裤片分步制图

（1）第一步：画框架线。

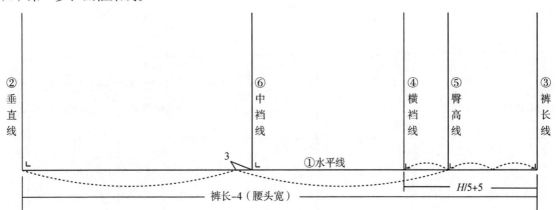

（2）第二步：画结构线。

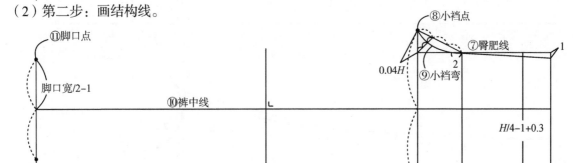

（3）第二步：画省线，描粗轮廓线。

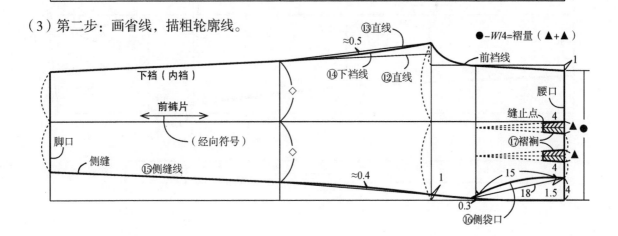

2. 后裤片分步制图

（1）第一步：画框架线。

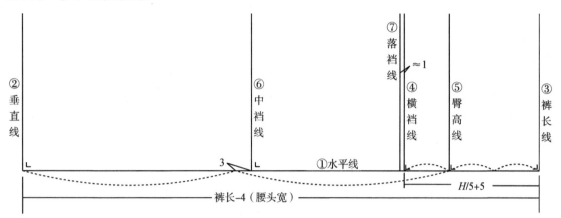

（2）第二步：画结构线。

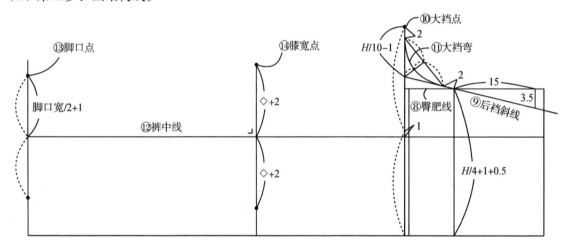

（3）第三步：画省线，描粗轮廓线。

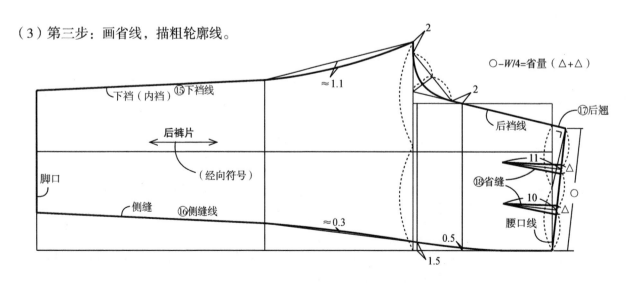

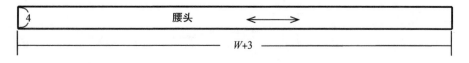

二、男西裤

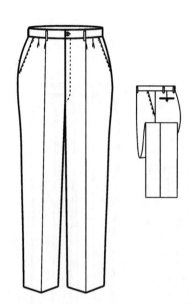

规格表　　　　　　单位：cm

部位 \ 号型	S*	M	L	XL	XXL	XXXL	XXXXL
裤长	100	102	104	106	108	110	112
臀围（H）	100	104	108	112	116	120	124
腰围（W）	78	82	86	90	94	98	102
脚口宽	20	21	22	23	24	25	26
腰头宽	4	4	4	4	4	4	4

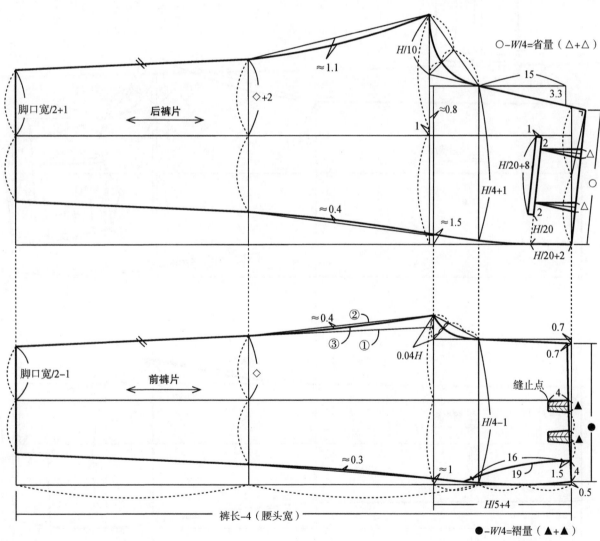

$\bigcirc - W/4 =$ 省量（$\triangle + \triangle$）

脚口宽/2+1　　后裤片　　$\Diamond +2$

≈1.1　　$H/10$　　15　　3.3

≈0.8　　1　　1　　2

$H/20+8$　　△

$H/4+1$　　○

≈0.4　　≈1.5　　2　　$H/20$

$H/20+2$

脚口宽/2-1　　前裤片　　$\Diamond$

≈0.4　　②　　③　　①　　0.04H

0.7　　0.7

缝止点　　4　　▲

$H/4-1$　　●　　▲

≈0.3　　≈1　　16　　19　　1.5　　4

0.5

裤长-4（腰头宽）　　$H/5+4$

●$-W/4=$褶量（▲+▲）

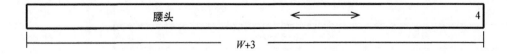

腰头　　4

$W+3$

三、加肥牛仔裤

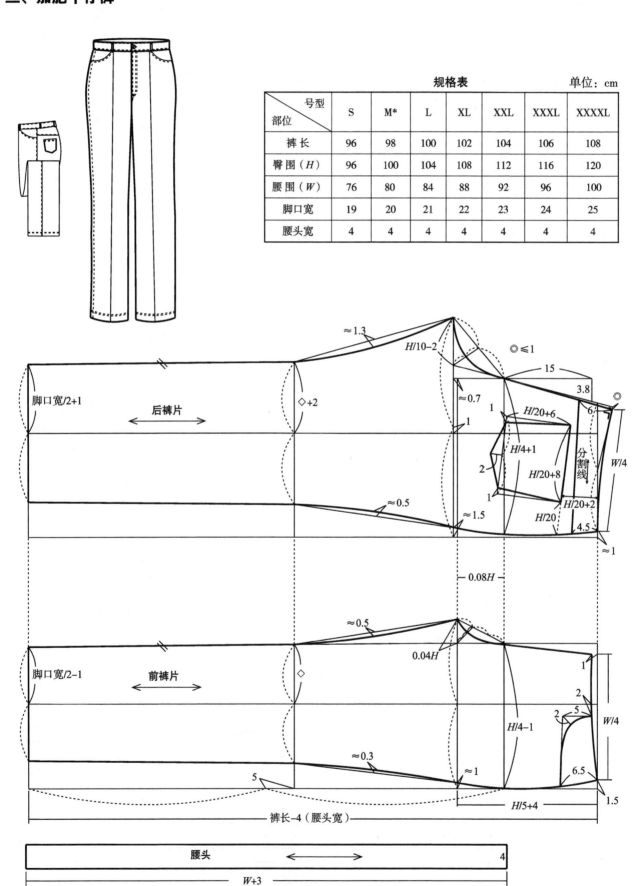

规格表　　　　　单位：cm

部位＼号型	S	M*	L	XL	XXL	XXXL	XXXXL
裤长	96	98	100	102	104	106	108
臀围（H）	96	100	104	108	112	116	120
腰围（W）	76	80	84	88	92	96	100
脚口宽	19	20	21	22	23	24	25
腰头宽	4	4	4	4	4	4	4

四、低腰牛仔裤（订单模式）

规格表　　　　　　　　单位：cm

部位 ＼ 号型	S*	M	L	XL	XXL	XXXL
裤长	98	100	102	104	106	108
臀围（H）	90	94	98	102	106	110
腰围（W）	71	75	79	83	87	91
脚口宽	19	20	21	22	23	24
膝宽	18	19	20	21	22	23
下档	78	78.8	79.6	80.4	81.2	82
横档	56	58.5	61	63.5	66	68.5
腰头宽	3.5	3.5	3.5	3.5	3.5	3.5

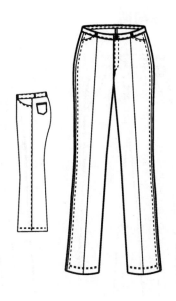

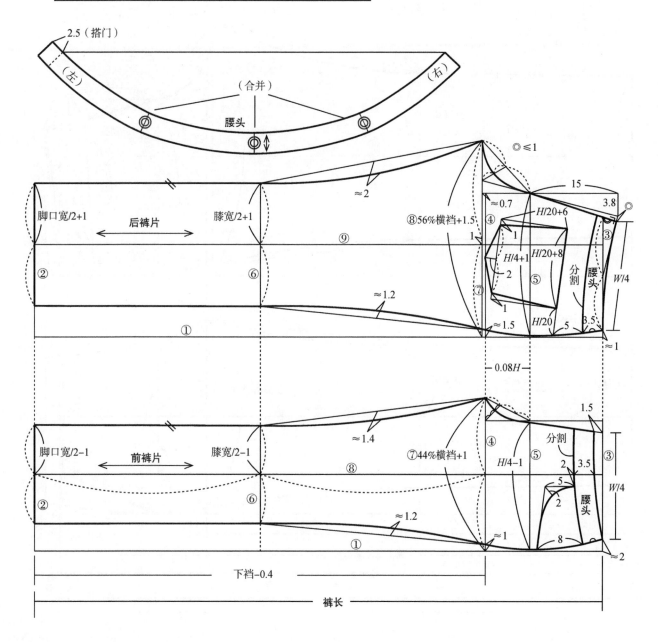

五、男休闲裤

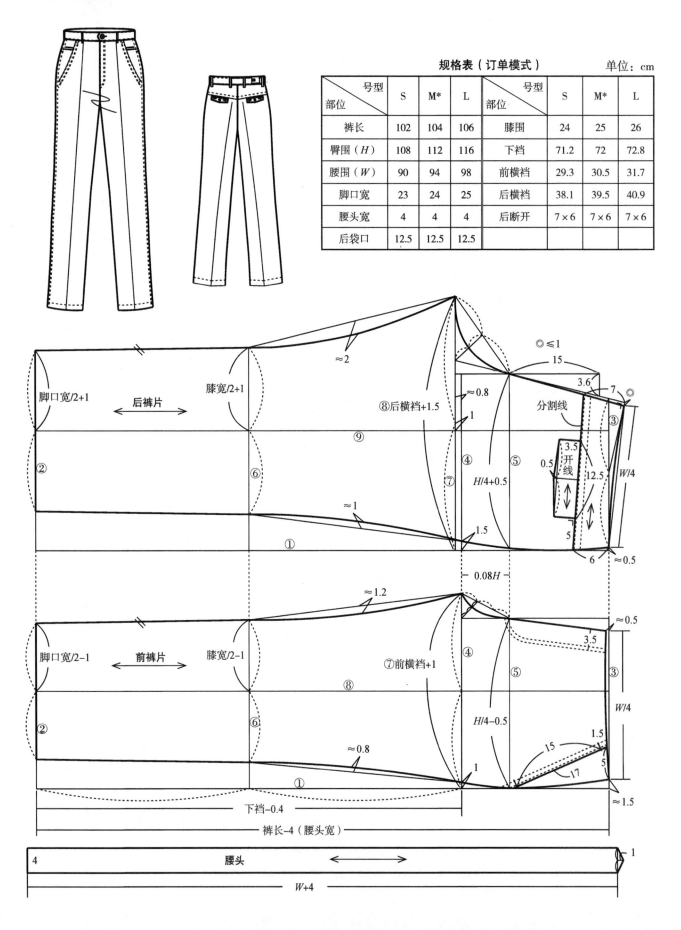

规格表（订单模式）　　　　　　单位：cm

号型 部位	S	M*	L	号型 部位	S	M*	L
裤长	102	104	106	膝围	24	25	26
臀围（H）	108	112	116	下裆	71.2	72	72.8
腰围（W）	90	94	98	前横裆	29.3	30.5	31.7
脚口宽	23	24	25	后横裆	38.1	39.5	40.9
腰头宽	4	4	4	后断开	7×6	7×6	7×6
后袋口	12.5	12.5	12.5				

休闲裤零部件

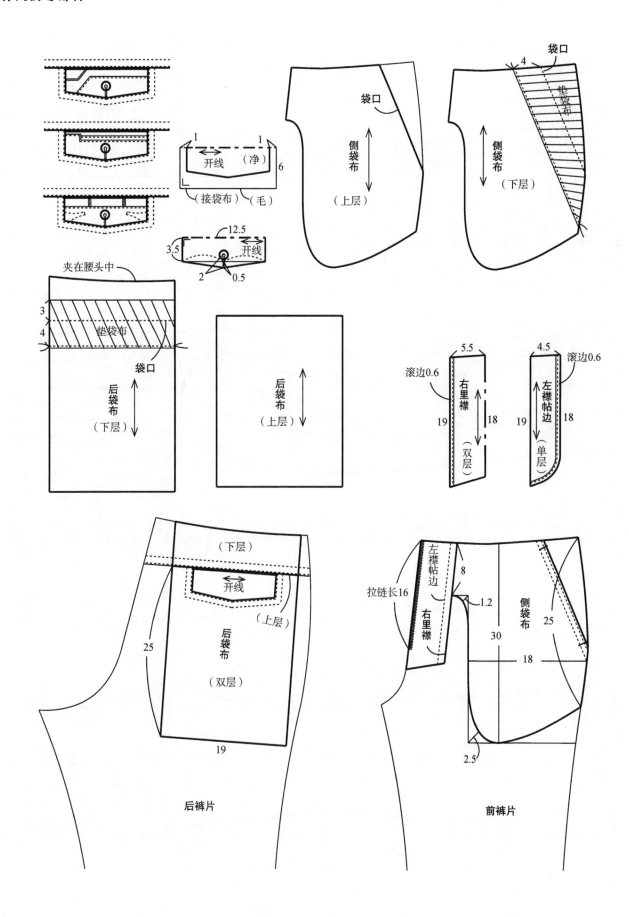

六、宽腰牛仔裤（订单模式）

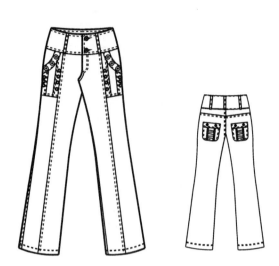

规格表　　　　单位：cm

部位＼号型	S	M*	L	部位＼号型	S	M*	L
裤长	100	102	104	腰头宽	9.5	9.5	9.5
臀围（H）	92	96	100	脚口宽	27	28	29
腰围（W）	76	80	84	膝宽	19	20	21
横裆	55	57.5	60	下裆	77.5	79	80.5

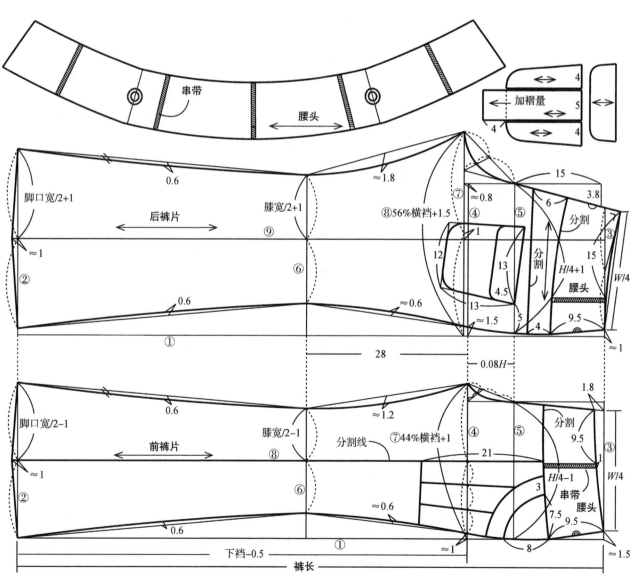

七、小喇叭裤

规格表　　　　单位：cm

部位 \ 号型	S	M*	L	XL	XXL
裤长	98	100	102	104	106
臀围（H）	92	96	100	104	108
腰围（W）	70	74	78	82	86
脚口宽	25	26	27	28	29
腰头宽	4	4	4	4	4

●$-W/4=$省量（▲+▲）

后裤片
脚口宽/2+1
0.4
≈0.5
0.4
≈0.4
◇+2
$H/10-1$
≈1.5
≈1
1
2
2
15
3.5
12
11
$H/4+1$
≈1.5
▲
▲
●

前裤片
脚口宽/2-1
0.3
≈0.5
0.3
≈0.3
◇
≈0.6
0.04H
$H/4-1$
≈1
缝止点
15
18
1
0.7
△
4
△
○
1.5
4
0.5
7
$H/5+5$
裤长-4（腰头宽）

○$-W/4=$褶量（△+△）

腰头 4

$W+3$

八、拉裆裤

规格表　单位：cm

部位 \ 号型	均码*
裤长	94
腰围（W）	70
横裆	56
脚口宽	20
上裆	50

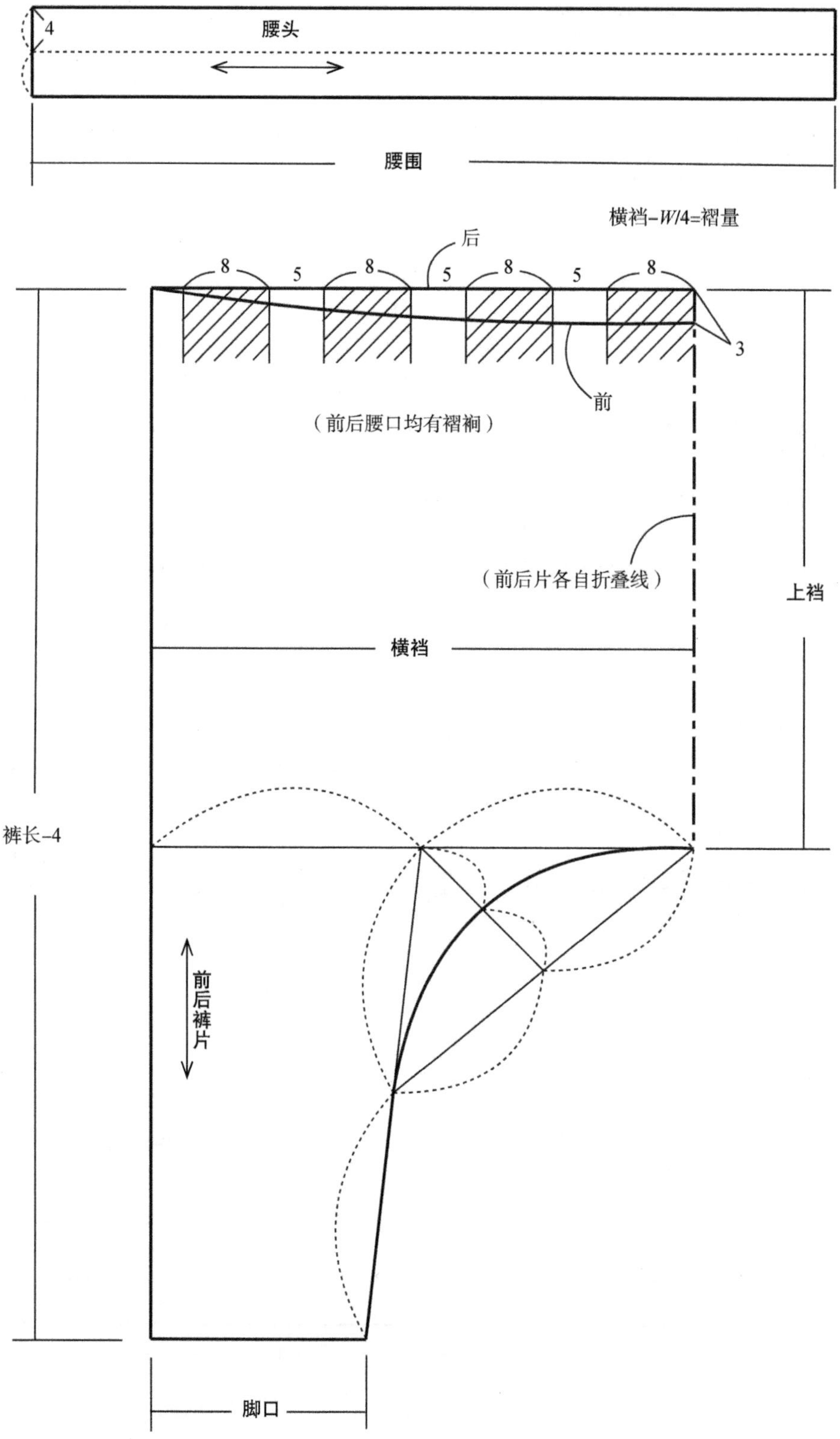

腰头

4

腰围

横裆−W/4=褶量

后

8　5　8　5　8　5　8

前

3

（前后腰口均有褶裥）

（前后片各自折叠线）

上裆

横裆

裤长−4

前后裤片

脚口

九、高腰女西裤

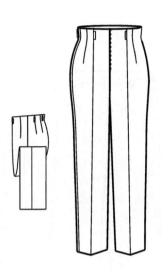

规格表　　　　　　单位：cm

部位 ＼ 号型	S*	M	L	XL	XXL	XXXL	XXXXL
裤长	100	101	102	103	104	105	106
臀围（H）	92	96	100	104	108	112	116
腰围（W）	70	74	78	82	86	90	94
脚口宽	18	19	20	21	22	23	24
腰头宽	6	6	6	6	6	6	6

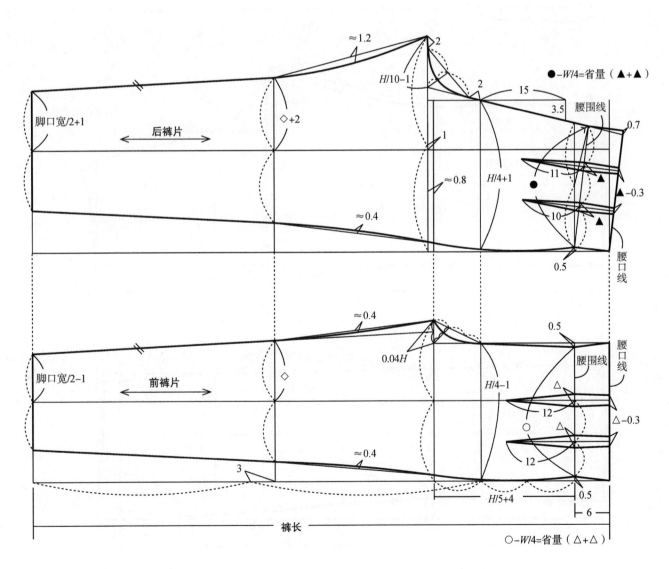

十、连腰七分裤

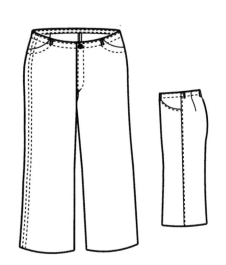

规格表　　　单位：cm

部位＼号型	S*	M	L	XL
裤长	77	80	83	86
臀围（H）	88	92	96	100
腰围（W）	68	72	76	80
脚口宽	22	23	24	25
腰头宽	3.5	3.5	3.5	3.5

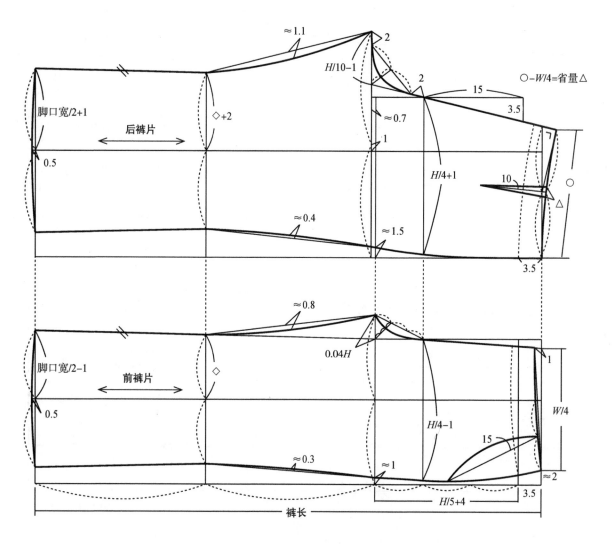

十一、女短裤

部位＼号型	S*	M	L	XL
裤长	42	44	46	48
臀围（H）	92	96	100	104
腰围（W）	68	72	76	80
腰头宽	4	4	4	4

规格表　　单位：cm

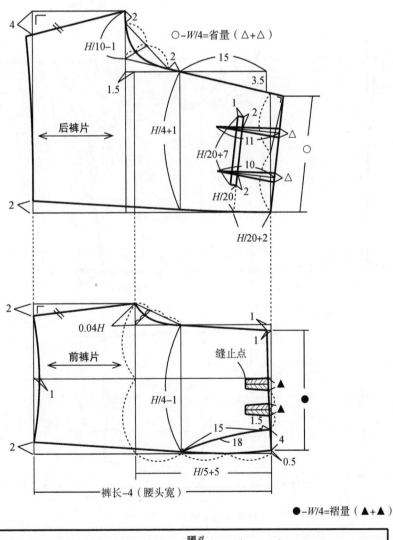

$○-W/4=$省量（△+△）

$H/10-1$

15

3.5

1.5

后裤片

$H/4+1$

$H/20+7$

11

10

△

$H/20$

○

△

$H/20+2$

$0.04H$

前裤片

缝止点

$H/4-1$

▲

▲

15

1.5

18

4

0.5

$H/5+5$

裤长-4（腰头宽）

$●-W/4=$褶量（▲+▲）

4	腰头 ← →

$W+3$

十二、男短裤

规格表　　　　单位：cm

部位 \ 号型	S*	M	L	XL
裤长	48	50	52	54
臀围（H）	108	112	116	120
腰围（W）	84	88	92	96
腰头宽	4	4	4	4

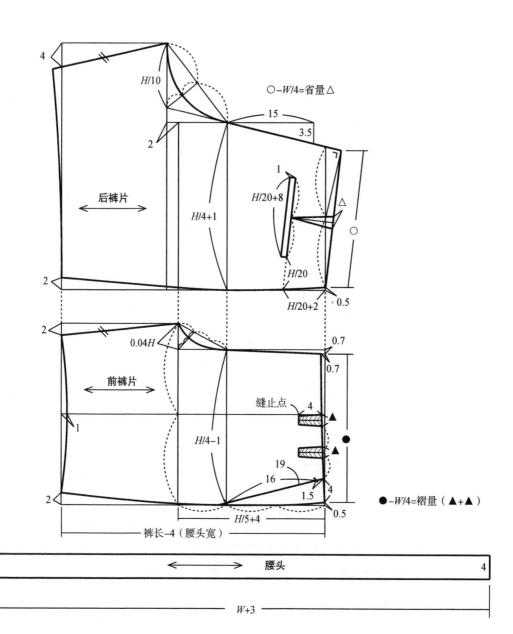

十三、松紧腰铅笔裤

号型 部位	均码*	号型 部位	均码*
裤长	90	膝宽	15
臀围（H）	74	前横裆	21
腰围（W）	62	后横裆	25
下裆	68	腰头宽	4
脚口宽	12		

规格表　　单位：cm

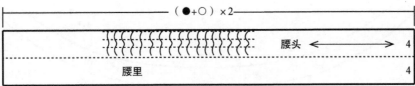

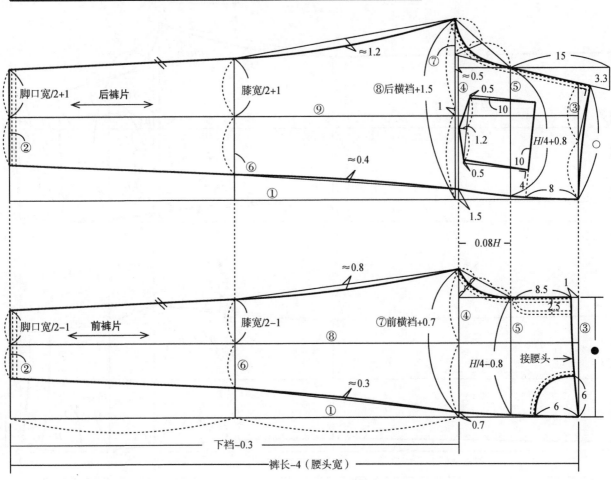

十四、低腰牛仔裤

号型\部位	S*	M	L	XL	XXL
裤长	92	94	96	98	100
臀围（H）	90	94	98	102	106
腰围（W）	76	80	84	88	92
脚口宽	22	23	24	25	26
腰头宽	3.5	3.5	3.5	3.5	3.5

规格表　　　单位：cm

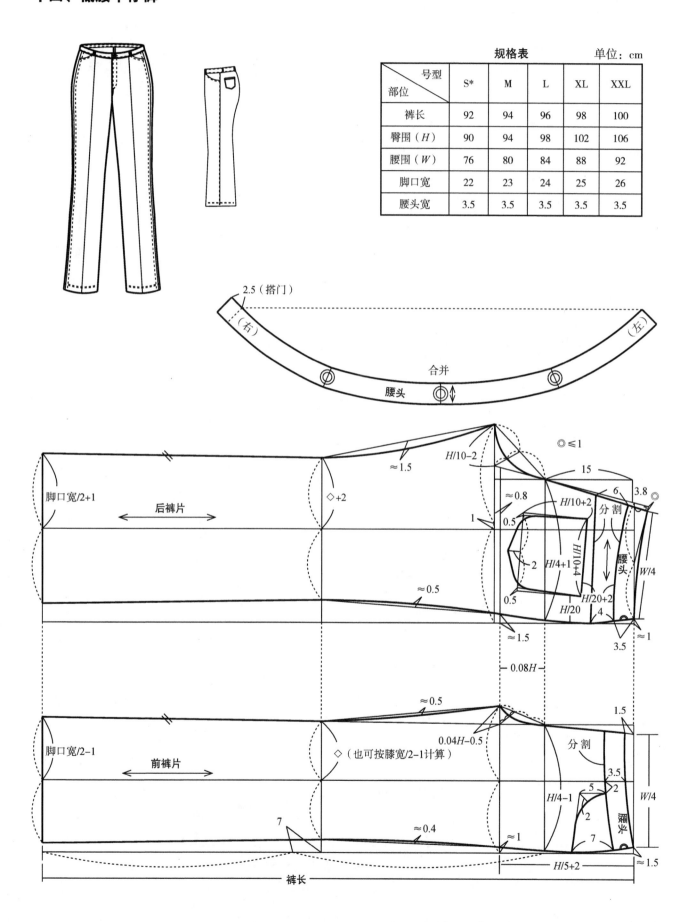

十五、打底裤

规格表 单位：cm

号型部位	均码*
裤长	92
臀围（H）	80
腰围（W）	65
脚口宽	11

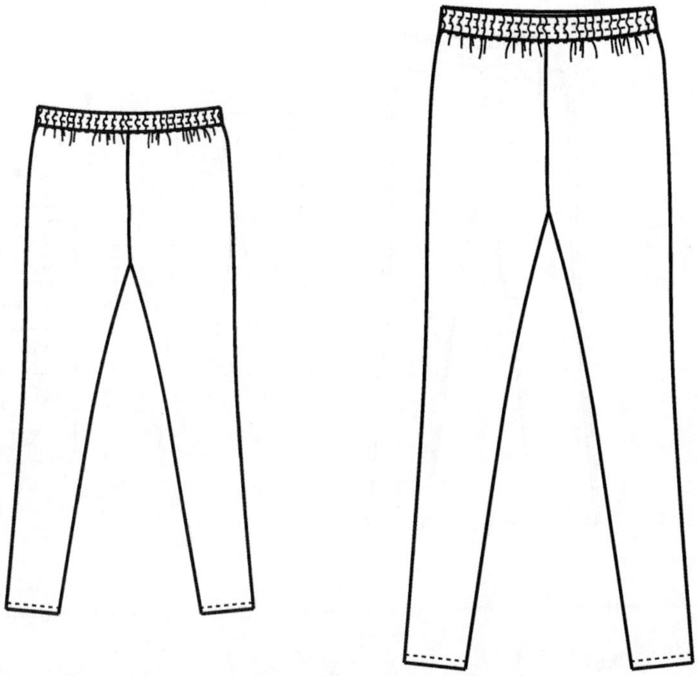

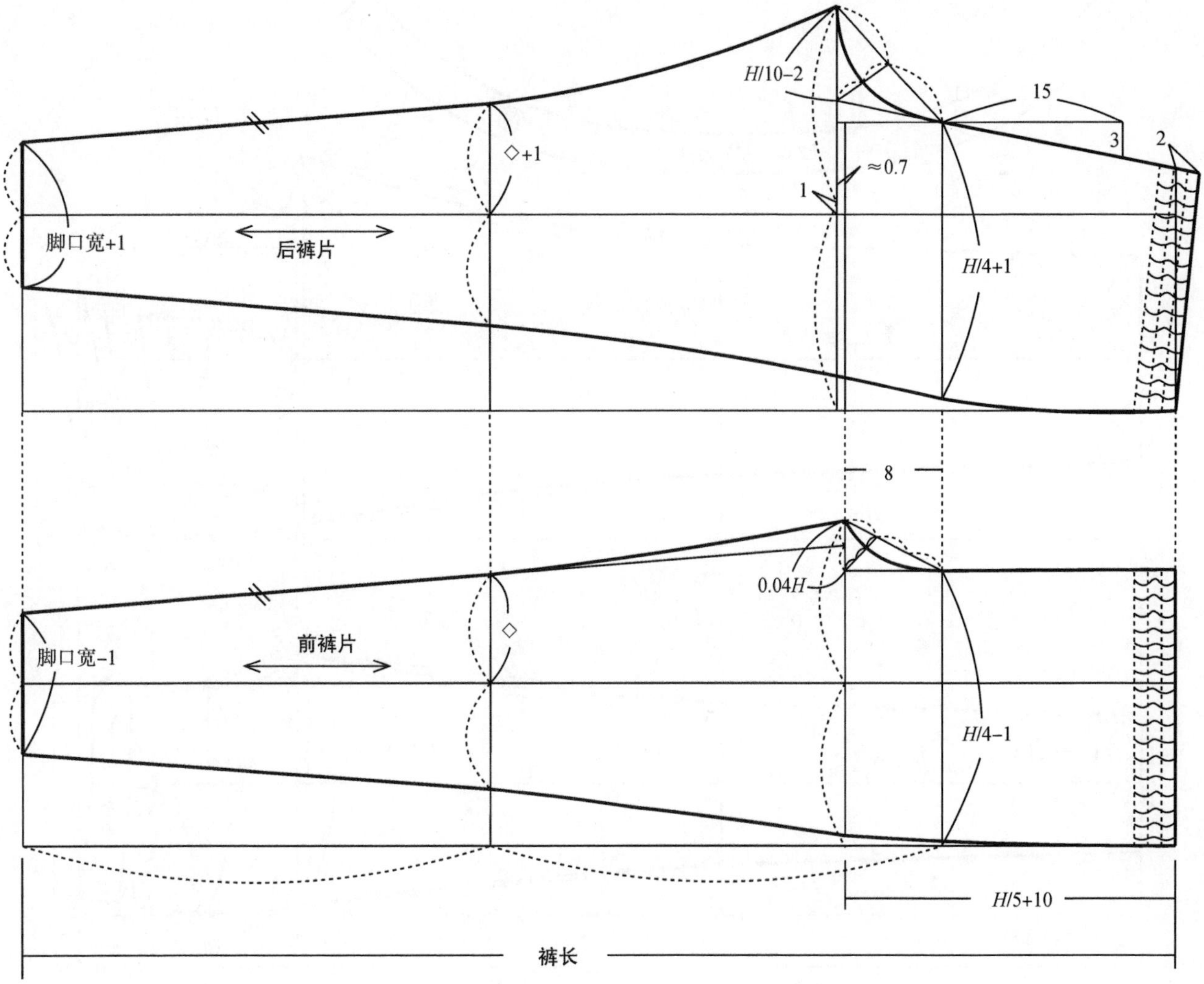

脚口宽+1

后裤片

◇+1

H/10−2

15

3

2

1

≈0.7

H/4+1

8

脚口宽−1

前裤片

◇

0.04H

H/4−1

H/5+10

裤长

十六、铅笔裤（订单模式）

号型 部位	S*	M	L	号型 部位	S*	M	L
裤长	96	98	100	膝宽	17	18	19
臀围（H）	90	94	98	前横裆	22.3	23.5	24.7
腰围（W）	74	78	82	后横裆	32.2	33.6	35
脚口宽	15	16	17				

规格表　　　　单位：cm

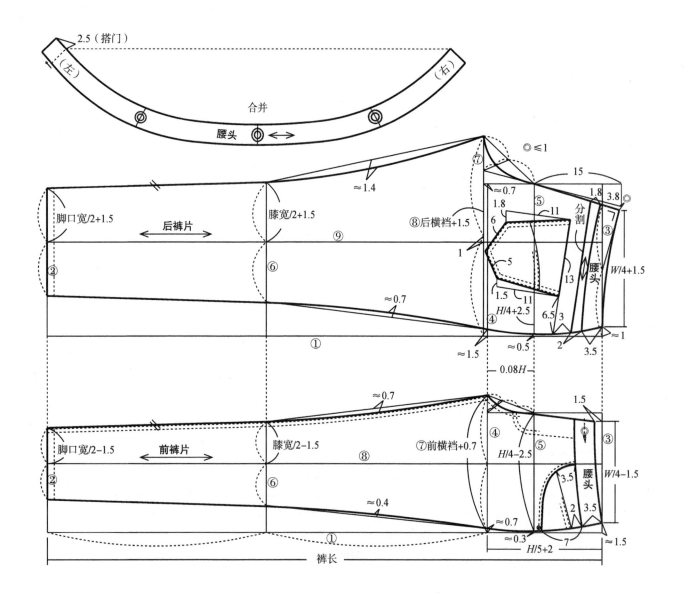

十七、七分牛仔裤

规格表　　　单位：cm

部位＼号型	M*	部位＼号型	M*
裤长	70	下裆	49
臀围（H）	94	前裆长	18
腰围（W）	78	后裆长	27
脚口宽	18	中裆	20
前横裆	25.5	腰头宽	3.5
后横裆	32.5		

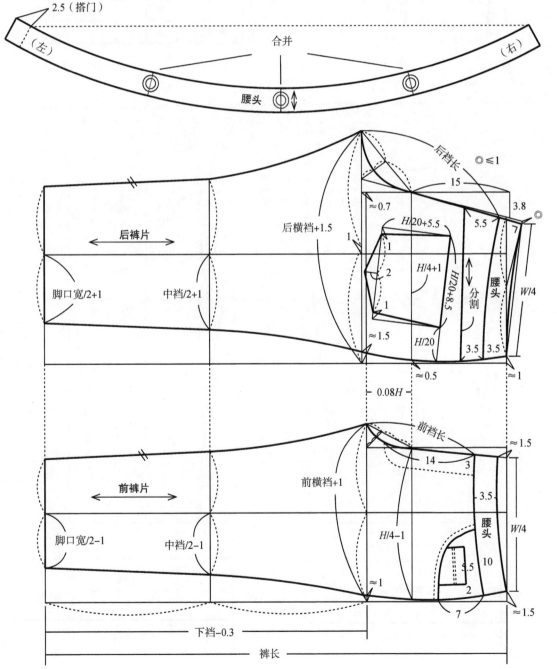

十八、哈伦裤（订单模式）

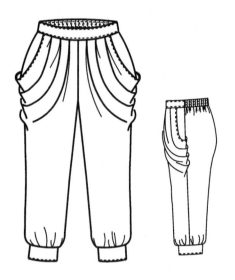

<table>
<tr><th colspan="6" style="text-align:center">规格表　　　　单位：cm</th></tr>
</table>

部位＼号型	S	M*	部位＼号型	S	M*
裤长	70	72	脚口宽2	16	17
臀围（H）	88	92	腰头宽	9	9
腰围（W）	70	74	前裆长	19.5	20.5
下裆	34	35	后裆长	26.3	27.6
脚口宽1	19	20			

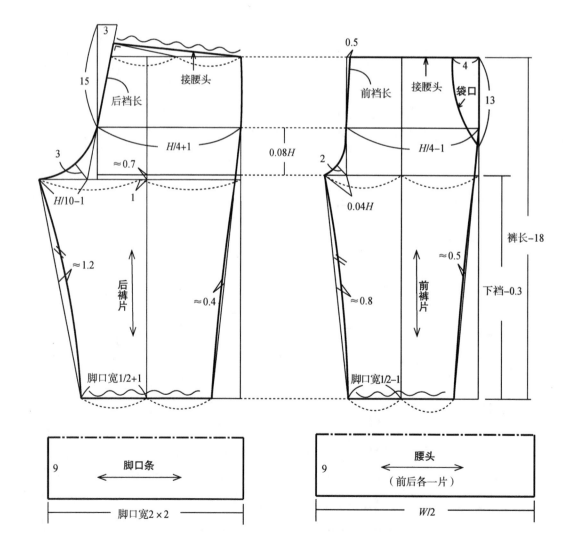

（1）剪开。

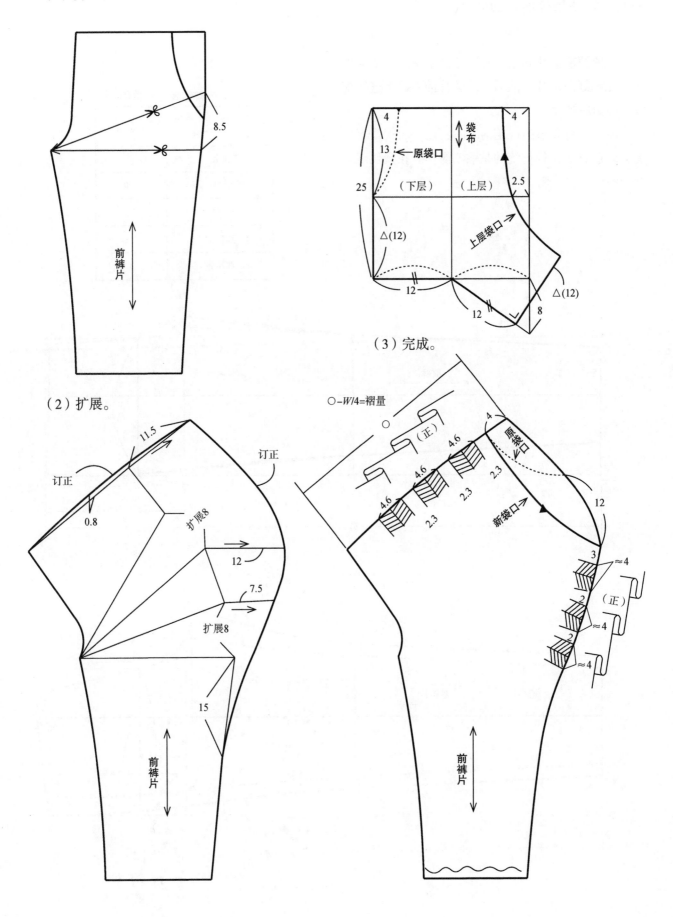

（2）扩展。

（3）完成。

十九、裤子依照前片画后片

　　"依照前裤片画后裤片"是裤子制图的快速方法：先画好前裤片，然后在前裤片的基础上进行缩放，画出后裤片。

　　该方法可以节省一定的时间。前、后裤片容易吻合。适合于比较传统的是手工操作。在现代工业制板中已很少使用。

规格表	单位：cm
号型 部位	M
裤长	98
臀围（H）	100
腰围（W）	76
脚口宽	20
腰头宽	4

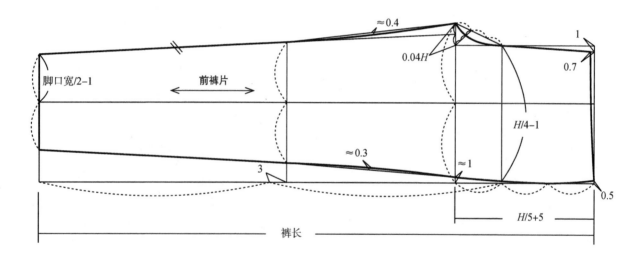

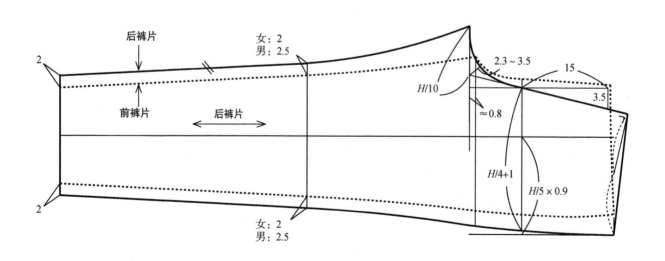

二十、连片哈伦裤

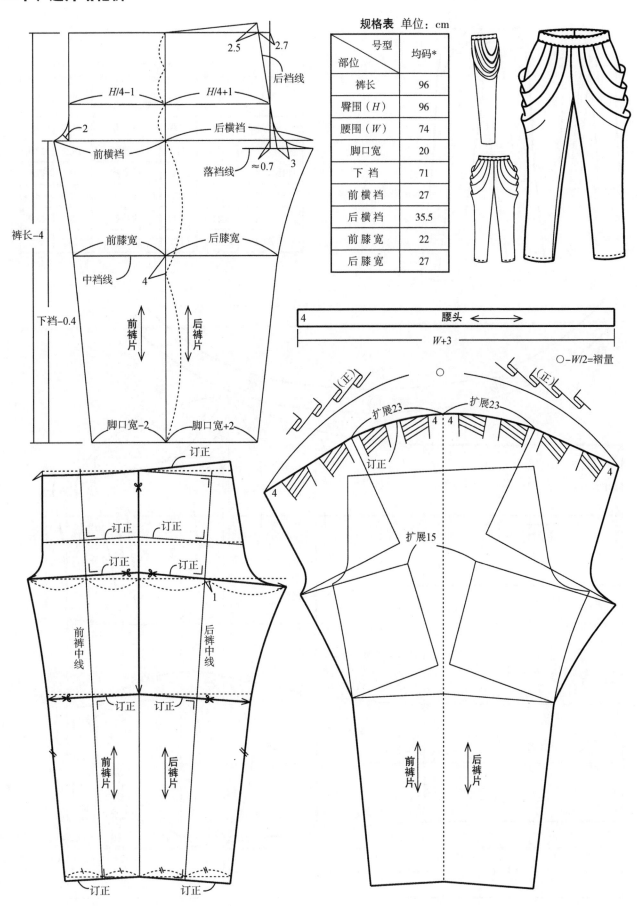

规格表 单位：cm

部位	号型	均码*
裤长		96
臀围（H）		96
腰围（W）		74
脚口宽		20
下裆		71
前横裆		27
后横裆		35.5
前膝宽		22
后膝宽		27

二十一、女休闲裤（订单模式）

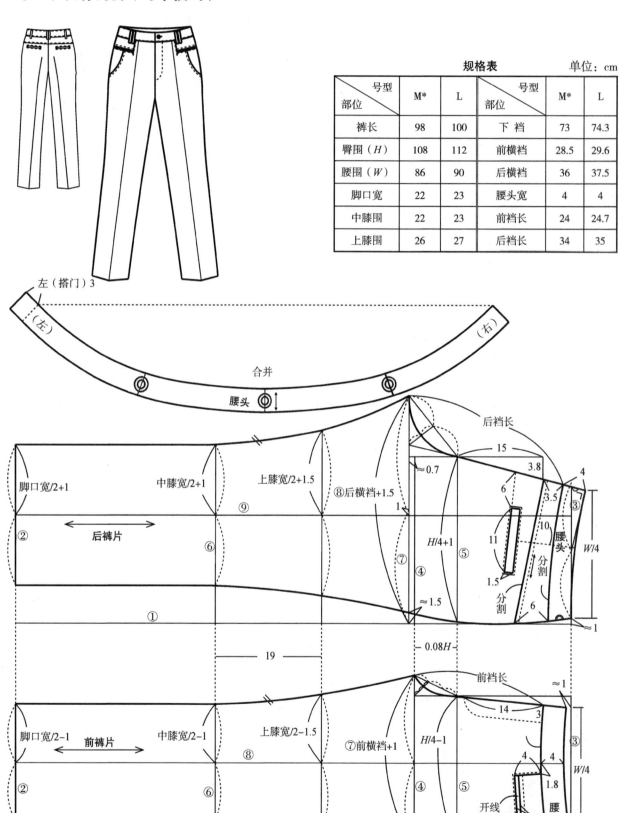

规格表　　　单位：cm

部位 / 号型	M*	L	部位 / 号型	M*	L
裤长	98	100	下 裆	73	74.3
臀围（H）	108	112	前横裆	28.5	29.6
腰围（W）	86	90	后横裆	36	37.5
脚口宽	22	23	腰头宽	4	4
中膝围	22	23	前裆长	24	24.7
上膝围	26	27	后裆长	34	35

二十二、宽筒裤

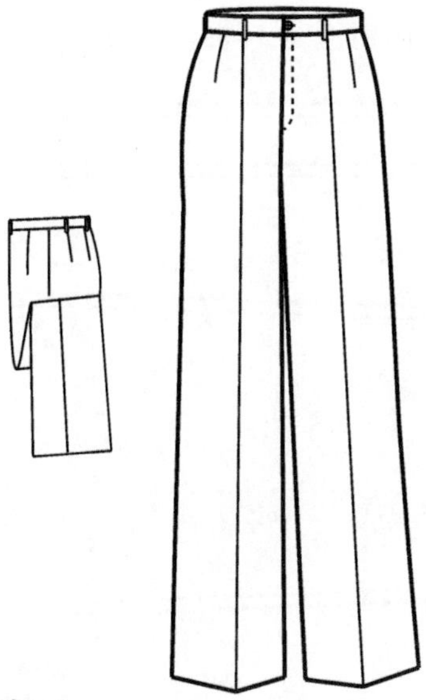

规格表　　　　单位：cm

部位＼号型	S*	M	L	XL	XXL	XXXL
裤长	98	100	102	104	106	108
臀围（H）	92	96	100	104	108	112
腰围（W）	70	74	78	82	86	90
脚口宽	23	23.5	24	24.5	25	25.5
腰头宽	4	4	4	4	4	4

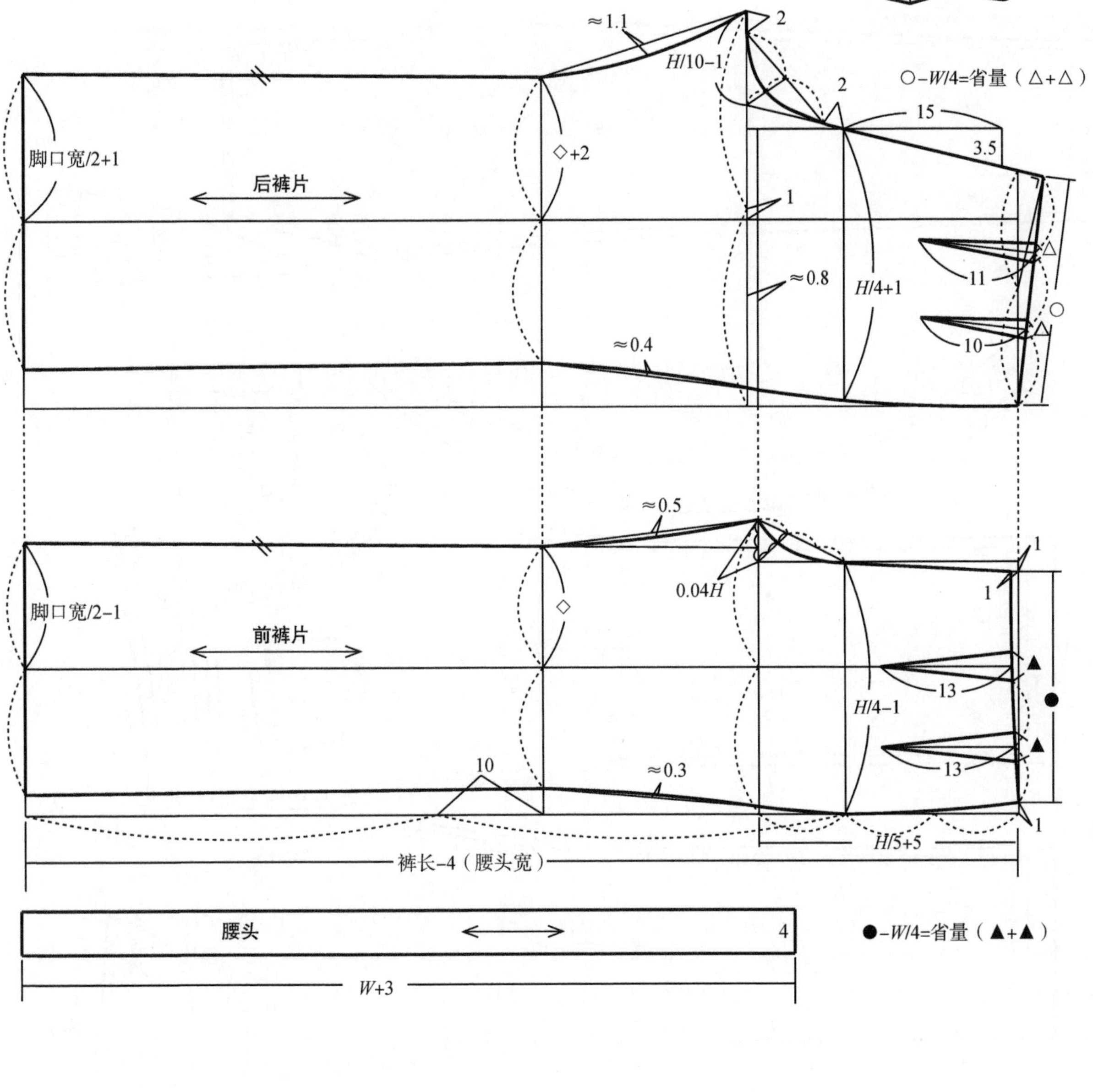

二十三、裤子放缝份示意图

图中细实线样板为净板，粗实线样板为毛板。

要点：
（1）西裤后裆不缉明线，要放宽缝份（其余裤子类推）。
（2）牛仔裤后裆缉明线，不用放宽缝份（其余裤子类推）。
（3）放缝份后如果形成过尖的角，应把尖角切掉。

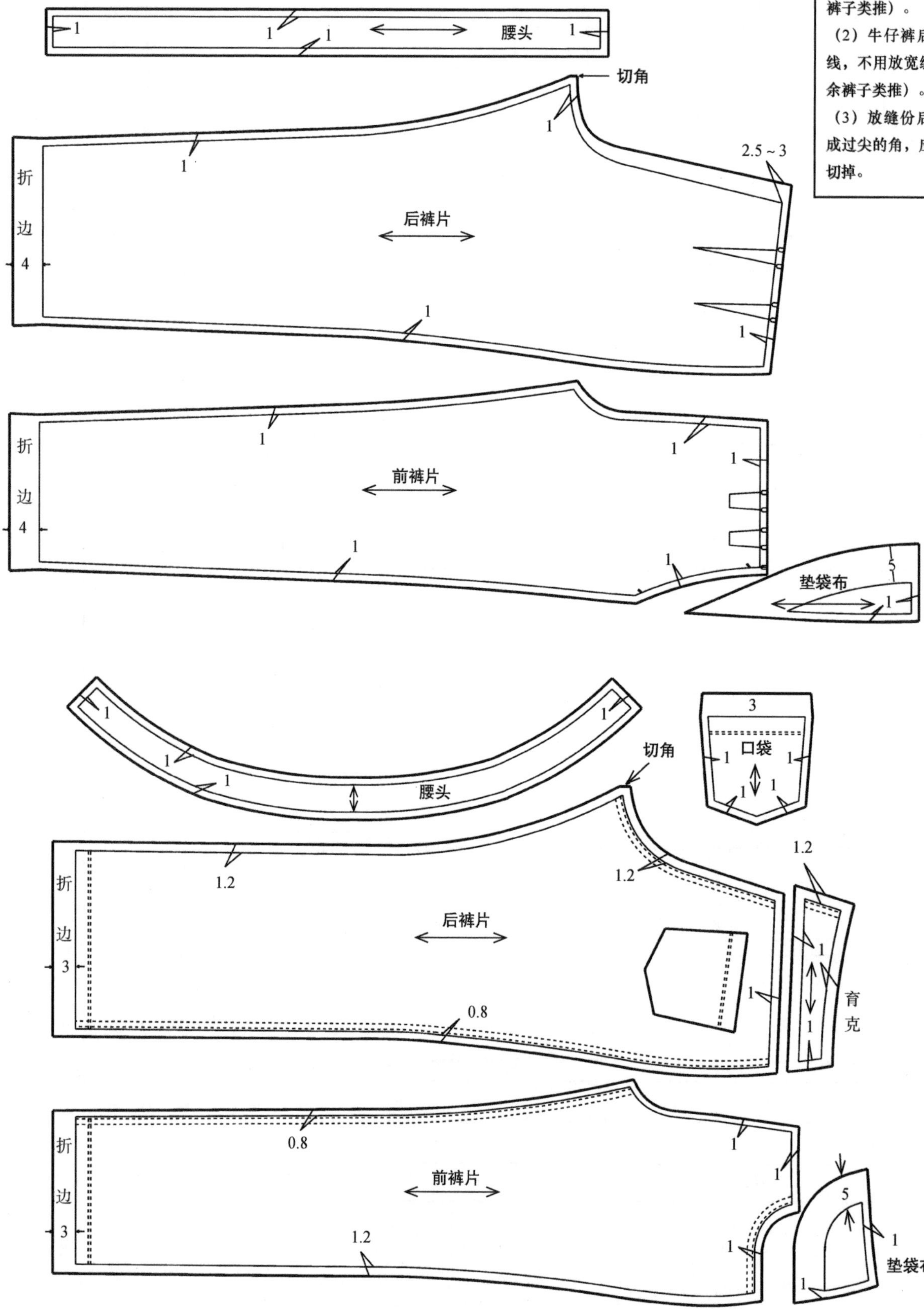

第三节 四开身上衣

一、女夏衫

号型 部位	S	M*	L	XL	XXL	XXXL	XXXXL
衣长	64	66	68	70	72	74	76
胸围（B）	90	94	98	102	106	110	114
领围（N）	35	36	37	38	39	40	41
肩宽（S）	38	39	40	41	42	43	44
袖长（SL）	52	53.5	55	56.5	58	59.5	61

规格表　　　　单位：cm

1. 前衣片分步制图

（1）第一步：画框架线。

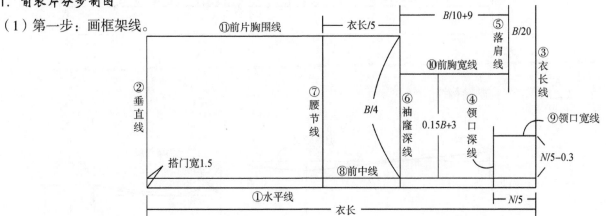

（2）第二步：画结构线。

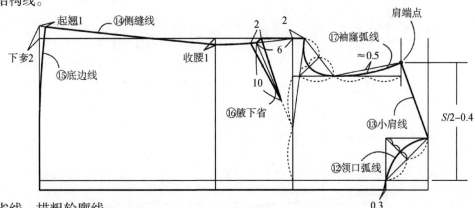

（3）第三步：画省线，描粗轮廓线。

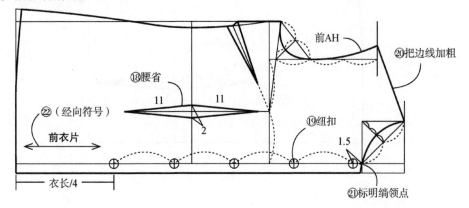

2. 后衣片分步制图

（1）第一步：画框架线。

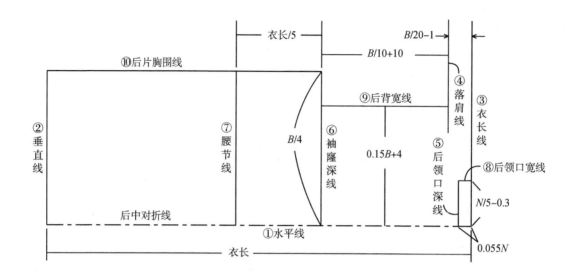

（2）第二步：画结构线。

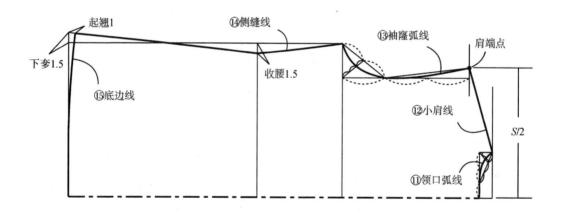

（3）第三步：画省线，描粗廓线。

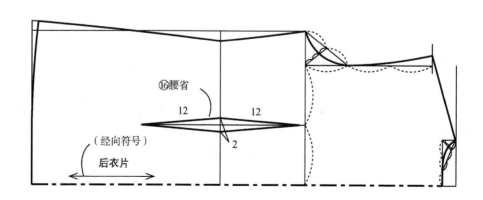

3.袖分步制图

（1）第一步：画框架线。

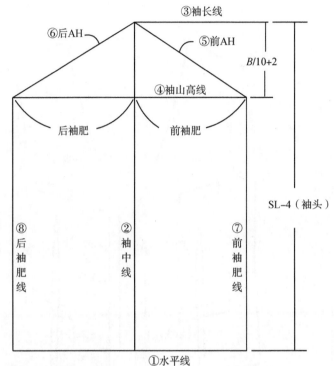

注：前AH为前袖窿弧长
后AH为后袖窿弧长

（2）第二步：画轮廓线，完成。

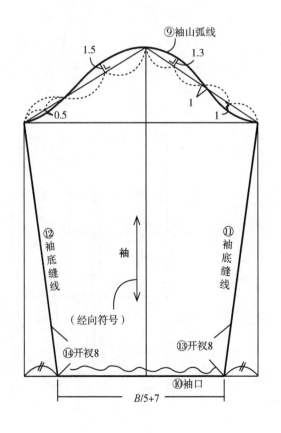

4.领分步制图

（1）第一步：画框架线。

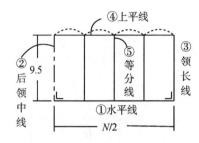

（2）第二步：画轮廓线，完成。

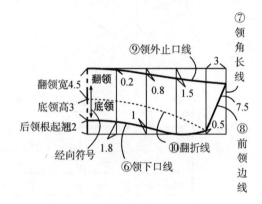

（3）第三步：画展开图。

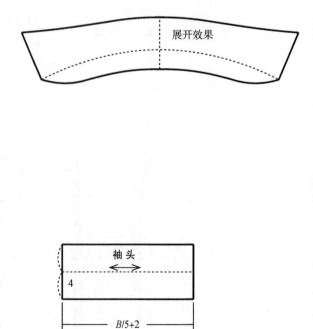

二、男西装马甲

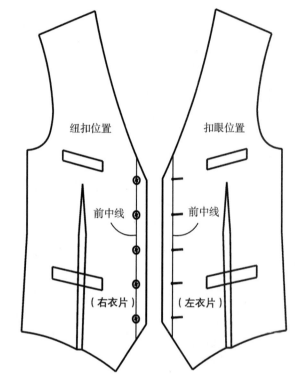

纽扣位置　　扣眼位置

前中线　　前中线

（右衣片）　　（左衣片）

规格表			单位：cm
号型 部位	S*	M	L
衣长	60	62	64
胸围（B）	90	94	98

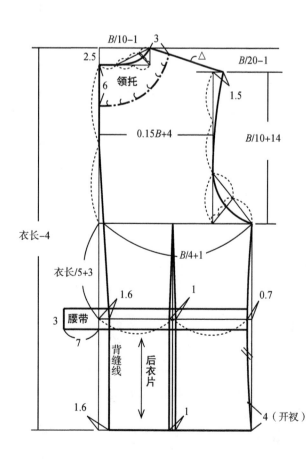

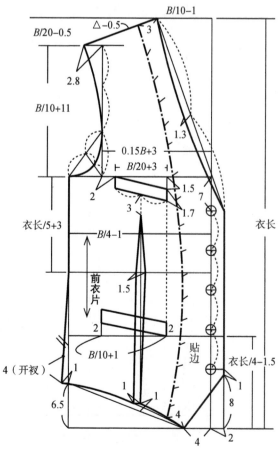

三、女西装马甲

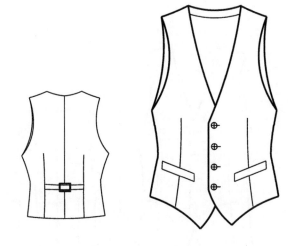

规格表			单位：cm
号型 部位	S*	M	L
衣长	60	62	64
胸围（B）	86	90	94

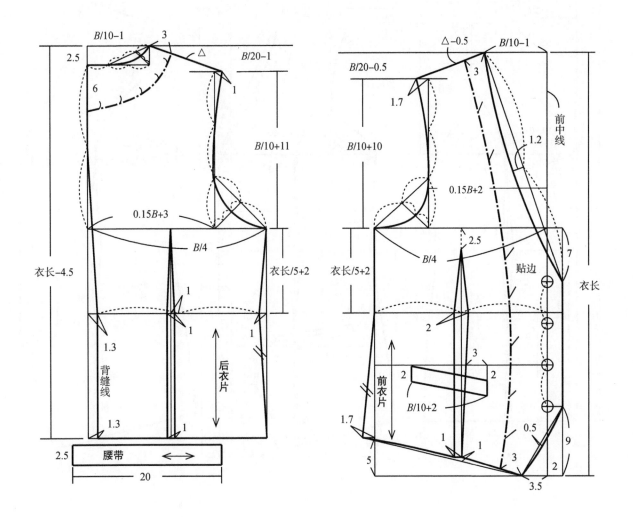

四、八片女马甲

规格表			单位：cm
号型 部位	S*	M	L
衣长	70	72	74
胸围（B）	90	94	98

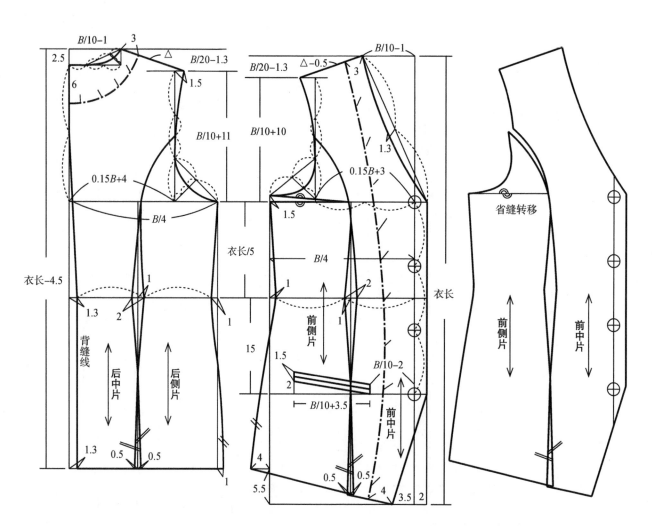

五、蝙蝠衫

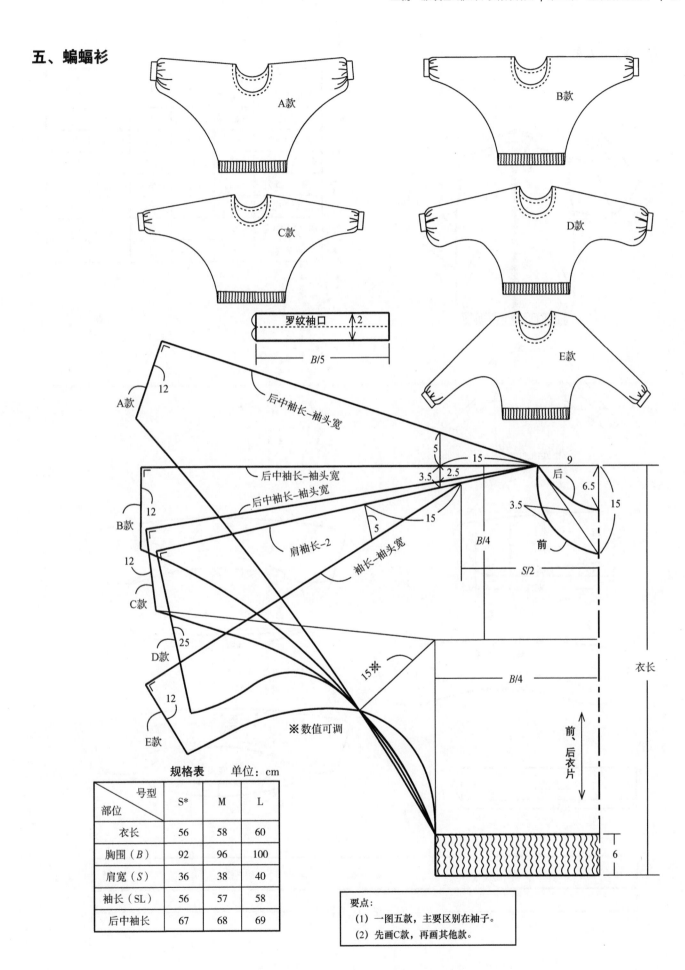

A款

B款

C款

D款

E款

罗纹袖口　↕2

B/5

A款　12

后中袖长–袖头宽

5　15　9

3.5　2.5　后　6.5

后中袖长–袖头宽

后中袖长–袖头宽　15

B款　12

3.5　前

肩袖长–2　5　15

C款　12

袖长–袖头宽　B/4

S/2

D款　25

15※

E款　12

※数值可调

B/4

衣长

前、后衣片

规格表　单位：cm			
部位 ＼ 号型	S*	M	L
衣长	56	58	60
胸围（B）	92	96	100
肩宽（S）	36	38	40
袖长（SL）	56	57	58
后中袖长	67	68	69

6

要点：
（1）一图五款，主要区别在袖子。
（2）先画C款，再画其他款。

六、男夹克衫

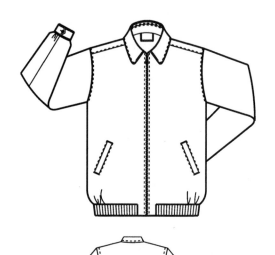

号型 部位	S*	M	L	XL	XXL
衣长	68	70	72	74	76
胸围（B）	112	116	120	124	128
领围（N）	43	44	45	46	47
肩宽（S）	47	48.5	50	51.5	53
袖长（SL）	56	57.5	59	60.5	62
罗纹下摆宽	5	5	5	5	5
袖头宽	5	5	5	5	5

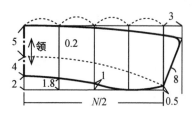

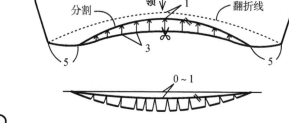

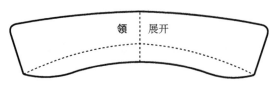

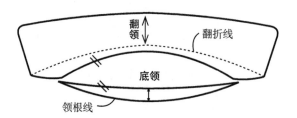

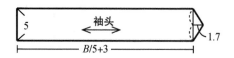

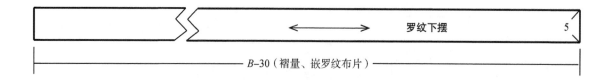

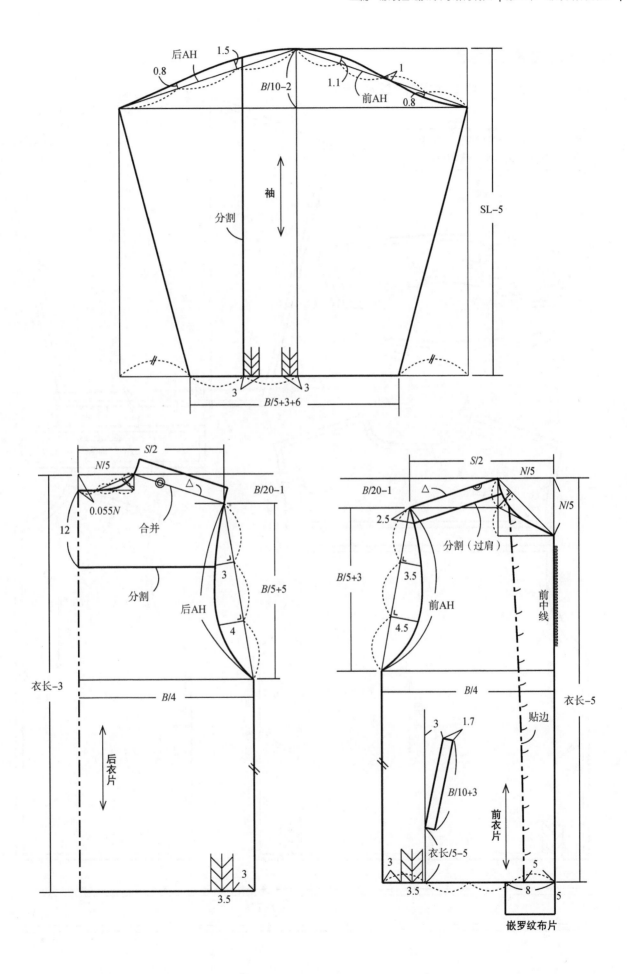

后AH   1.5

0.8

B/10−2

1.1

前AH

1

0.8

袖

分割

SL−5

3   3

B/5+3+6

S/2

N/5

B/20−1

0.055N

合并

△

12

分割

3

后AH

B/5+5

4

衣长−3

B/4

后衣片

3

3.5

S/2

N/5

B/20−1

△

2.5

分割（过肩）

N/5

B/5+3

3.5

前AH

4.5

前中线

B/4

衣长−5

3   1.7

贴边

B/10+3

前衣片

衣长/5−5

3

3.5

5

8   5

嵌罗纹布片

七、夹克衫放缝份示意图

图中细实线样板为净板，粗实线样板为毛板。

要点：夹克衫属于宽松服装，一般要求
不是十分严格，全部放1cm缝份即可。

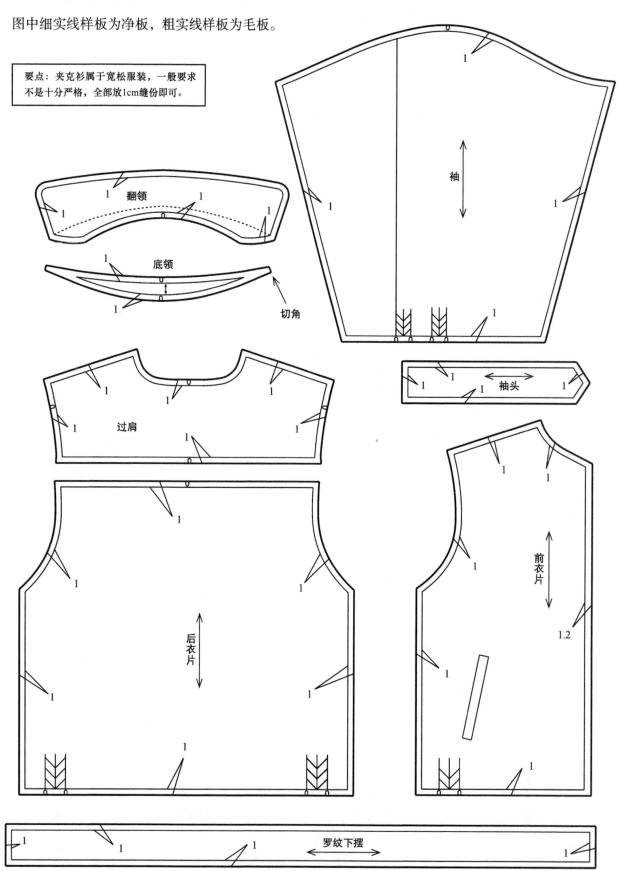

八、八片女无领衫

规格表　　　　　　单位：cm

部位＼号型	S	M	L*	XL	XXL	XXXL	XXXXL
衣长	64	66	68	70	72	74	76
胸围（B）	92	96	100	104	108	112	116
领围（N）	35	36	37	38	39	40	41
肩宽（S）	39	40	41	42	43	44	45
袖长（SL）	52	53.5	55	56.5	58	59.5	61
袖口宽	12.2	12.6	13	13.4	13.8	14.2	14.6

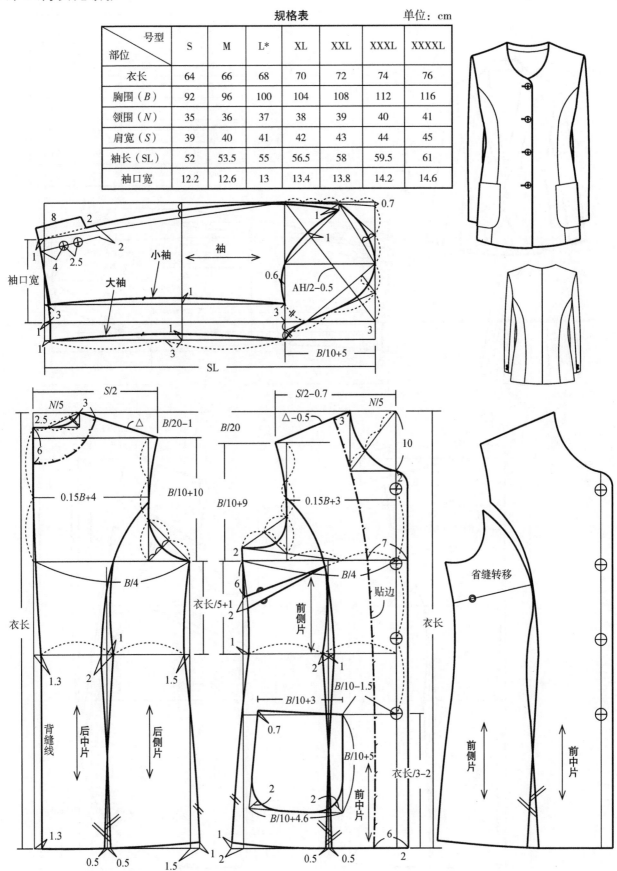

九、单扣连领衫

部位＼号型	S	M*	L
衣长	62	64	66
胸围（B）	96	100	104
领围（N）	37	38	39
肩宽（S）	39	40	41
袖长（SL）	52.5	54	55.5
袖口宽	12.6	13	13.4

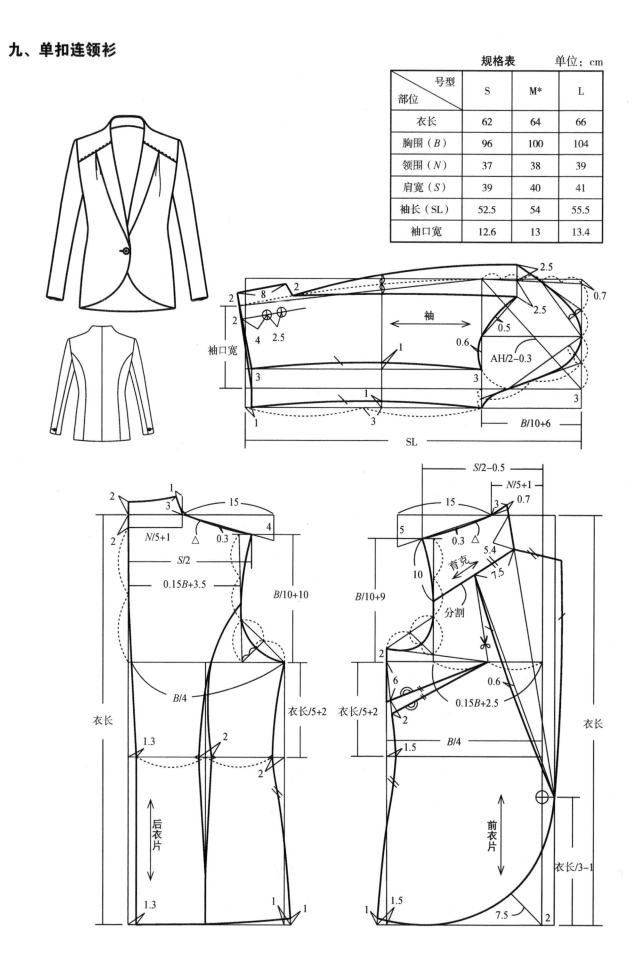

要点：
（1）驳头夹在育克与衣片的接缝内。
（2）育克下褶裥的褶量单由腋下省转移，褶量还不够，用扩展省量来补充。

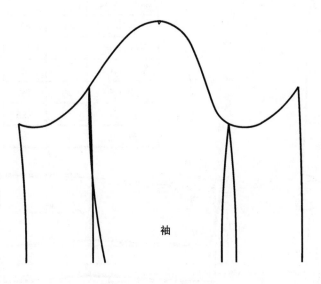

袖

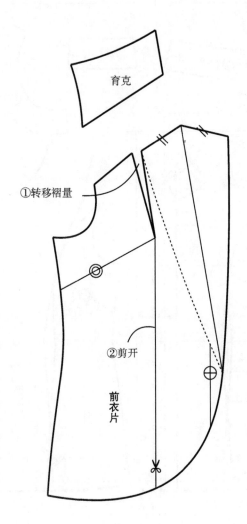

育克

①转移褶量

②剪开

前衣片

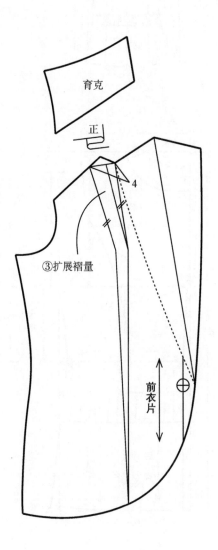

育克

正

③扩展褶量

4

前衣片

十、中短身女衫

部位 \ 号型	S	M*	L	XL	XXL
衣长	60	62	64	66	68
胸围（B）	90	94	98	102	106
领围（N）	35	36	37	38	39
肩宽（S）	38	39	40	41	42
袖长（SL）	52	53.5	55	56.5	58
袖口宽	12	12.4	12.8	13.2	13.6

规格表　　单位：cm

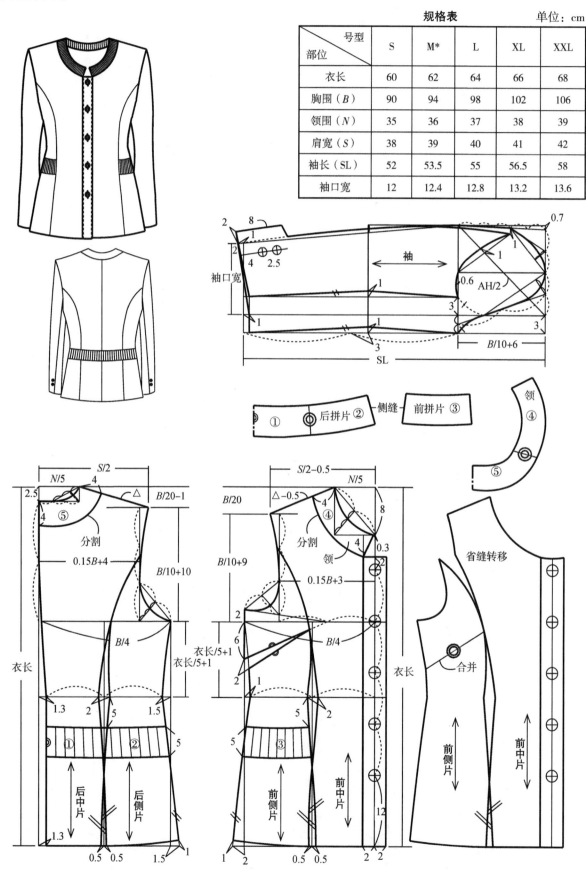

十一、连领悬垂衫

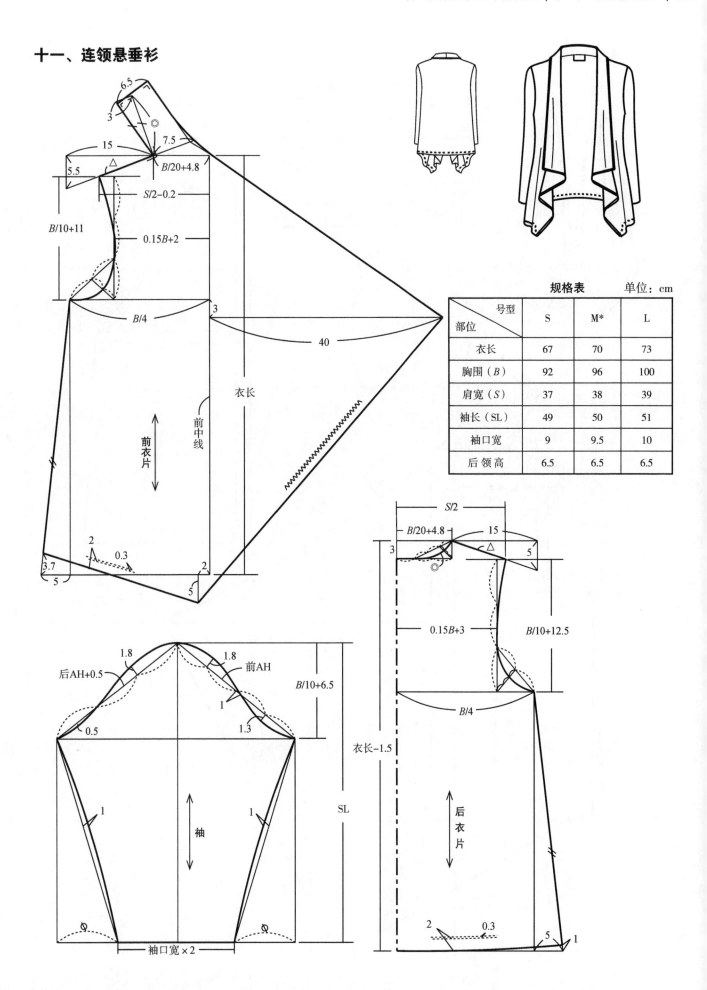

规格表			单位：cm
号型 部位	S	M*	L
衣长	67	70	73
胸围（B）	92	96	100
肩宽（S）	37	38	39
袖长（SL）	49	50	51
袖口宽	9	9.5	10
后领高	6.5	6.5	6.5

十二、无袖悬垂衫

部位 号型	S	M*	L
衣长	60	62	64
胸围（B）	92	96	100
肩宽（S）	37	38	39
后领高	8	8	8

规格表　　单位：cm

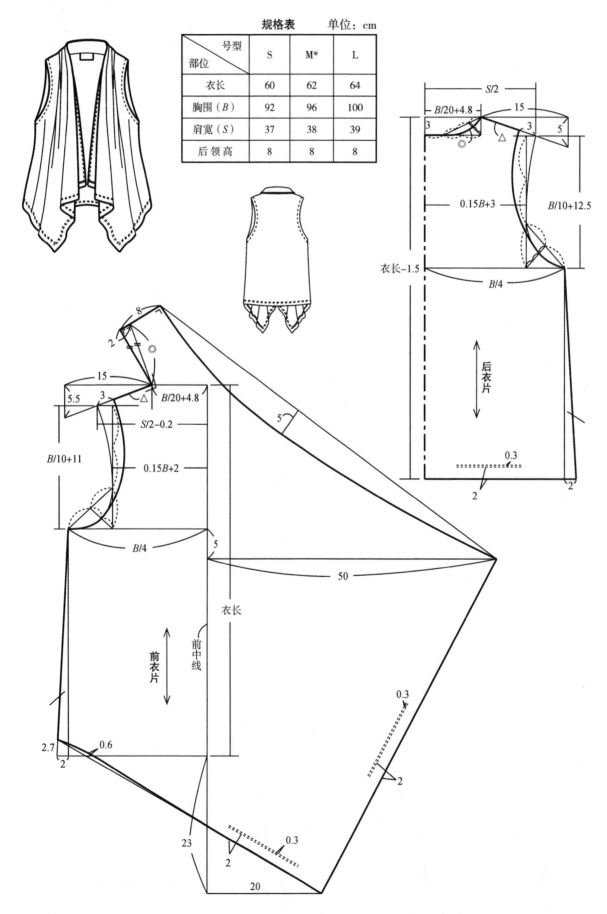

第四节　三开身上衣

一、三开身女无领衫

要点：三开身结构服装
比四开身结构服装更合
体，更庄重大方。正
装、职业装多采用三开
身结构，如西服、中山
装等。

部位 \ 号型	S*	M	L	XL	XXL	XXXL
衣长	68	70	72	74	76	78
胸围（*B*）	96	100	104	108	112	116
肩宽（*S*）	39	40.2	41.4	42.6	43.8	45
领围（*N*）	36	37	38	39	40	41
袖长（SL）	52	53.5	55	56.5	58	59.5

规格表　　　单位：cm

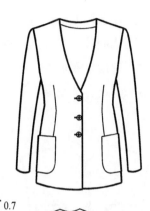

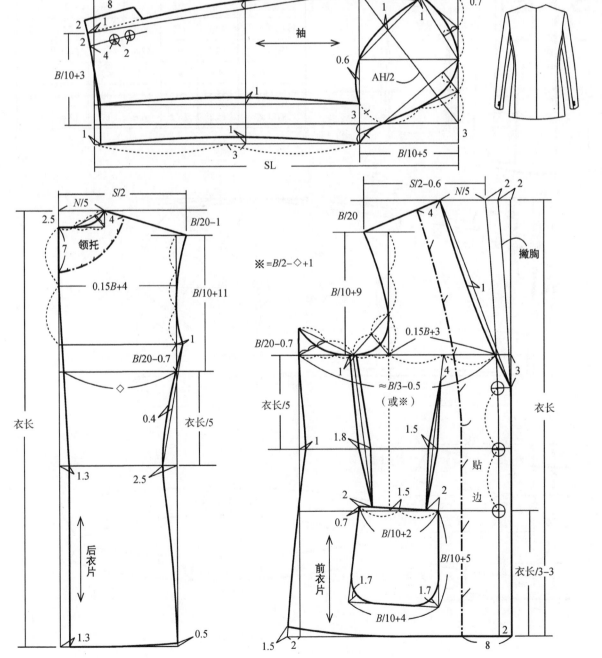

二、中山装

　　中山装又称中山服。根据孙中山先生曾穿着的款式命名。公元1923年问世，结束大襟式长袍时代。中山装既保留西服的部分优点，又具有鲜明的中国民族风格。左右对称，庄重大方。新中国成立后成为我国标准制式服装，被称为中国的"国服"。中山装不仅中国人穿，东亚及东南亚很多国家都流行，如泰国、老挝、越南、柬埔寨、新加坡、马来西亚、日本、韩国、朝鲜等国家，都比较习惯穿中山装。由中山装派生出来的还有军便服、学生装、青年装等，统称中山装。

规格表（5·4系列）						单位：cm
部位　　号型	160	165	170	175*	180	185
衣长	70	72	74	76	78	80
胸围（B）	108	112	116	120	124	128
肩宽（S）	45.4	46.6	47.8	49	50.2	51.4
领围（N）	40	41	42	43	44	45
袖长（SL）	55.5	57	58.5	60	61.5	63
袖口宽	15.8	16.2	16.6	17	17.4	17.8

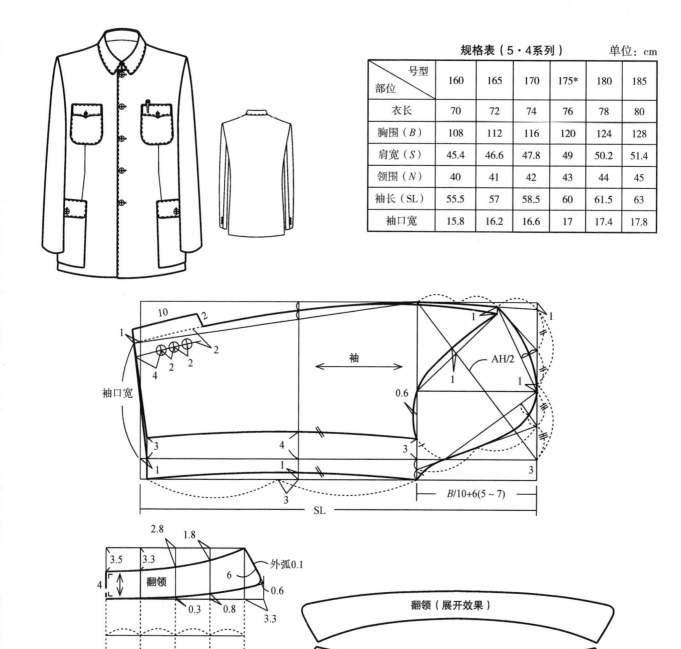

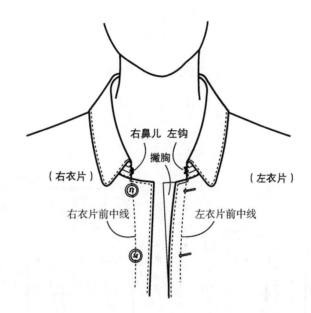

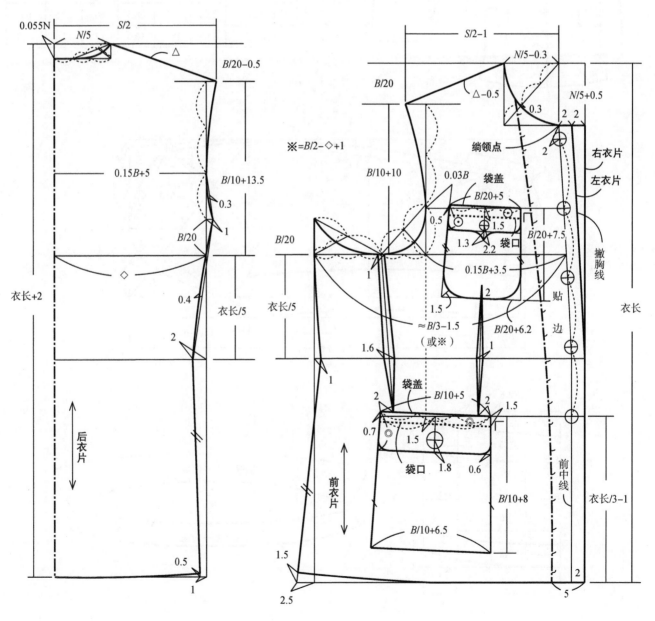

※＝B/2−◇＋1

三、军便服

军便服基本结构与中山服的相似，主要区别在于，中山服前身有左右四个明贴口袋，而军便服前身有四个带盖的暗口袋。

规格表（5·4系列）　　单位：cm

部位 ＼ 号型	160	165	170	175*	180	185
衣长	70	72	74	76	78	80
胸围（B）	108	112	116	120	124	128
肩宽（S）	45.4	46.6	47.8	49	50.2	51.4
领围（N）	40	41	42	43	44	45
袖长（SL）	55.5	57	58.5	60	61.5	63
袖口宽	15.8	16.2	16.6	17	17.4	17.8

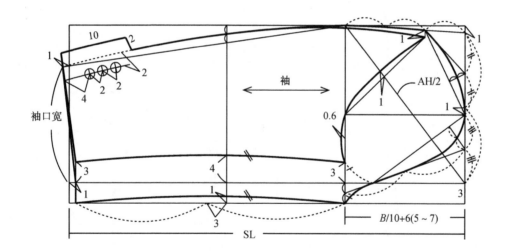

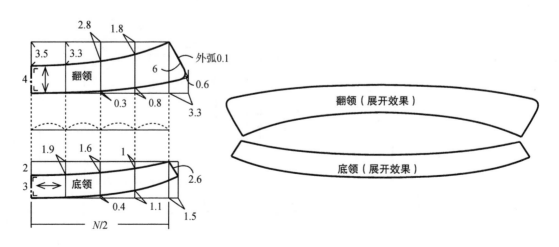

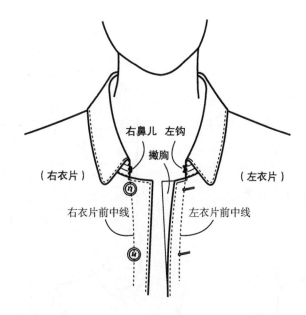

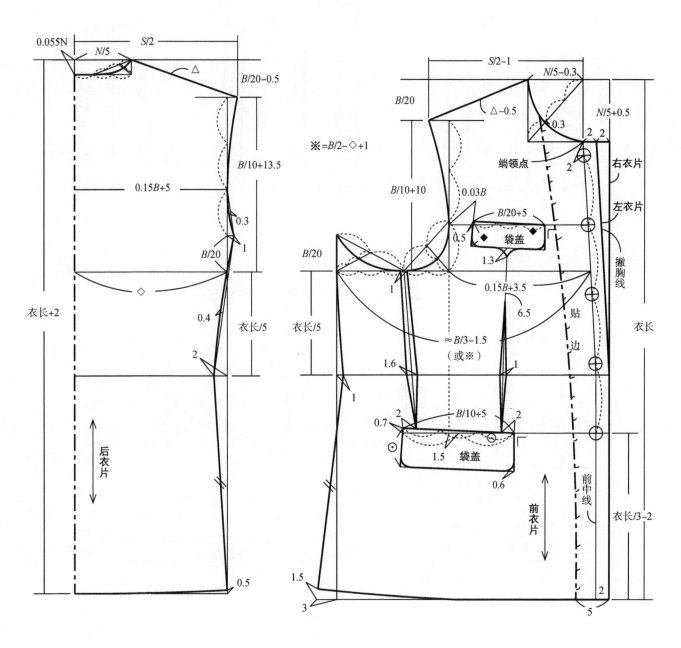

四、学生装

学生装基本结构与中山服的相近，主要区别在于，中山服前身有左右四个明贴口袋，而学生装前身下边有两个带盖的暗口袋，左前胸有一个斜形的硬板袋。只有立领，没有翻领。中山服不劈背，无背缝线；学生装劈背，有背线，更加合体。本款式前门为暗门襟（也称暗扣），也可选择明扣。

号型部位	160	165	170	175*	180
衣长	70	72	74	76	78
胸围（B）	108	112	116	120	124
肩宽（S）	45.4	46.6	47.8	49	50.2
领围（N）	40	41	42	43	44
袖长（SL）	55.5	57	58.5	60	61.5
袖口宽	14.3	14.7	15.1	15.5	15.9

规格表（5·4系列）　单位：cm

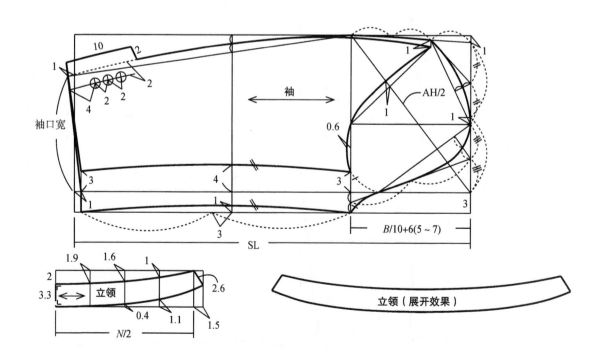

立领（展开效果）

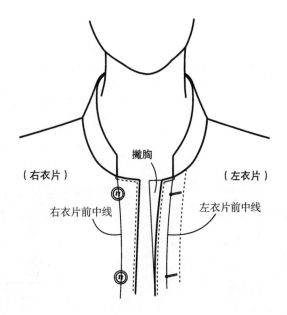

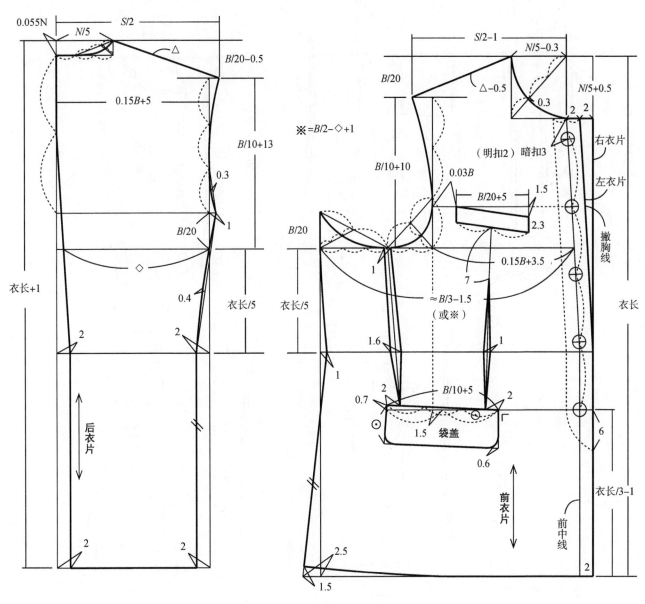

※ =B/2−◇+1

五、中山服放缝份示意图

图中细实线样板为净板，粗实线样板为毛板。

> 要点：中山服对质量的要求很高，部分部位放缝份与一般服装放缝份也有区别。
>
> （1）袖窿弧线、袖山弧线均放0.8cm缝份，可提高袖山的平服程度。
>
> （2）袖山弧线、袖窿弧线接缝处要求"延长垂直切角"，以保证缝合的两个片净板对准，不错位。
>
> （3）中山服大袋为风琴式口袋，除袋口之外的三个边均要放3cm的缝份。

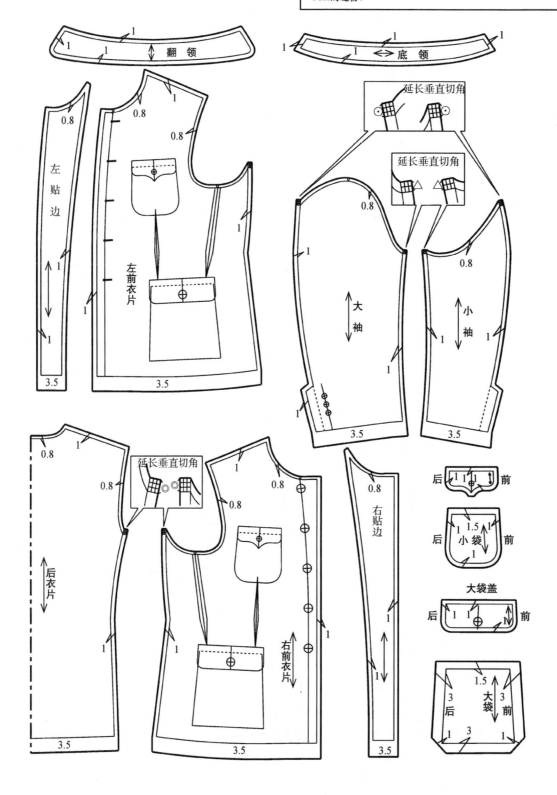

第五节　西服

西服又称西装、洋装。西服为翻驳领，三开身，一般三个衣袋，后背或侧缝开衩，也有不开衩的。有单排扣和双排扣之分，最常见的是单排两粒纽扣。西服几乎是全世界各个国家男子的标准服装。作为正装，西服无论从版型还是工艺、用料来说都有严格的要求，技术含量非常高。

一、单排两扣男西服

本款式为三开身结构，大小袖，平驳头，单排两粒扣，圆形摆，两个双开线加盖大袋，一个手帕袋，袖头开假衩，钉三或四粒袖头扣。前衣片分割加省，开底领。使西服产生丰富的立体形态，更加合体，美观。

部位＼号型	160*	165	170	175	180	185
衣长	70	72	74	76	78	80
胸围（B）	104	108	112	116	120	124
肩宽（S）	44.2	45.4	46.6	47.8	49	50.2
袖长（SL）	55.5	57	58.5	60	61.5	63
袖口宽	14.4	14.8	15.2	15.6	16	16.4

规格表（5·4系列）　　　单位：cm

驳领各部位名称

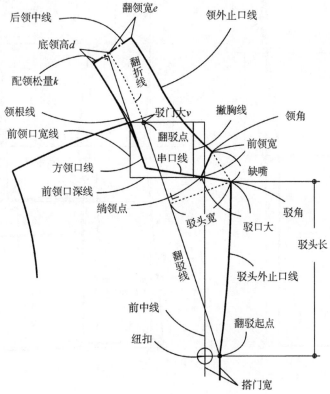

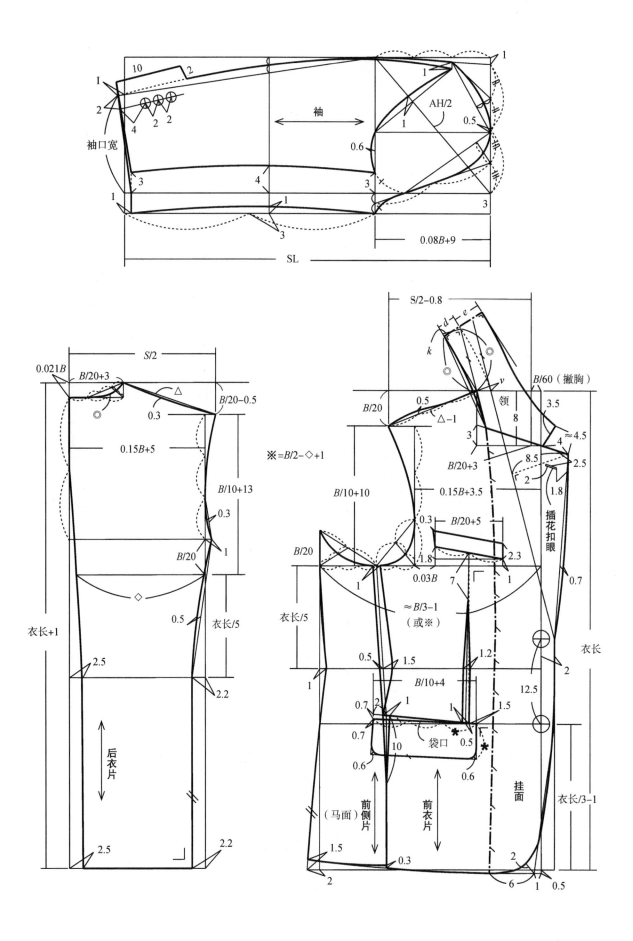

配领数据　　单位：cm

名　称	计　算　方　法	数据
底领高（d）	根据款式设定	2.7
翻领宽（e）	根据款式设定	4
驳门大（v）	$d/3 \times 2$	1.8
配领松量（k）	$(e - d \times 0.8) \times 1.5$	2.8

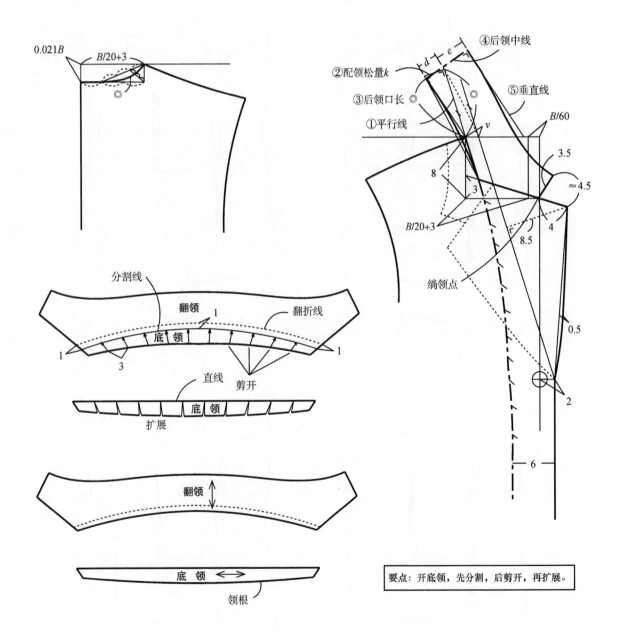

（1）男西服前衣片"剑头省"的位置和走向要求很严格。只有这样才能保证最靠前的那条线与衣片的经纱平行。尤其是带条格的面料，省缝不能切断条格，见左上图。

（2）前片分割加省，正常体型、胖体型、瘦体型应有区别。正常体型上部加锥形省，见右上图；瘦体型直线到底，减小下摆的宽度，见左下图；胖体型除加锥形省之外下部交叉，加大下摆宽度，见右下图。

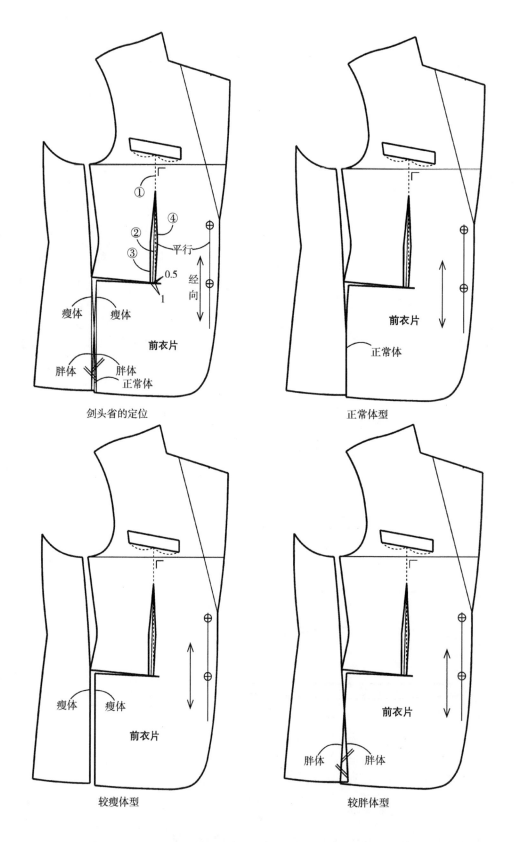

剑头省的定位　　　　　　　　　　　　正常体型

较瘦体型　　　　　　　　　　　　　　较胖体型

二、男西服放缝份示意图

要点：男西服对质量的要求很高，部分部位放缝份与一般服装放缝份也有区别。

（1）袖窿弧线、袖山弧线均放0.8cm缝份，可提高袖山的平服程度。

（2）袖山、袖窿接缝处要求"延长垂直切角"，以保证缝合的两个片净板对准，不错位。

（3）领底呢因材料不同，绱领工艺不同，放缝份标准也不同。

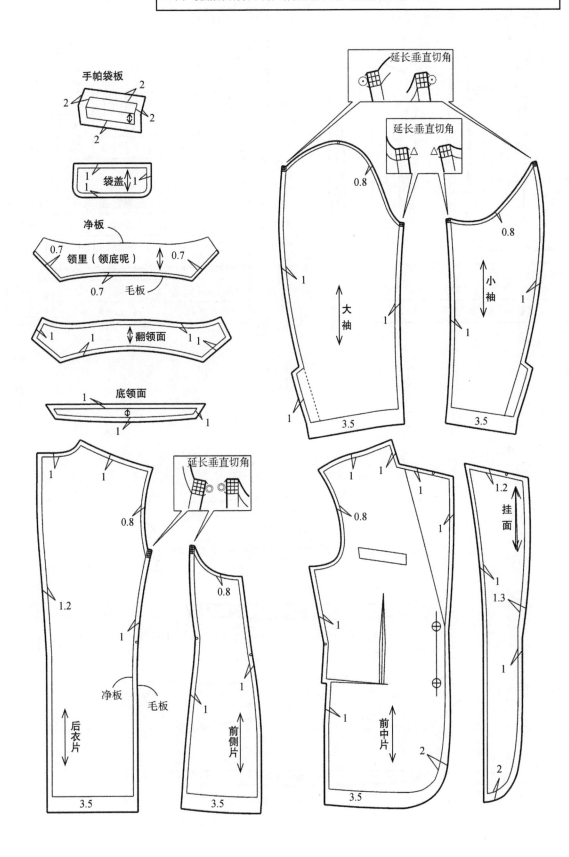

三、三扣男西服

规格表（5·4系列）　　单位：cm

部位＼号型	160*	165	170	175	180	185
衣长	70	72	74	76	78	80
胸围（B）	104	108	112	116	120	124
肩宽（S）	44.2	45.4	46.6	47.8	49	50.2
袖长（SL）	55.5	57	58.5	60	61.5	63
袖口宽	14.4	14.8	15.2	15.6	16	16.4

配领数据　　单位：cm

名　称	设 定 计 算 方 法	数据
底领高（d）	根据款式设定	2.7
翻领宽（e）	根据款式设定	4
驳门大（v）	$d/3 \times 2$	1.8
配领松量（k）	$(e - d \times 0.8) \times 1.5$	2.8

要点：开底领，先分割，后剪开，再扩展。

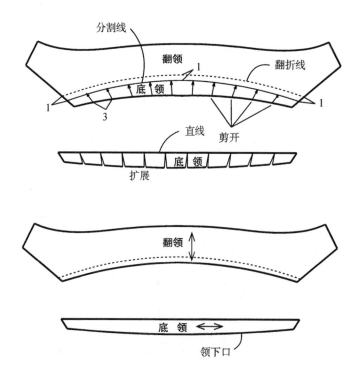

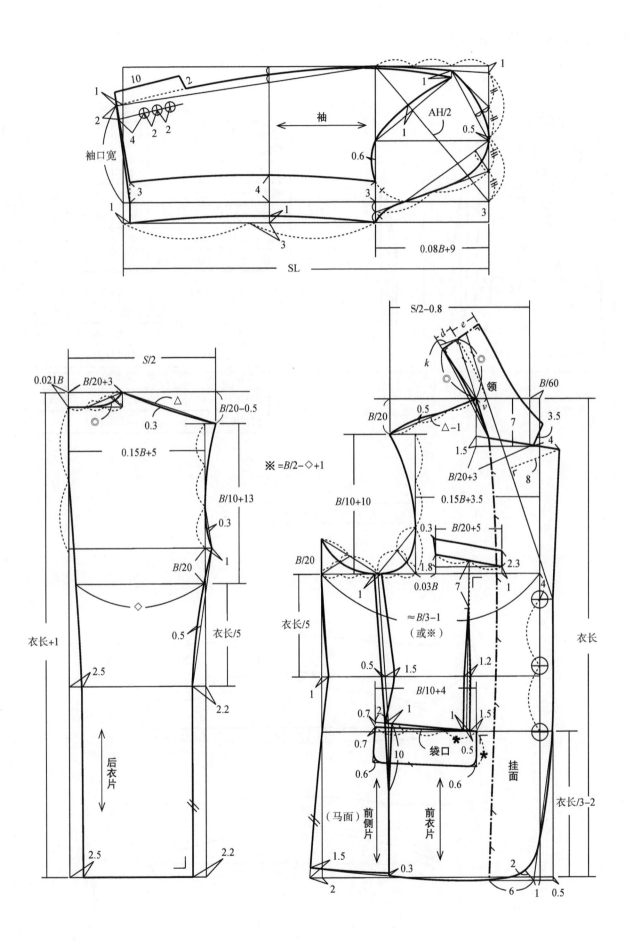

四、双排扣男西服（戗驳头）

规格表（5·4系列）　　单位：cm

部位 ＼ 号型	160*	165	170	175	180	185
衣长	70	72	74	76	78	80
胸围（B）	104	108	112	116	120	124
肩宽（S）	44.2	45.4	46.6	47.8	49	50.2
袖长（SL）	55.5	57	58.5	60	61.5	63
袖口宽	14.4	14.8	15.2	15.6	16	16.4

配领数据　　单位：cm

名　称	设 定 计 算 方 法	数据
底领高（d）	根据款式设定	2.7
翻领宽（e）	根据款式设定	4
驳门大（v）	$d/3 \times 2$	1.8
配领松量（k）	$(e-d \times 0.8) \times 1.5$	2.8

> 要点：开底领，先分割，后剪开，再扩展。

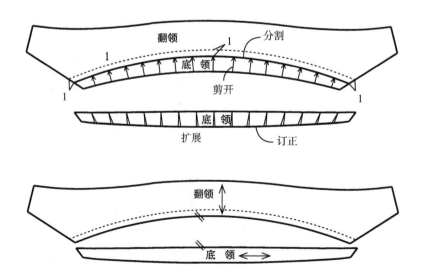

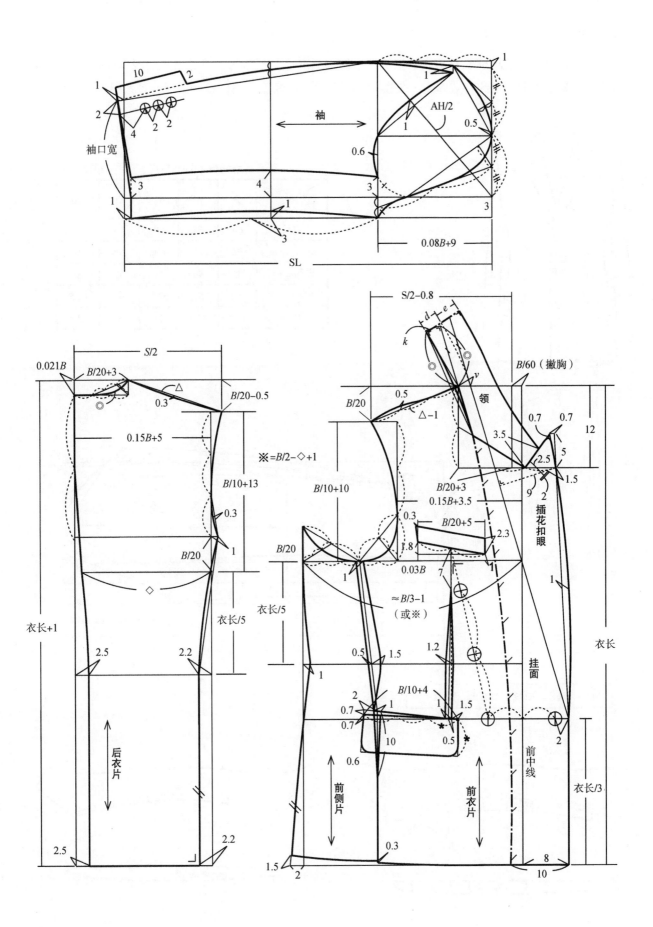

五、三扣女西服（领口省）

女性前胸较高，西服的前衣片单靠腰省所产生的胸部窝势是不够的，极易出现内驳口向外翘起，不贴身。加领口省是解决此问题的有效办法。驳领向外翻下后，正好盖住领口省，保证外观效果。

部位 \ 号型	S	M*	L	XL	XXL
衣长	64	66	68	70	72
胸围（B）	92	96	100	104	108
肩宽（S）	39	40	41	42	43
袖长（SL）	55.5	57	58.5	60	61.5
袖口宽	12.2	12.6	13	13.4	13.8

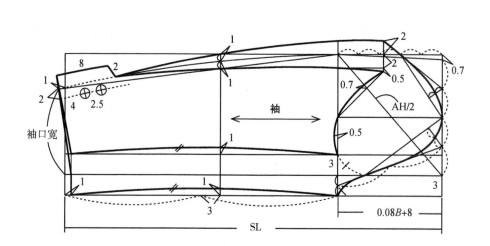

要点：开底领，先分割，后剪开，再扩展。

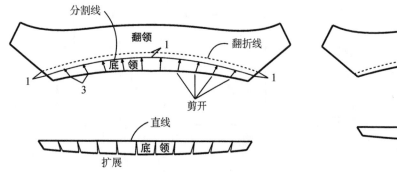

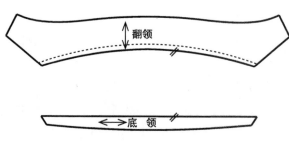

配领数据　　单位：cm

名　称	设定计算方法	数据
底领高（d）	根据款式设定	2.7
翻领宽（e）	根据款式设定	4
驳门大（v）	$d/3 \times 2$	1.8
配领松量（k）	$(e - d \times 0.8) \times 1.5$	2.8

要点：领口省由袖窿省转移产生，可保证版型不走样。

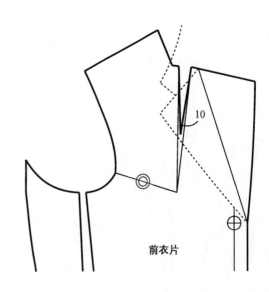

前衣片

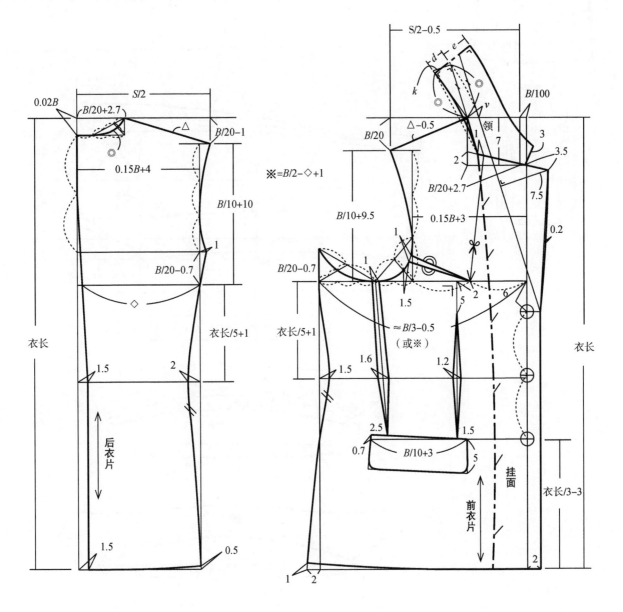

※=B/2-◇+1

后衣片

前衣片

六、双排扣女西服（戗驳头 领口省）

女性前胸较高，西服的前衣片单靠腰省所产生的胸部窝势是不够的，极易出现内驳口向外翘起，不贴身。加领口省是解决此问题的有效办法。驳领向外翻下后，正好盖住领口省，保证外观效果。

号型 部位	S	M*	L	XL	XXL
衣长	64	66	68	70	72
胸围（B）	92	96	100	104	108
肩宽（S）	39	40	41	42	43
袖长（SL）	55.5	57	58.5	60	61.5
袖口宽	12.2	12.6	13	13.4	13.8

规格表（5·4系列）　单位：cm

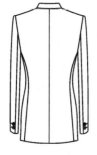

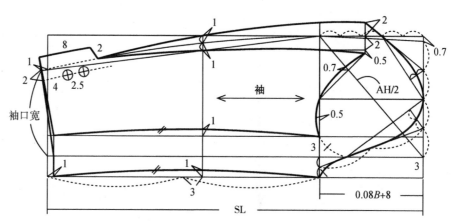

要点：开底领，先分割，后剪开，再扩展。

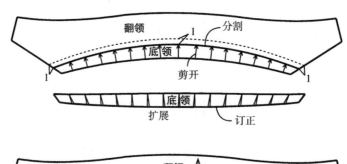

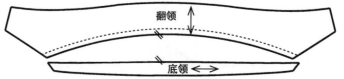

配领数据		单位：cm
名 称	设 定 计 算 方 法	数据
底领高（d）	根据款式设定	2.7
翻领宽（e）	根据款式设定	4
驳门大（v）	$d/3 \times 2$	1.8
配领松量（k）	$(e-d\times0.8)\times1.5$	2.8

要点：领口省由袖窿省转移产生，可保证版型不走样。

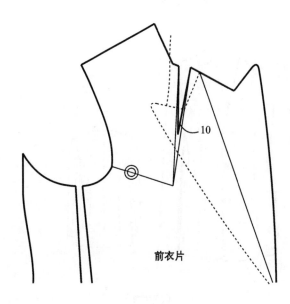

前衣片

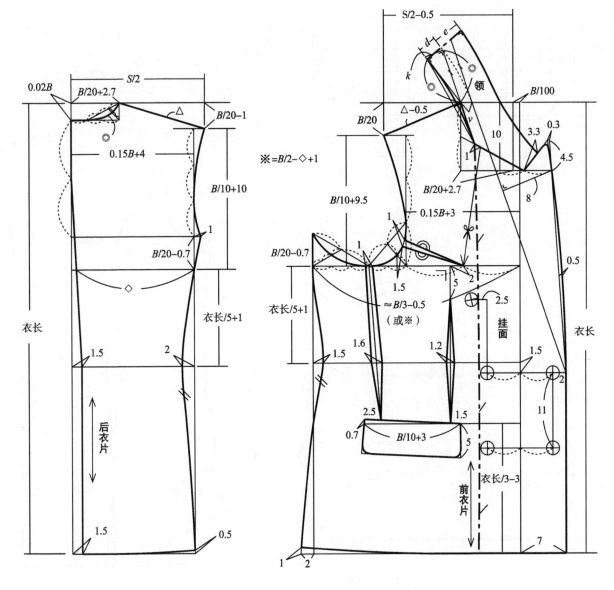

※$=B/2-◇+1$

七、八片女西服（三扣）

规格表（5·4系列）　　　　单位：cm

部位 \ 号型	S	M*	L	XL	XXL
衣长	64	66	68	70	72
胸围（B）	92	96	100	104	108
肩宽（S）	39	40	41	42	43
袖长（SL）	55.5	57	58.5	60	61.5
袖口宽	12.2	12.6	13	13.4	13.8

要点：袖窿省由腋下省转移产生，可保证版型不走样。

配领数据　　　　单位：cm

名　称	设定计算方法	数据
底领高（d）	根据款式设定	2.7
翻领宽（e）	根据款式设定	4
驳门大（v）	$d/3 \times 2$	1.8
配领松量（k）	$(e - d \times 0.8) \times 1.5$	2.8

要点：开底领，先分割，后剪开，再扩展。

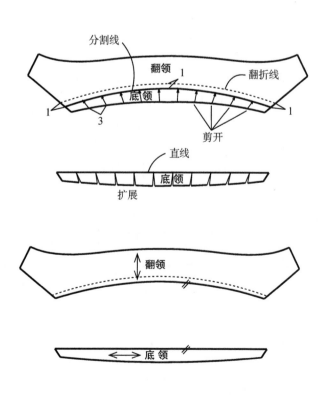

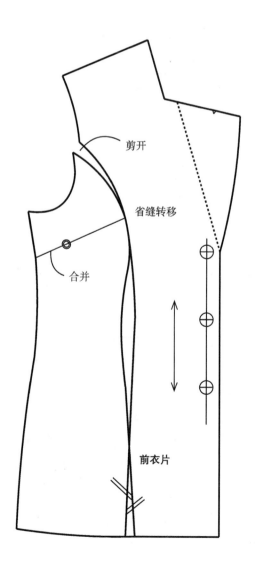

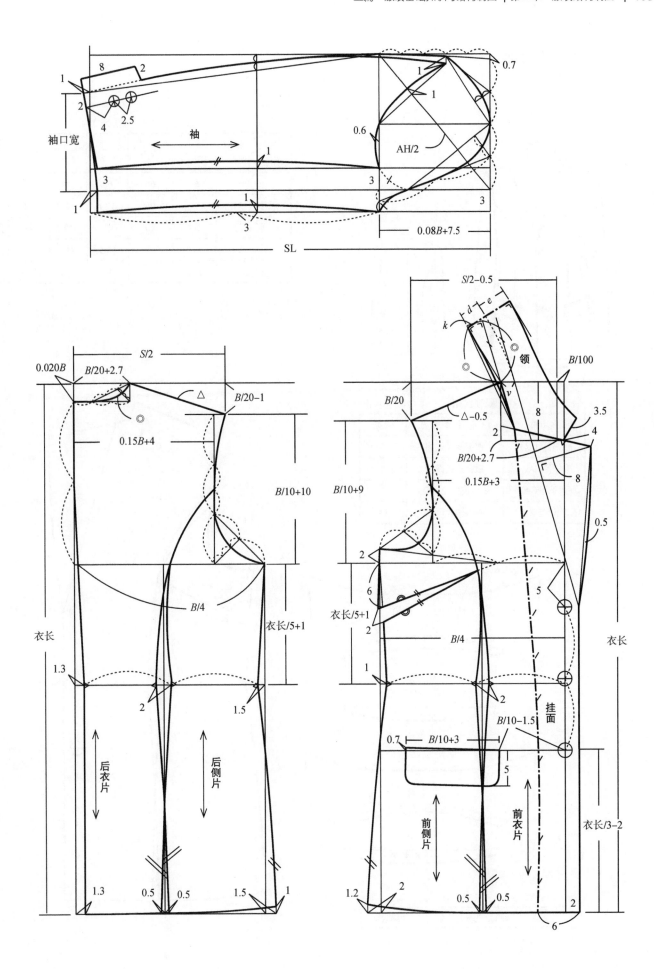

八、高驳口女西服

规格表（5·4系列）   单位：cm

部位 \ 号型	S	M*	L	XL	XXL
衣长	64	66	68	70	72
胸围（B）	92	96	100	104	108
肩宽（S）	39	40	41	42	43
袖长（SL）	55.5	57	58.5	60	61.5
袖口宽	12.2	12.6	13	13.4	13.8

配领数据   单位：cm

名 称	设定计算方法	数据
底领高（d）	根据款式设定	3
翻领宽（e）	根据款式设定	5
驳门大（v）	$d/3 \times 2$	2
配领松量（k）	$(e-d \times 0.8) \times 1.5$	3.9

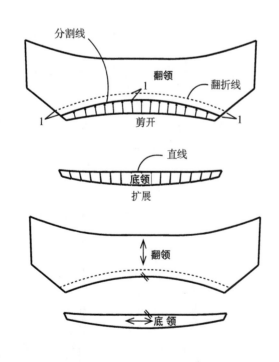

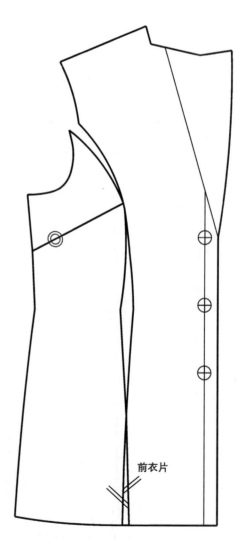

要点：开底领，先分割，后剪开，再扩展。

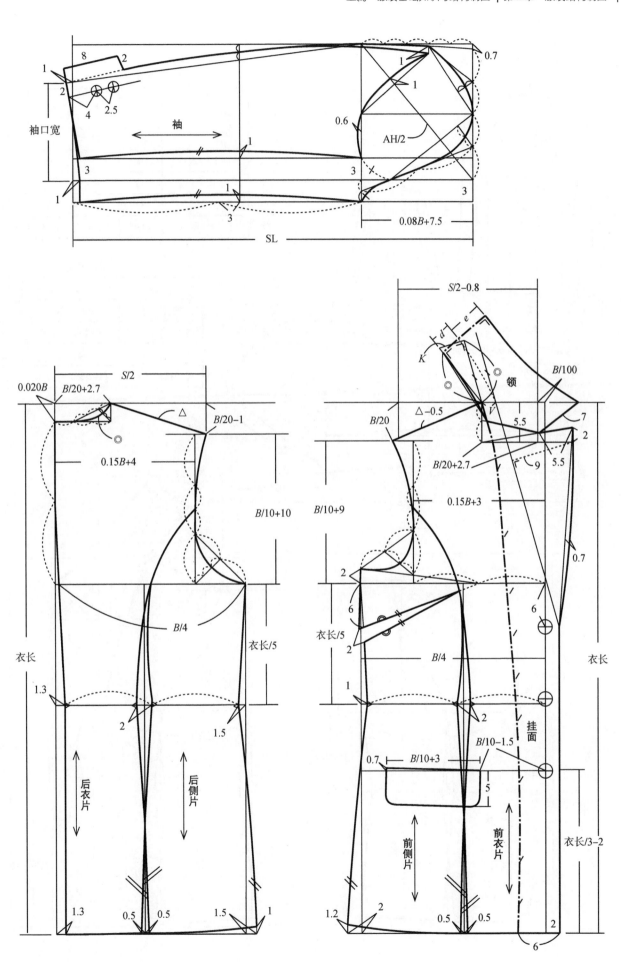

九、双层领上衣

规格表　　　　单位：cm

部位　　号型	S	M*	L
衣 长	60	62	64
胸围（B）	106	110	114
肩宽（S）	43	44	45
袖 长（SL）	57	58	59
袖口宽	13	13.4	13.8

配领数据　　　　单位：cm

名 称	计算方法	数据
底领高（d）	根据款式设定	3
翻领宽（e）	根据款式设定	5
驳门大（v）	$d/3 \times 2$	2
配领松量（k）	$(e - d \times 0.8) \times 1.5$	3.9

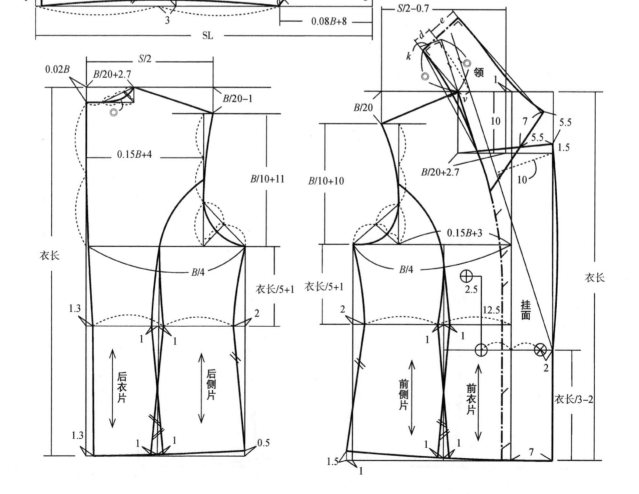

第六节　夏装

一、紧身式女短袖衫

部位 \ 号型	S	M*	L
衣长	58	60	62
胸围（B）	86	90	94
领围（N）	35	36	37
肩宽（S）	37	38	39
袖长（SL）	19	20	21

规格表　　单位：cm

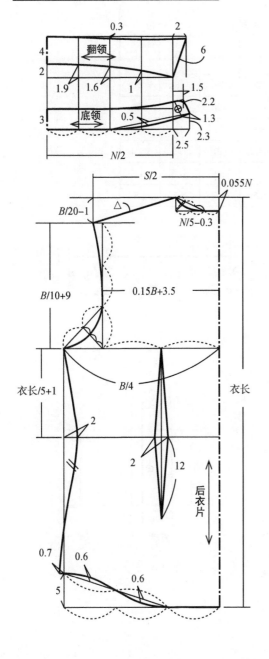

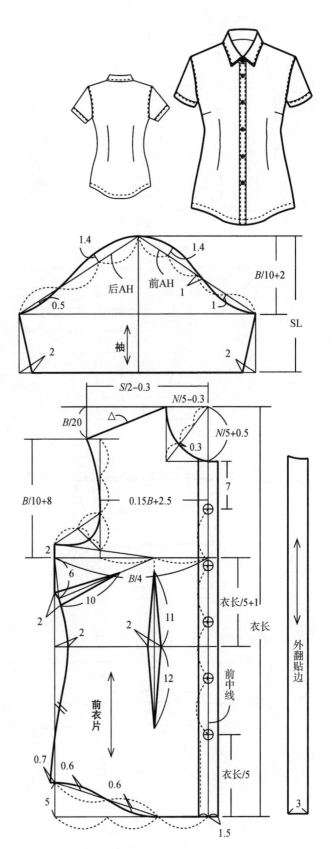

二、男衬衫

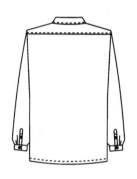

号型 部位	38*	39	40	41	42	43	44
衣长	70	72	74	76	76	78	78
胸围（B）	104	108	112	116	120	124	128
领围（N）	38	39	40	41	42	43	44
肩宽（S）	45.2	46.4	47.6	48.8	50	51.2	52.4
袖长（SL）	55.5	57	58.5	60	60	61.5	61.5
袖头宽	5.5	5.5	5.5	5.5	5.5	5.5	5.5

规格表（5·4系列）　　单位：cm

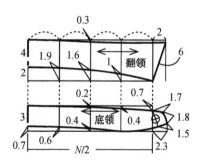

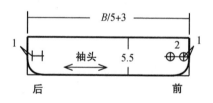

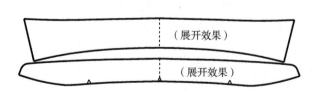

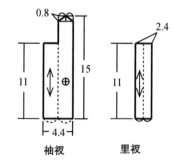

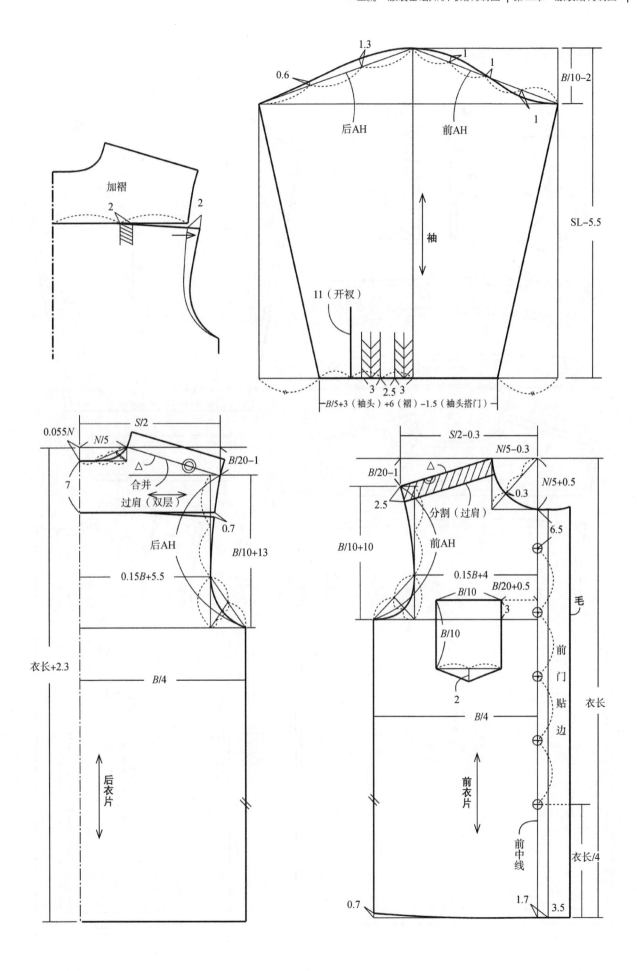

加褶

2   2

1.3

0.6

后AH   前AH

1   1

1

B/10−2

SL−5.5

袖

11（开衩）

3   2.5   3

−B/5+3（袖头）+6（褶）−1.5（袖头搭门）−

0.055N

N/5

S/2

7

合并
过肩（双层）

后AH

△   ⊘

B/20−1

0.7

B/10+13

0.15B+5.5

衣长+2.3

B/4

后衣片

S/2−0.3

N/5−0.3

B/20−1   △

2.5

分割（过肩）

N/5+0.5

前AH

0.3

6.5

B/10+10

0.15B+4

毛

B/10

B/20+0.5

3

B/10

前门贴边

2

B/4

前衣片

前中线

衣长

0.7   1.7   3.5

衣长/4

三、男衬衫放缝份示意图

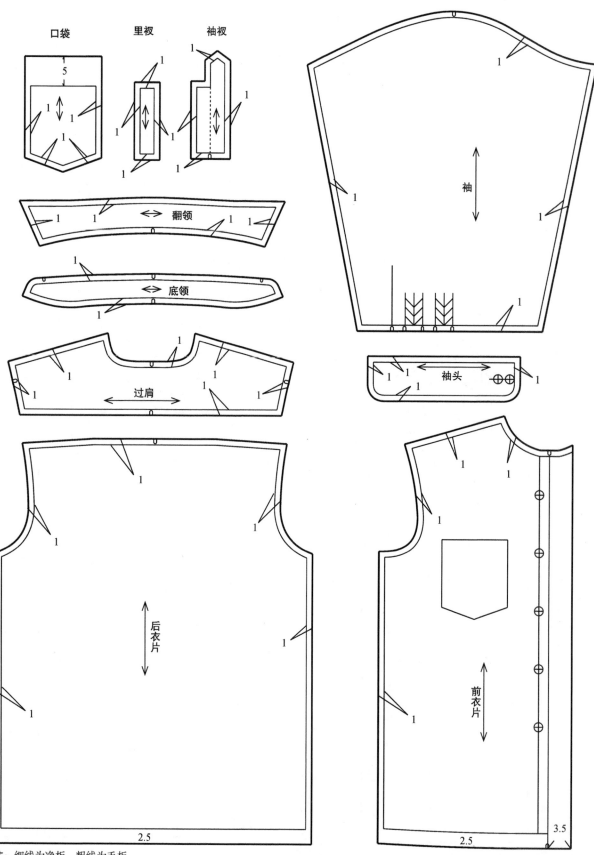

口袋　里衩　袖衩

翻领

底领

过肩

袖

袖头

后衣片

前衣片

注：细线为净板，粗线为毛板

四、男短袖衫

部位 \ 号型	38*	39	40	41	42	43
衣长	70	72	74	76	78	80
胸围（B）	104	108	112	116	120	124
领围（N）	38	39	40	41	42	43
肩宽（S）	45.2	46.4	47.6	48.8	50	51.2
袖长（SL）	20	21	22	23	24	25

规格表（5·4系列）　单位：cm

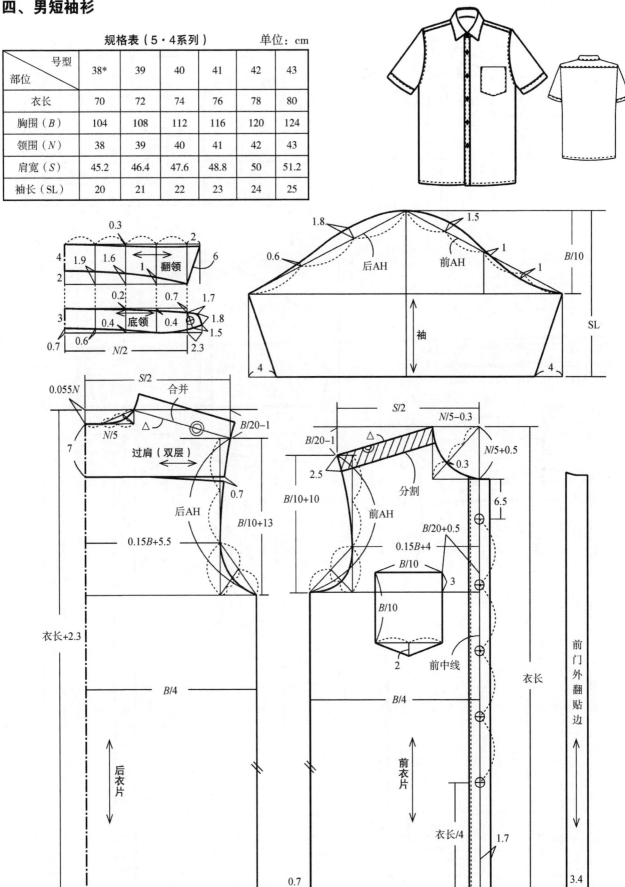

五、休闲式男短袖衫

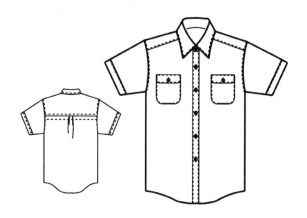

规格表　　　　单位：cm

部位 ＼ 号型	38	39	40	41	42*
衣长	72	74	76	78	80
胸围（B）	104	108	112	116	120
领围（N）	38	39	40	41	42
肩宽（S）	45.2	46.4	47.6	48.8	50
袖长（SL）	20	21	22	23	24

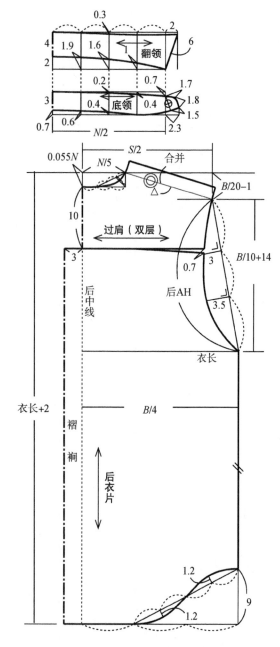

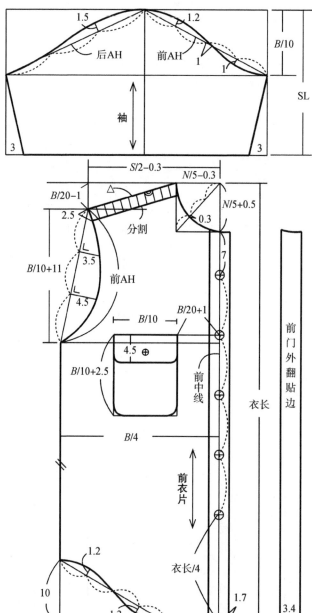

六、休闲连身裙

规格表			单位：cm

部位 ＼ 号型	S	M*	L
裙长	103	108	113
胸围（B）	92	96	100
腰围（W）	68	72	76
小肩宽	7.5	8	8.5
腰节	38.5	39	39.5

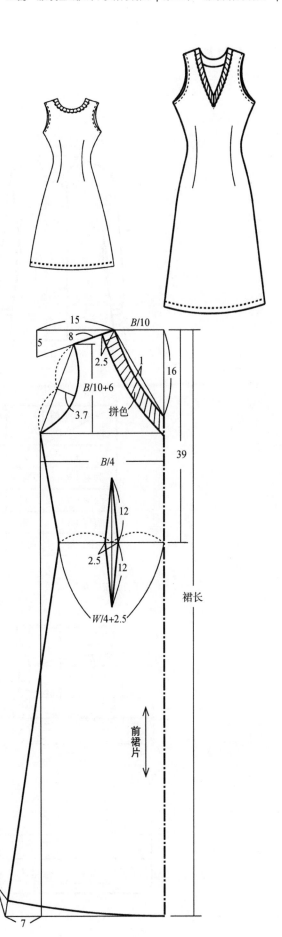

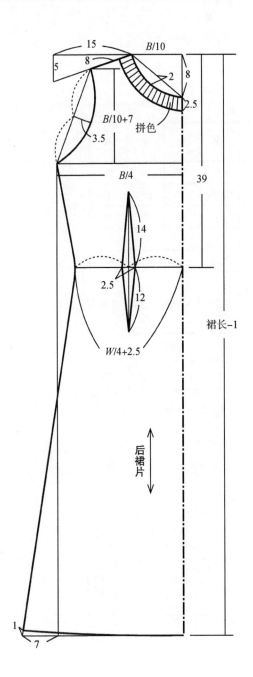

七、女衬衫

规格表（5·4系列）　　　单位：cm

部位 \ 号型	35*	36	37	38	39	40	41
衣长	64	66	68	70	72	74	76
胸围（B）	90	94	98	102	106	110	114
领围（N）	35	36	37	38	39	40	41
肩宽（S）	38	39	40	41	42	43	44
袖长（SL）	52	53.5	55	56.5	58	59.5	61

①不打领带式领

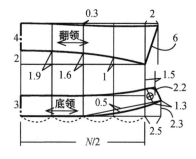

②打领带式领（制服、军服等）

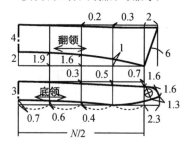

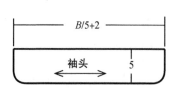

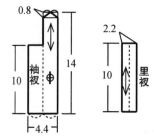

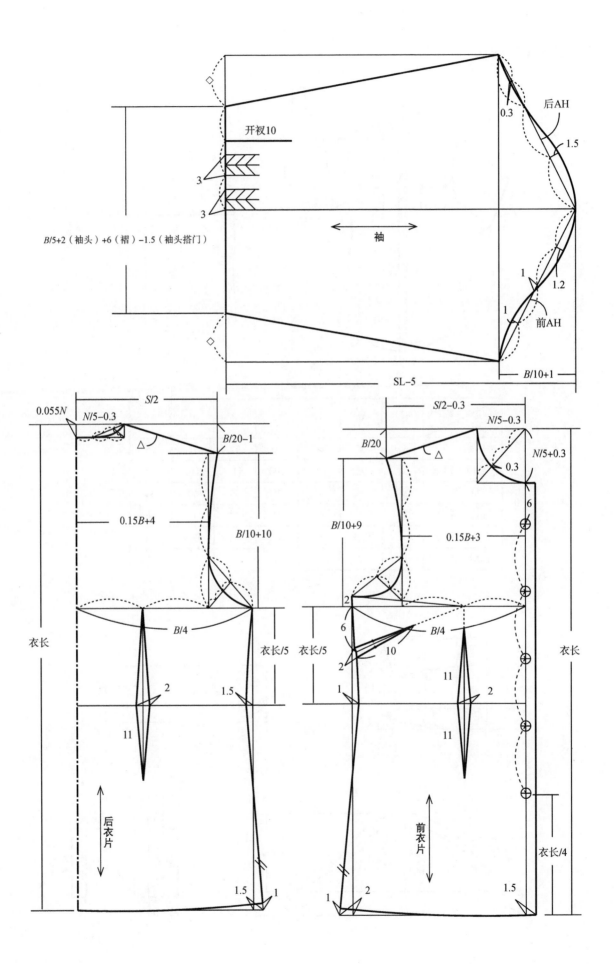

开衩10

3

3

后AH

0.3

1.5

袖

B/5+2（袖头）+6（褶）-1.5（袖头搭门）

1

1

1.2

前AH

SL-5

B/10+1

0.055*N*

N/5-0.3

△

S/2

B/20-1

0.15*B*+4

B/10+10

衣长

B/4

衣长/5

2

1.5

11

后衣片

1.5　1

B/20

S/2-0.3

N/5-0.3

0.3

△

N/5+0.3

6

B/10+9

0.15*B*+3

2

6

B/4

10

2

衣长/5　衣长/5

1

11

2

11

衣长

前衣片

衣长/4

1　2

1.5

1

八、休闲式女长短袖衫

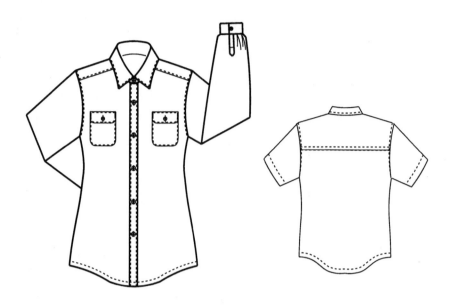

规格表   单位：cm

部位 号型	35*	36	37	38	39	40	41
衣长	64	66	68	70	72	74	76
胸围（B）	94	98	102	106	110	114	118
领围（N）	35	36	37	38	39	40	41
肩宽（S）	38	39	40	41	42	43	44
长袖长（SL）	50	51.5	53	54.5	56	57.5	59
短袖长（SL）	15	16	17	18	19	20	21

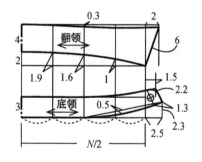

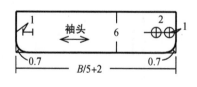

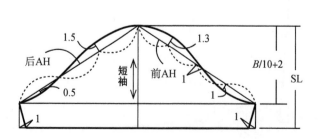

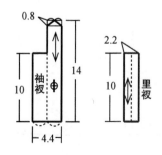

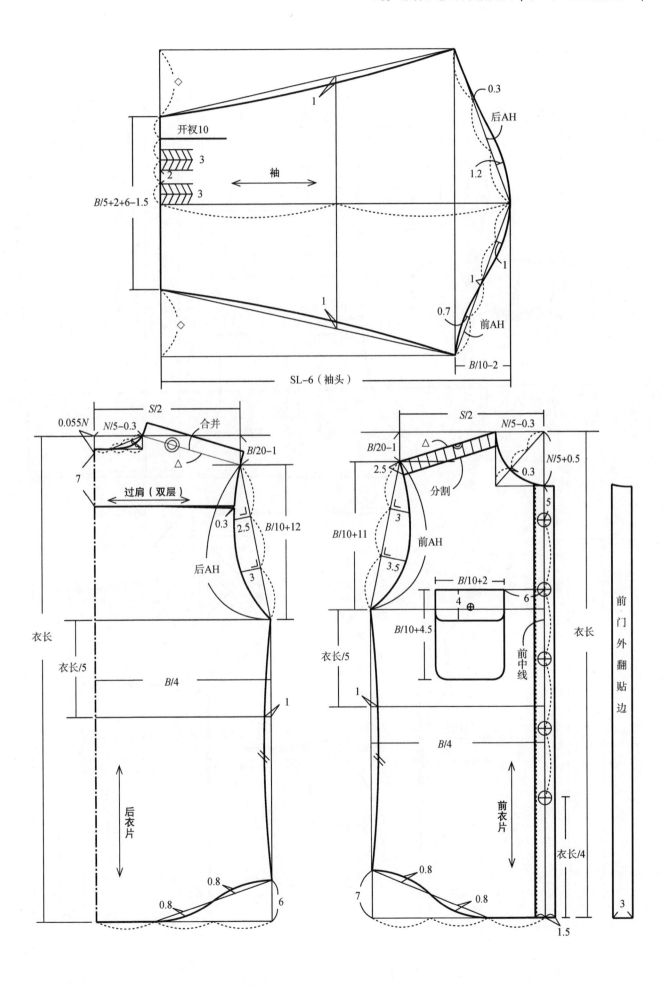

九、插肩式女短袖衫

规格表　　　　单位：cm

部位 \ 号型	S*	M	L
衣长	62	64	66
胸围（B）	84	88	92
领围（N）	36	37	38
肩宽（S）	37	38	39
袖长（SL）	16	17	18

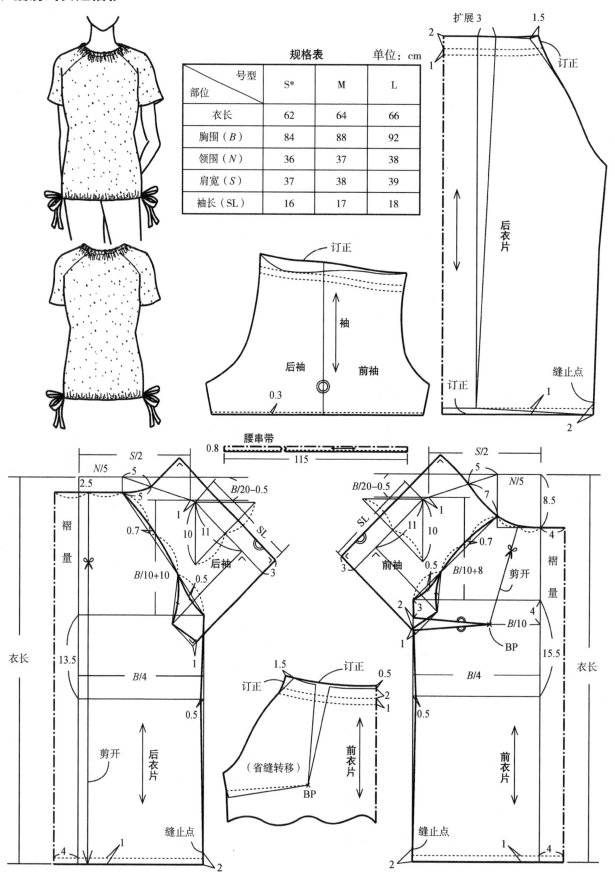

十、八片连身裙

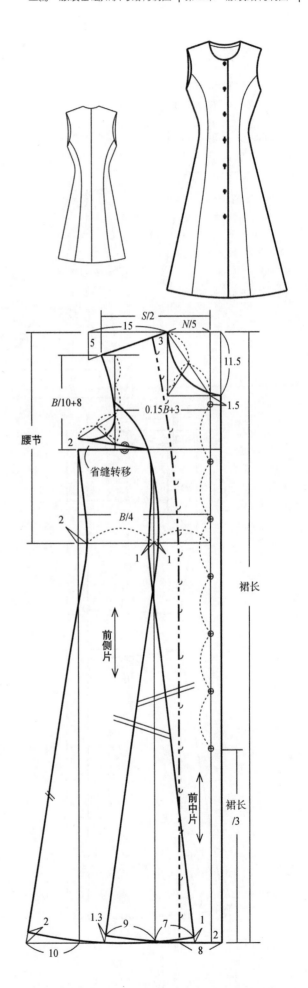

规格表		单位：cm	
部位＼号型	S*	M	L
裙长	105	110	115
胸围（B）	90	94	98
领围（N）	36	37	38
肩宽（S）	37	38	39
腰节	38	39	40

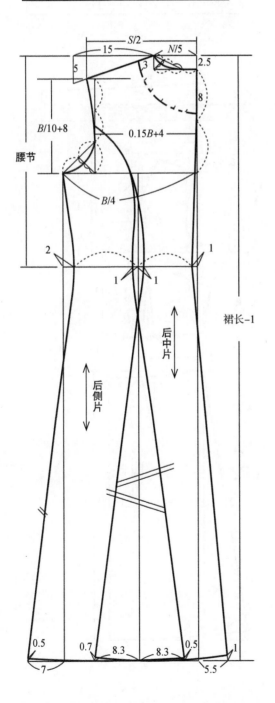

十一、连衣裙

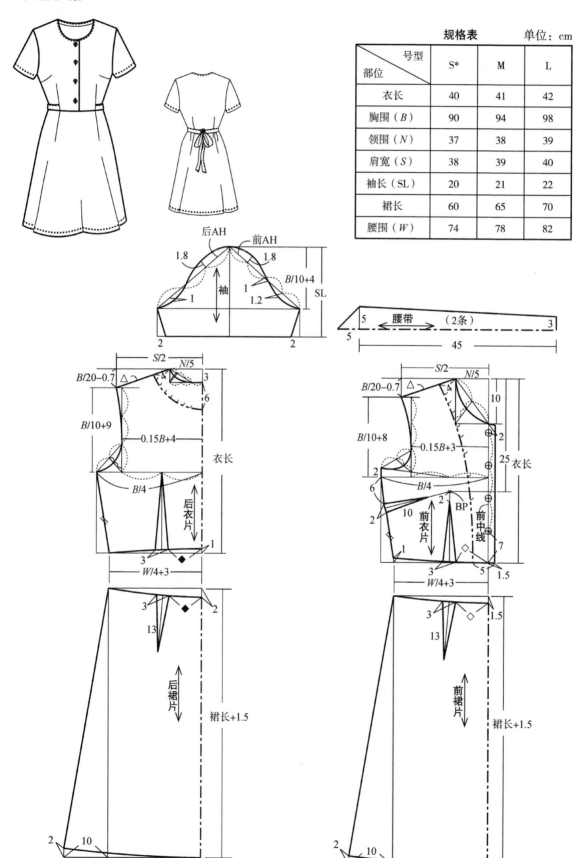

号型 部位	S*	M	L
衣长	40	41	42
胸围（B）	90	94	98
领围（N）	37	38	39
肩宽（S）	38	39	40
袖长（SL）	20	21	22
裙长	60	65	70
腰围（W）	74	78	82

规格表　单位：cm

第七节　唐装

一、中西式女上装

号型 部位	S*	M	L
衣长	73	75	77
胸围（B）	106	110	114
领围（N）	39	40	41
肩宽（S）	43	44	45
袖长（SL）	57	58	59
袖口宽	14	14.5	15

规格表　　单位：cm

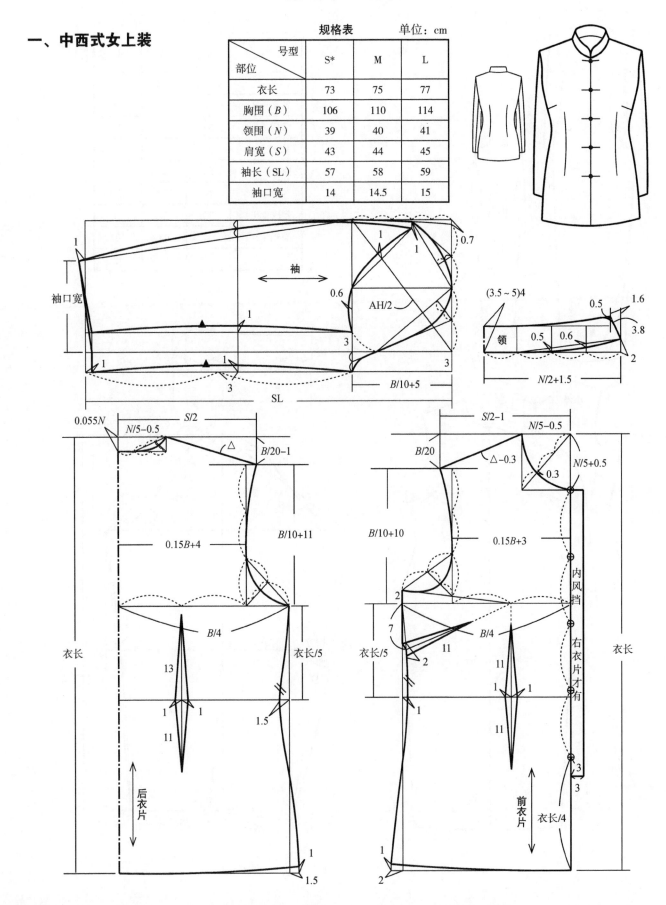

二、旗袍

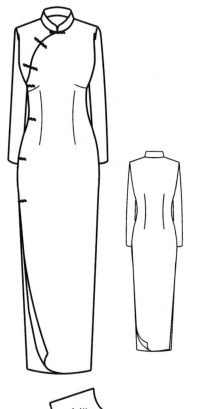

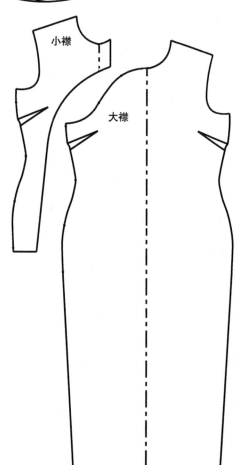

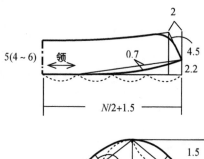

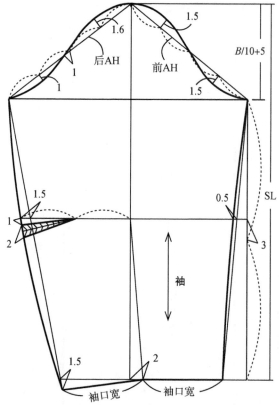

号型 部位	S*	M	L
衣长	120	125	130
胸围（B）	90	94	98
领围（N）	36	37	38
肩宽（S）	38	39	40
袖长（SL）	55	56	57
袖口宽	12	12.4	12.8
腰围（W）	70	74	78
臀围（H）	94	98	102
腰节	40	41	42

规格表　　　单位：cm

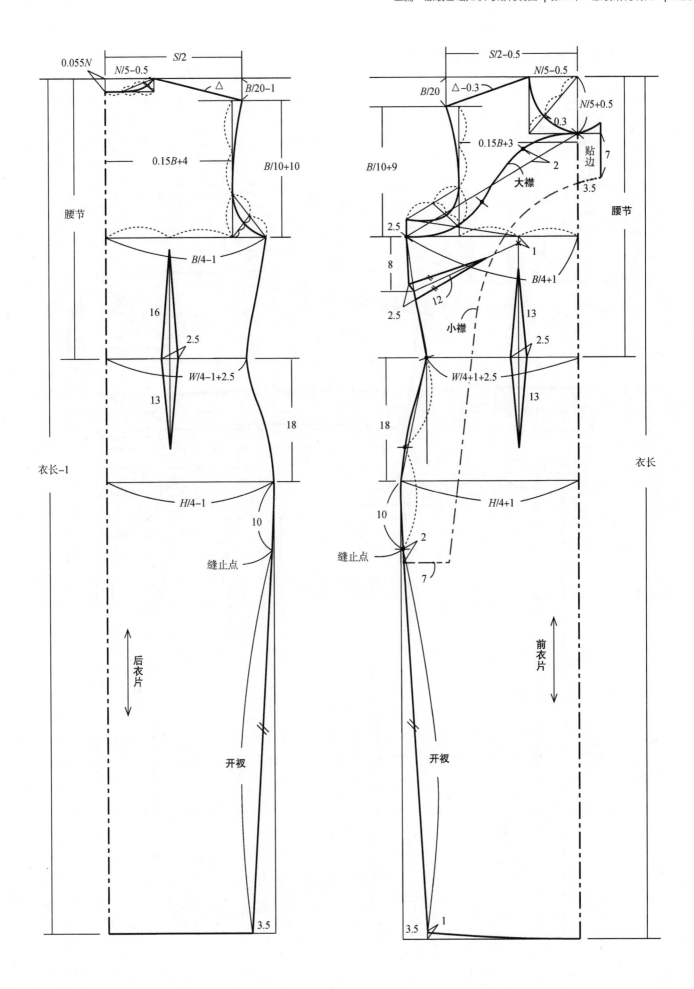

三、中西式男上衣（中式衣身西式上袖）

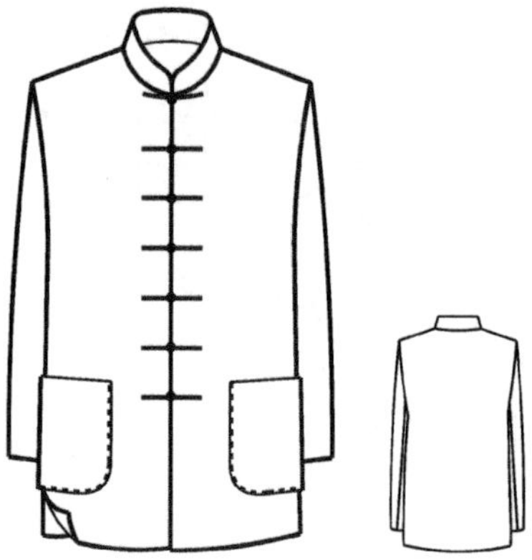

规格表　　　　　单位：cm

部位　　　　号型	S	M	L	XL*	XXL
衣长	72	74	76	78	80
胸围（B）	108	112	116	120	124
领围（N）	40	41	42	43	44
肩宽（S）	45.4	46.6	47.8	49	50.2
袖长（SL）	57	58.5	60	61.5	63
袖口宽	15.8	16.2	16.6	17	17.4

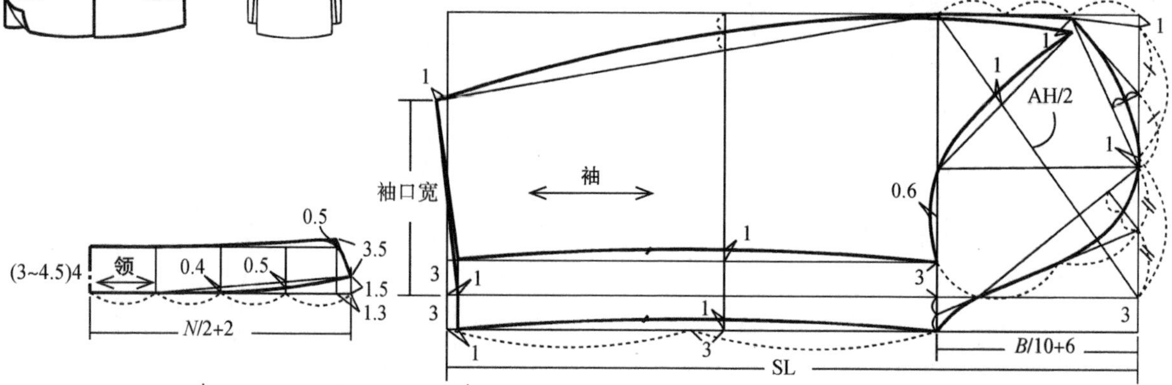

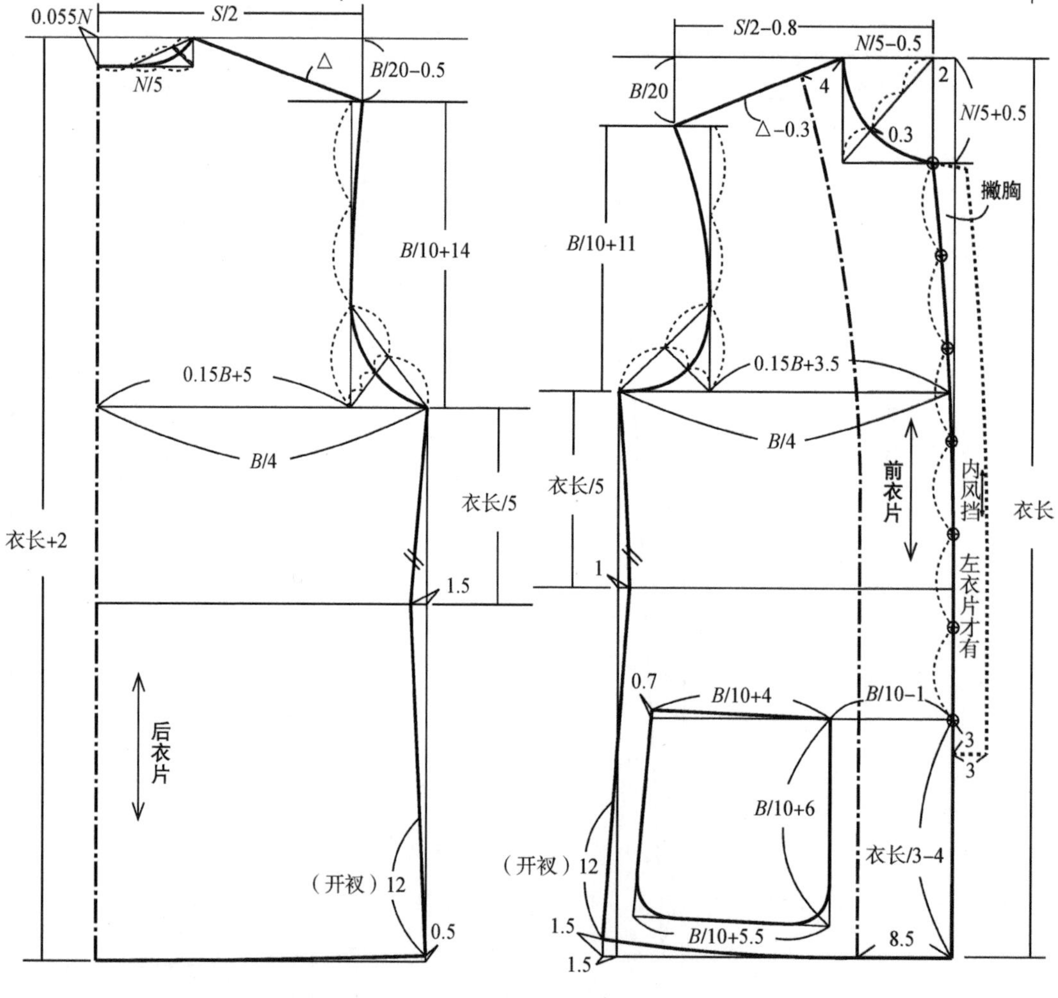

四、中西式女连领衫

号型 部位	S	M*	L
衣长	68	70	72
胸围（B）	90	94	98
领围（N）	37	38	39
肩宽（S）	35	36	37
袖长（SL）	15	16	17

规格表　　单位：cm

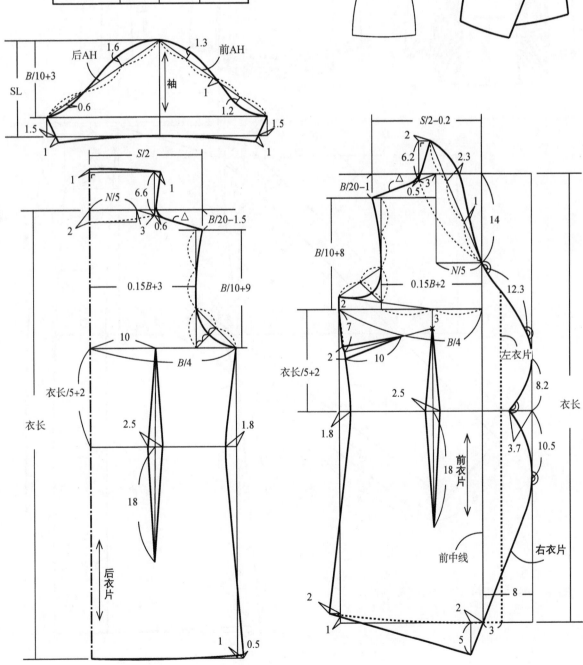

五、新中装

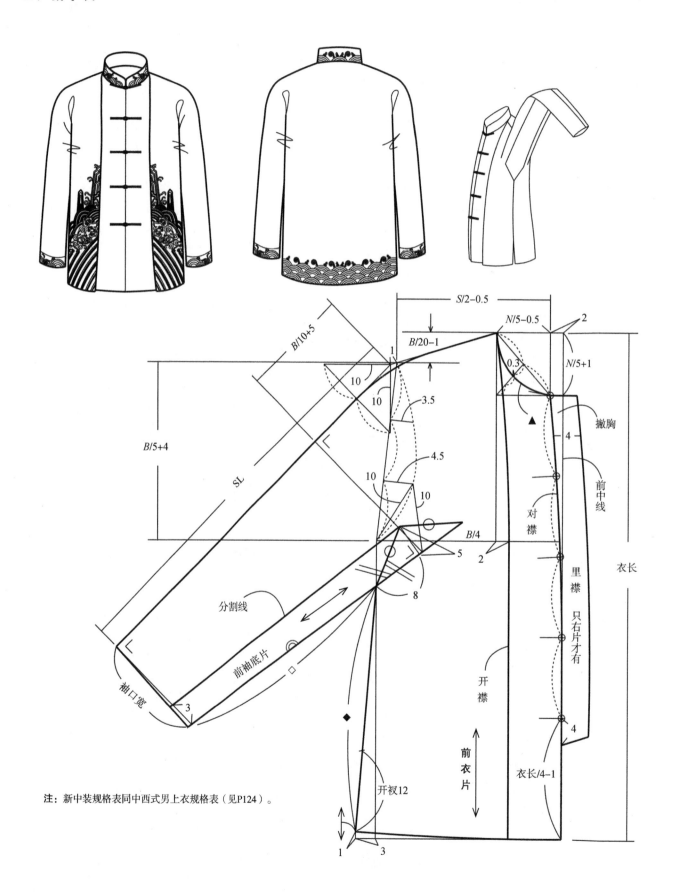

注：新中装规格表同中西式男上衣规格表（见P124）。

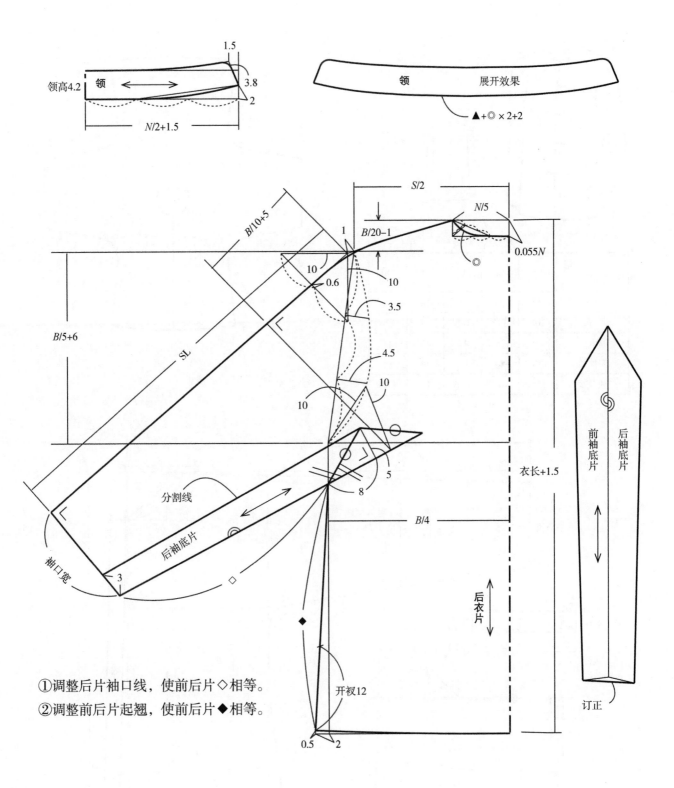

①调整后片袖口线，使前后片◇相等。

②调整前后片起翘，使前后片◆相等。

六、中式男上衣

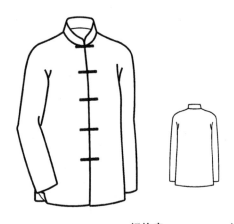

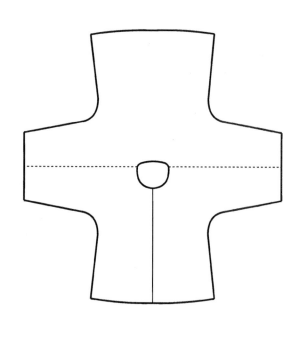

规格表　　　　　单位：cm

号型 部位	S*	M	L	XL	XXL
衣长	72	74	76	78	80
胸围（B）	108	112	116	120	124
领围（N）	40	41	42	43	44
肩袖长	78	80	82	84	86
袖口宽	15.8	16.2	16.6	17	17.4

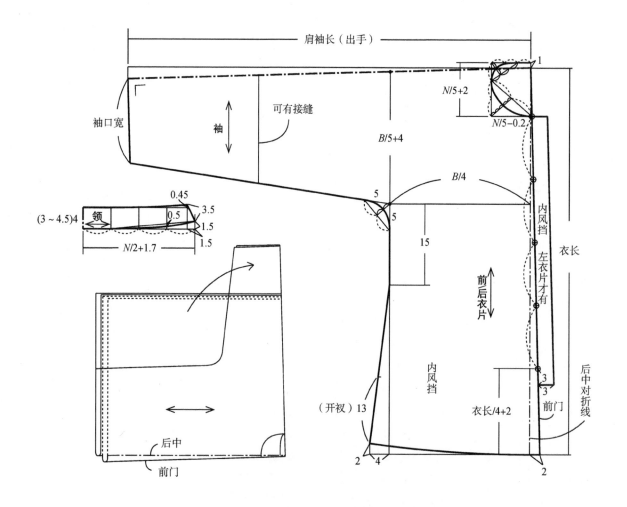

第八节　插肩服装

一、运动装

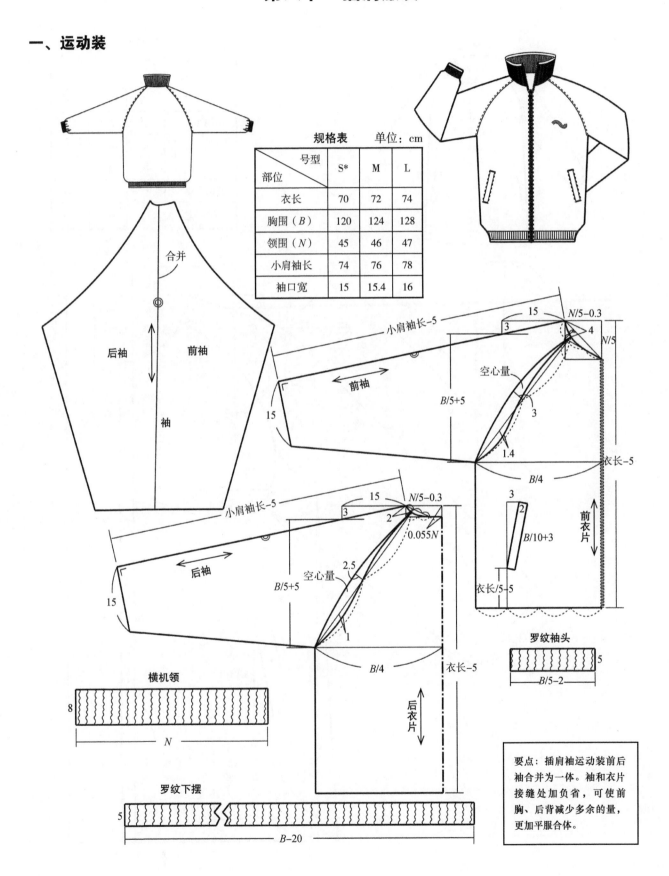

号型 部位	S*	M	L
衣长	70	72	74
胸围（B）	120	124	128
领围（N）	45	46	47
小肩袖长	74	76	78
袖口宽	15	15.4	16

规格表　　单位：cm

要点：插肩袖运动装前后袖合并为一体。袖和衣片接缝处加负省，可使前胸、后背减少多余的量，更加平服合体。

二、全插袖上衣

规格表　　　单位：cm

部位 \ 号型	S*	M	L
衣长	80	84	88
胸围（B）	110	114	118
领围（N）	43	44	45
肩宽（S）	44	45	46
袖长（SL）	57	58.5	60
袖口宽	15	15.4	15.8

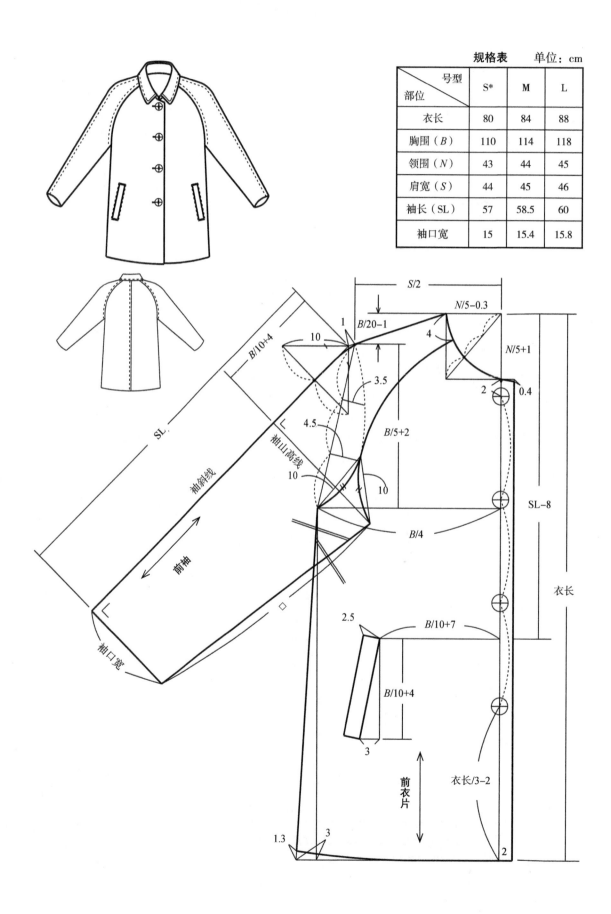

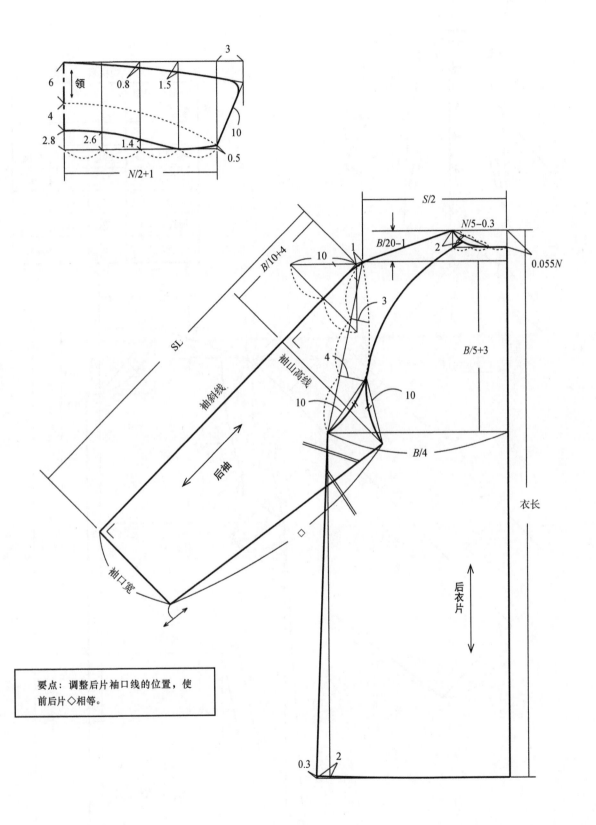

要点：调整后片袖口线的位置，使前后片◇相等。

三、半插袖上衣

规格表　　　单位：cm

部位 \ 号型	S*	M	L
衣长	80	84	88
胸围（B）	110	114	118
领围（N）	43	44	45
肩宽（S）	44	45	46
袖长（SL）	57	58.5	60
袖口宽	15	15.4	15.8

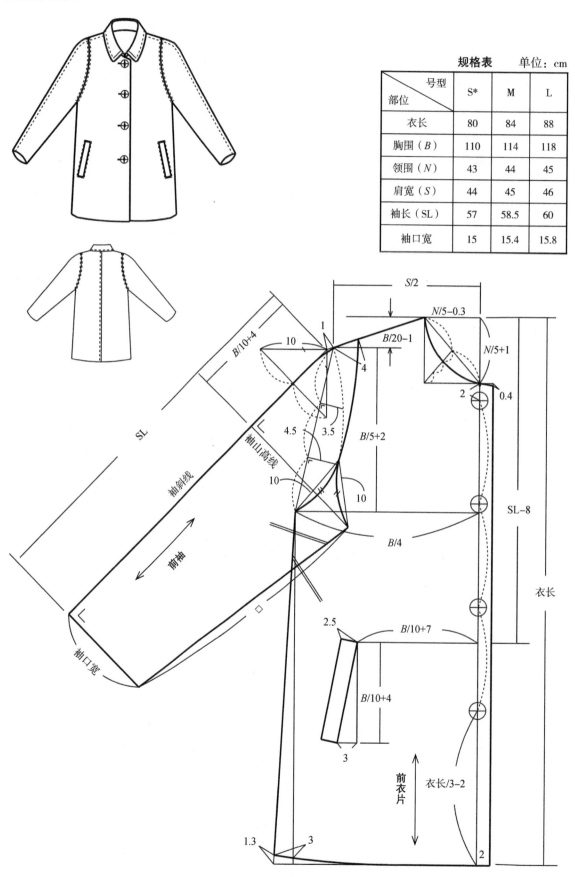

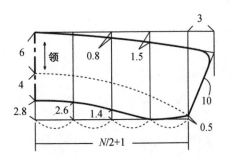

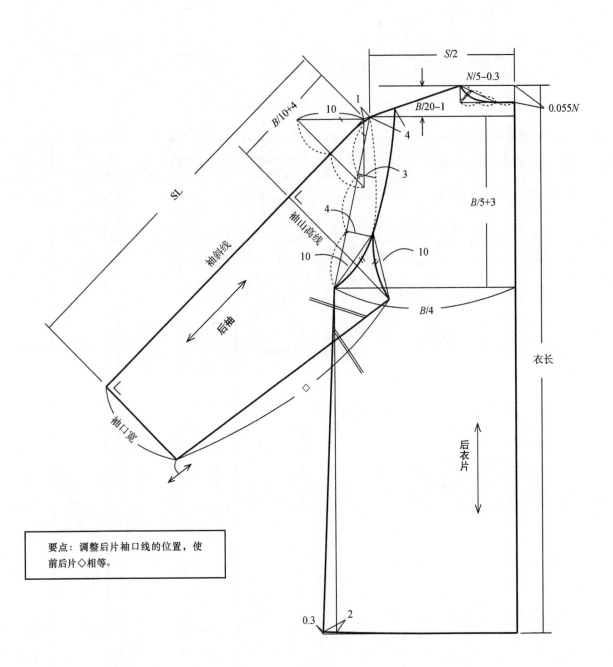

要点：调整后片袖口线的位置，使前后片◇相等。

四、开身式上衣

規格表　　单位：cm

部位 ＼ 号型	S*	M	L
衣长	80	84	88
胸围（B）	110	114	118
领围（N）	43	44	45
肩宽（S）	44	45	46
袖长（SL）	57	58.5	60
袖口宽	15	15.4	15.8

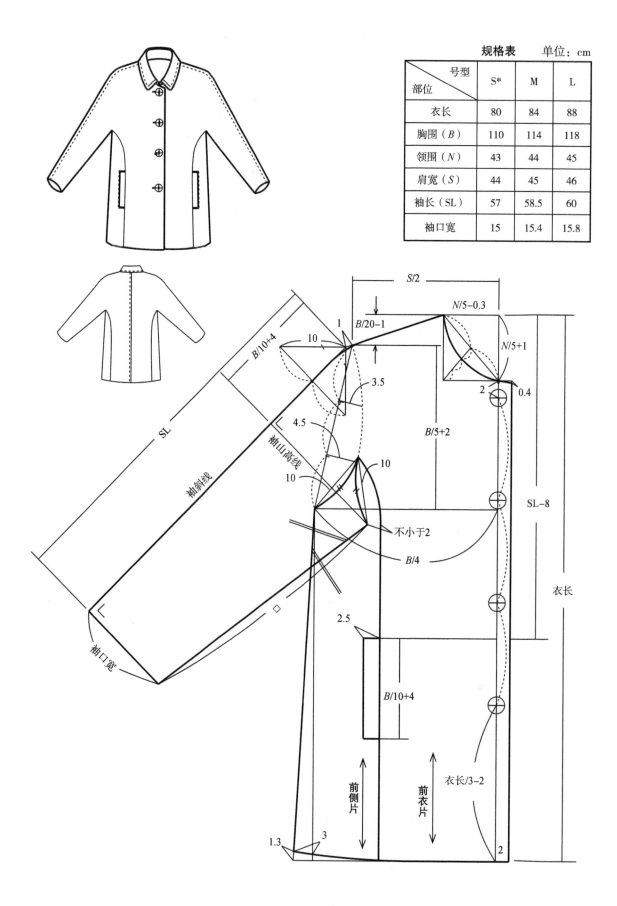

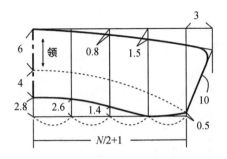

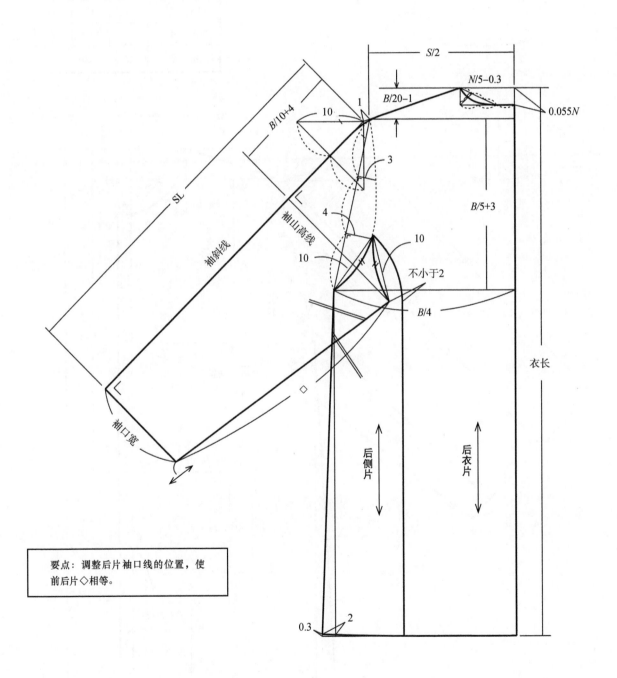

要点：调整后片袖口线的位置，使前后片◇相等。

五、开袖式上衣

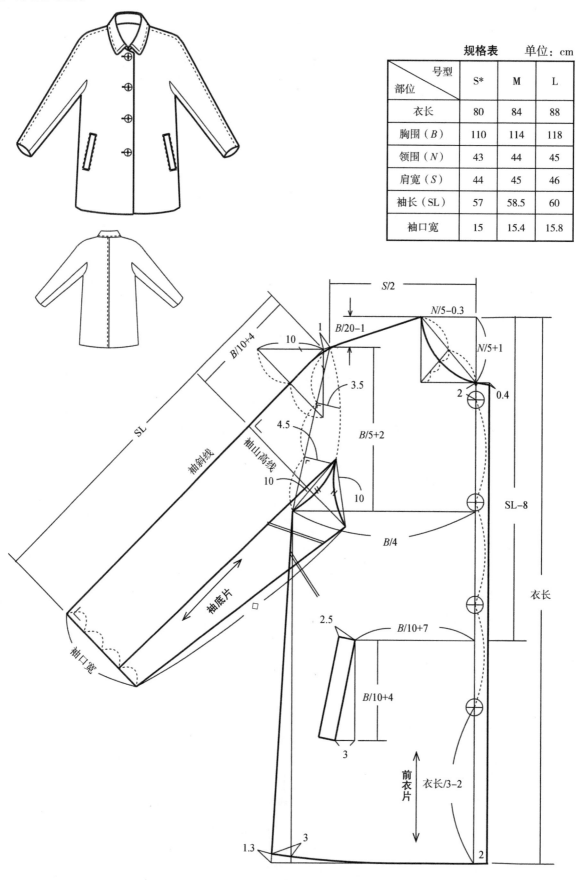

部位 \ 号型	S*	M	L
衣长	80	84	88
胸围（B）	110	114	118
领围（N）	43	44	45
肩宽（S）	44	45	46
袖长（SL）	57	58.5	60
袖口宽	15	15.4	15.8

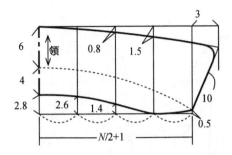

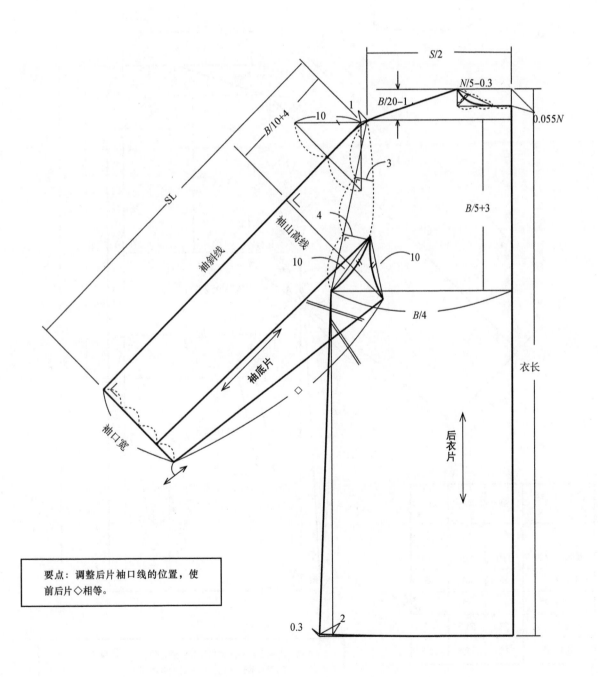

要点：调整后片袖口线的位置，使
前后片◇相等。

六、插角袖上衣

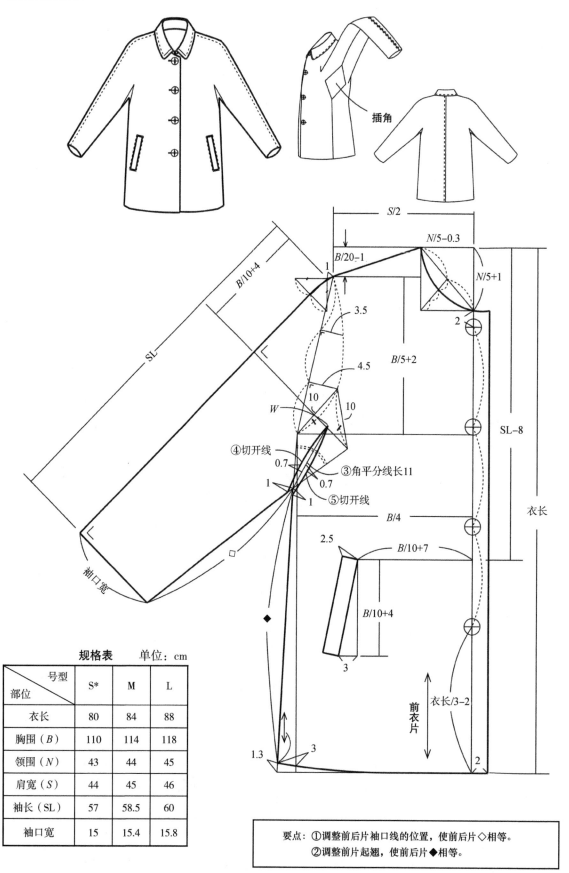

插角

④切开线

③角平分线长11

⑤切开线

袖口宽

前衣片

规格表			单位：cm
部位 \ 号型	S*	M	L
衣长	80	84	88
胸围（B）	110	114	118
领围（N）	43	44	45
肩宽（S）	44	45	46
袖长（SL）	57	58.5	60
袖口宽	15	15.4	15.8

要点：①调整前后片袖口线的位置，使前后片◇相等。
②调整前片起翘，使前后片◆相等。

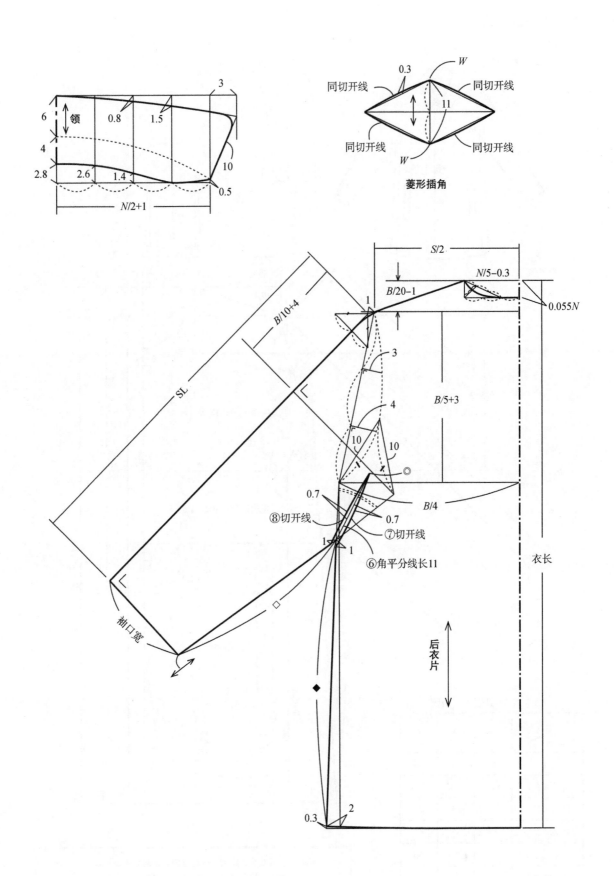

菱形插角

七、开身带角式上衣

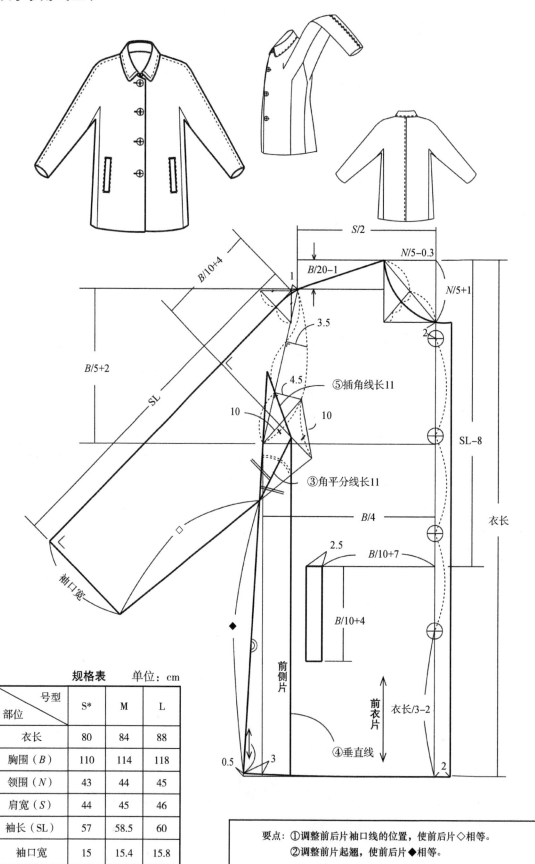

规格表 单位：cm			
部位 \ 号型	S*	M	L
衣长	80	84	88
胸围（*B*）	110	114	118
领围（*N*）	43	44	45
肩宽（*S*）	44	45	46
袖长（SL）	57	58.5	60
袖口宽	15	15.4	15.8

要点：①调整前后片袖口线的位置，使前后片◇相等。
②调整前片起翘，使前后片◆相等。

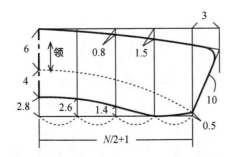

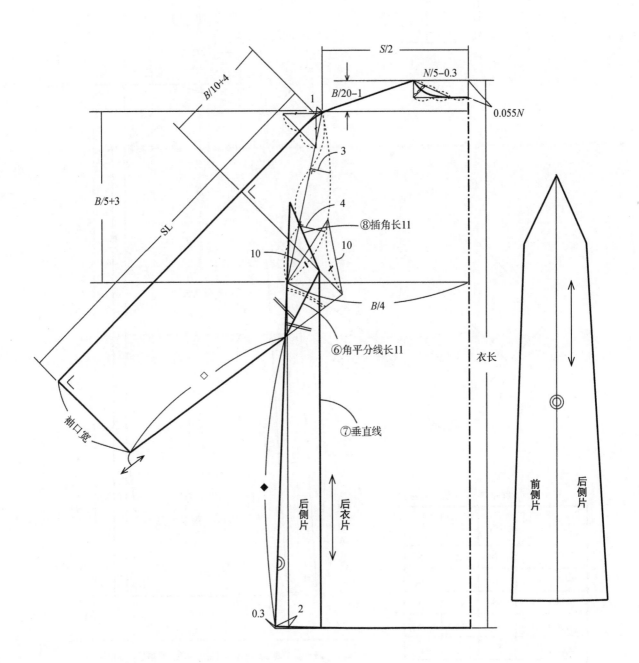

八、开身开袖式上衣

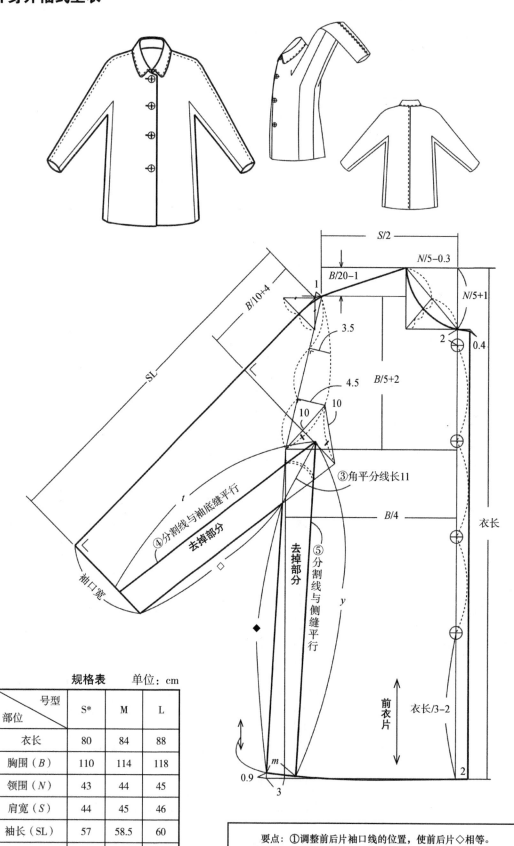

规格表			单位：cm
部位 \ 号型	S*	M	L
衣长	80	84	88
胸围（B）	110	114	118
领围（N）	43	44	45
肩宽（S）	44	45	46
袖长（SL）	57	58.5	60
袖口宽	15	15.4	15.8

要点：①调整前后片袖口线的位置，使前后片◇相等。
②调整前片起翘，使前后片◆相等。

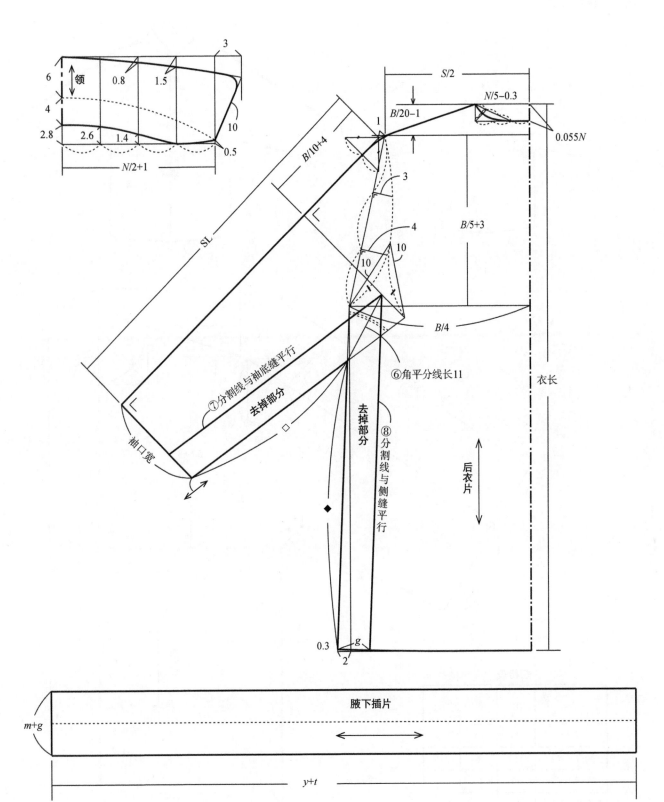

九、连袖式上衣

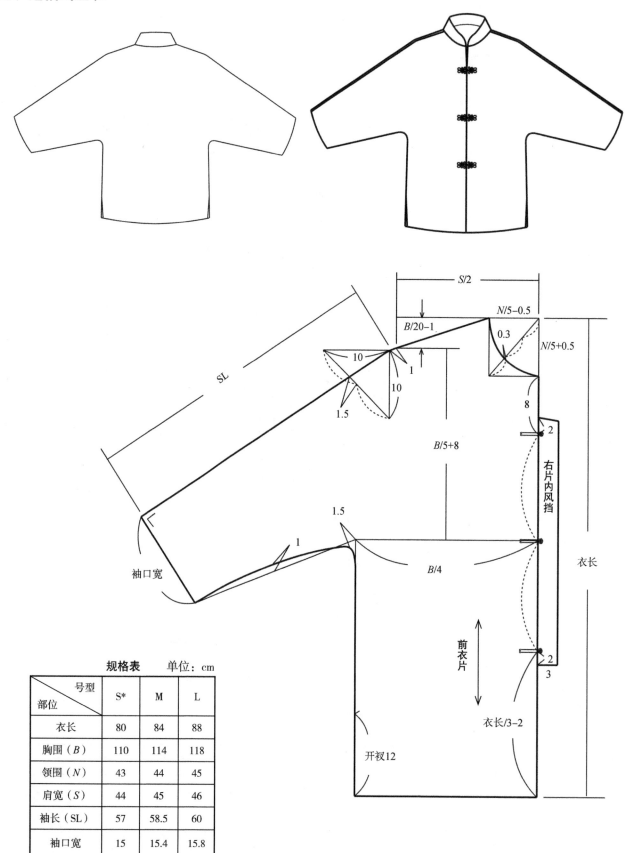

规格表 单位：cm			
号型 部位	S*	M	L
衣长	80	84	88
胸围（B）	110	114	118
领围（N）	43	44	45
肩宽（S）	44	45	46
袖长（SL）	57	58.5	60
袖口宽	15	15.4	15.8

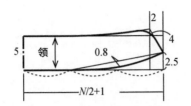

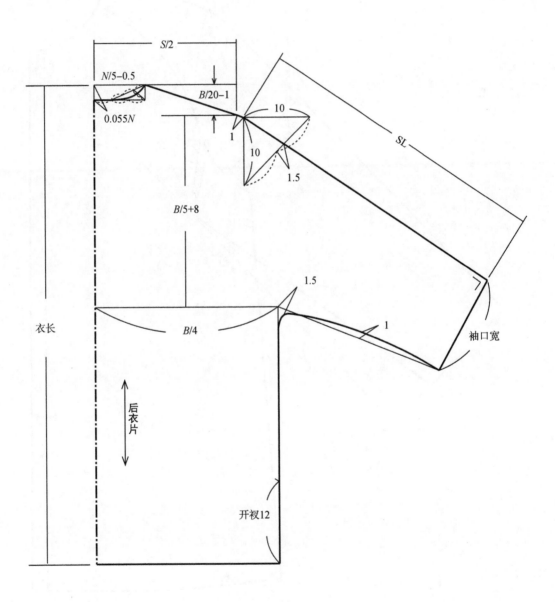

十、袖肥在先法制图

制图时先画出袖肥，再画袖山高，这种方法称作"袖肥在先法"制图。订单打板时，客户一般提供袖肥为控制部位数据。

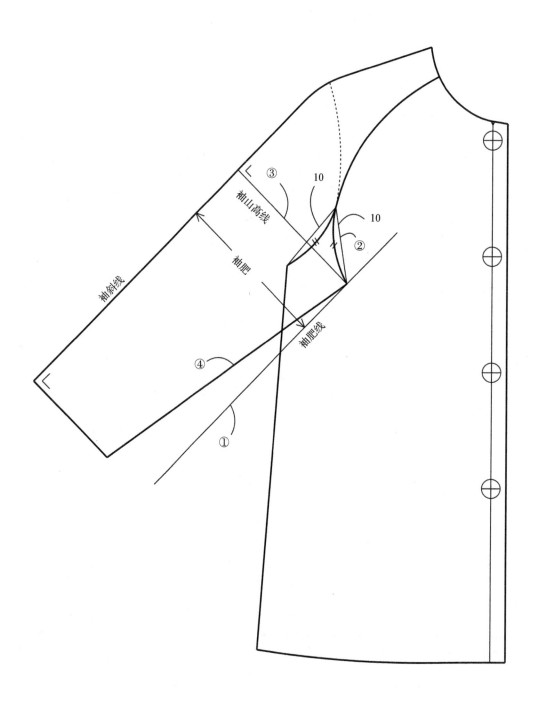

第九节 大衣

一、女式无领外套

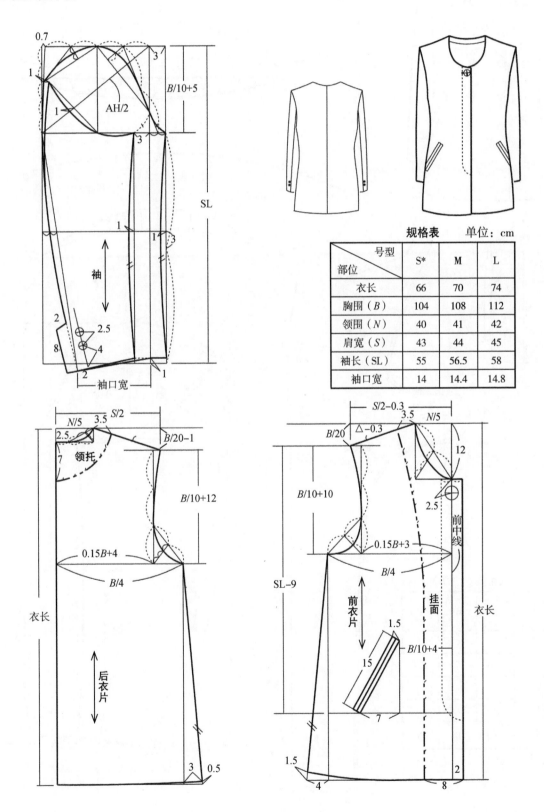

规格表　　单位：cm

部位 \ 号型	S*	M	L
衣长	66	70	74
胸围（B）	104	108	112
领围（N）	40	41	42
肩宽（S）	43	44	45
袖长（SL）	55	56.5	58
袖口宽	14	14.4	14.8

二、双排扣男大衣

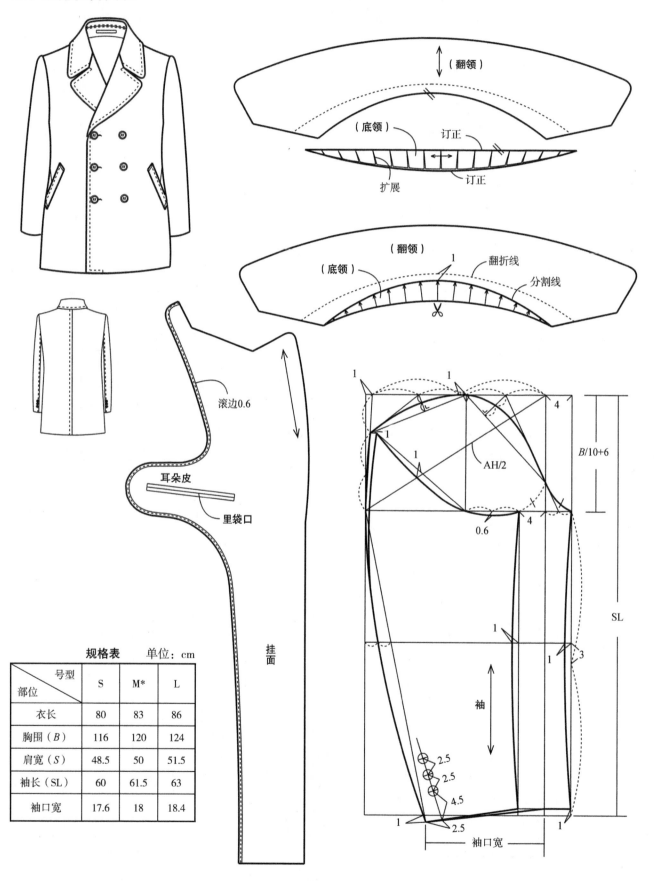

（翻领）

（底领）　订正

扩展　　　订正

（翻领）

（底领）　　翻折线

分割线

滚边0.6

耳朵皮

里袋口

挂面

B/10+6

AH/2

0.6

4

SL

袖

2.5
2.5
4.5
2.5

袖口宽

规格表			单位：cm
号型 部位	S	M*	L
衣长	80	83	86
胸围（B）	116	120	124
肩宽（S）	48.5	50	51.5
袖长（SL）	60	61.5	63
袖口宽	17.6	18	18.4

配领数据　　单位：cm

名称	设定计算方法	数据
底领高（d）	根据款式设定	4
翻领宽（e）	根据款式设定	7.5
驳门大（v）	$d/3 \times 2$	2.7
配领松量（k）	$(e-d \times 0.8) \times 1.5$	6.5

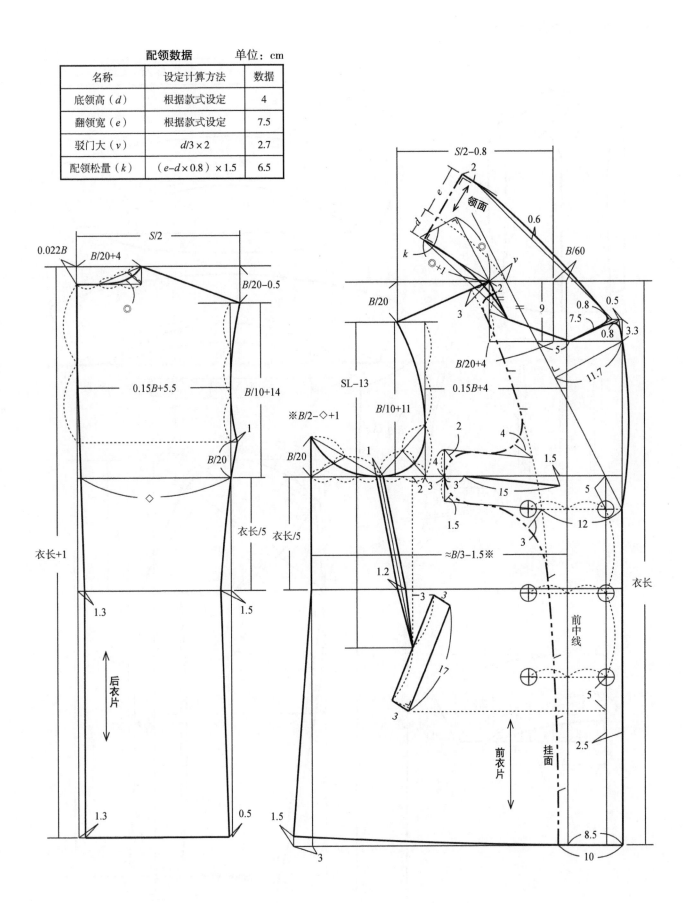

三、男式羊绒短大衣

要点：开底领，先分割，后剪开，再扩展。

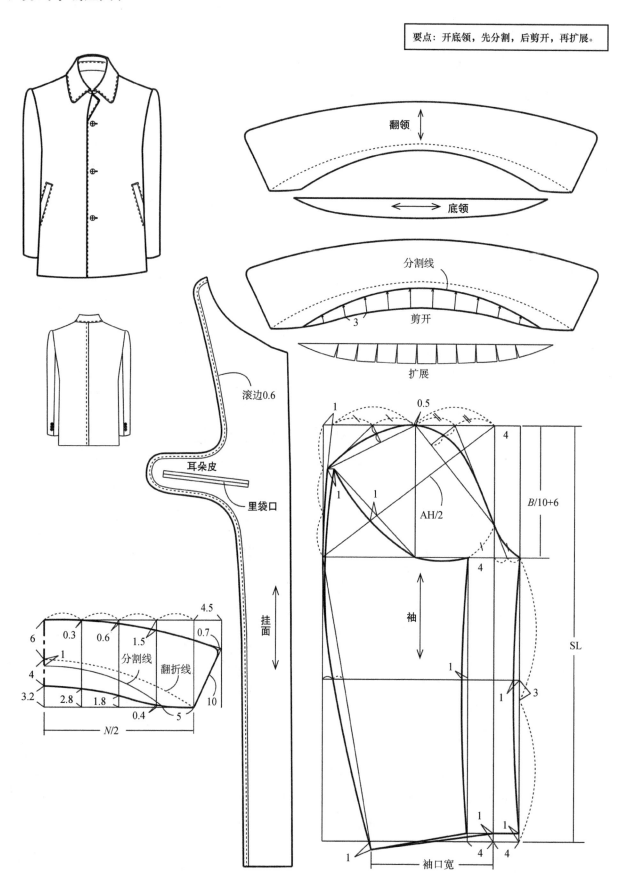

翻领

底领

分割线

剪开

3

扩展

滚边0.6

耳朵皮

里袋口

挂面

4.5

0.3 0.6 1.5 0.7

1

分割线 翻折线

4

3.2 2.8 1.8 10

0.4 5

N/2

1 0.5

4

B/10+6

AH/2

袖

1

1

SL

1

1

1

4 4

袖口宽

规格表 单位：cm

部位 \ 号型	S	M*	L
衣长	76	78	80
胸围（B）	116	120	124
领围（N）	46	47	48
肩宽（S）	50	51	52
袖长（SL）	58.5	60	61.5
袖口宽	16	16.5	17

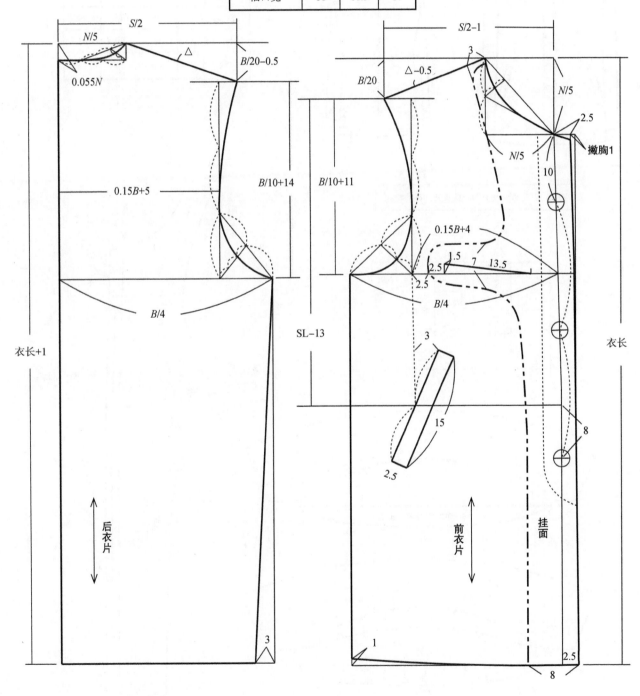

四、男式羊绒外套

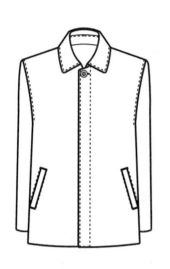
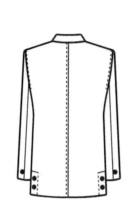

规格表			单位：cm
号型 部位	S	M*	L
衣长	74	76	78
胸围（B）	106	112	118
领围（N）	41	43	45
肩宽（S）	43	46	49
袖长（SL）	57	59	61
袖口宽	14	15	16

要点：开底领，先分割，后剪开，再扩展。

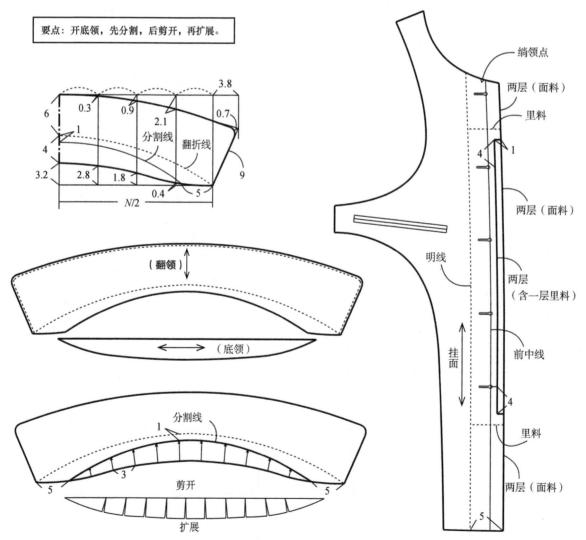

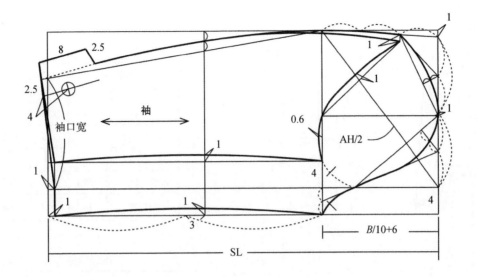

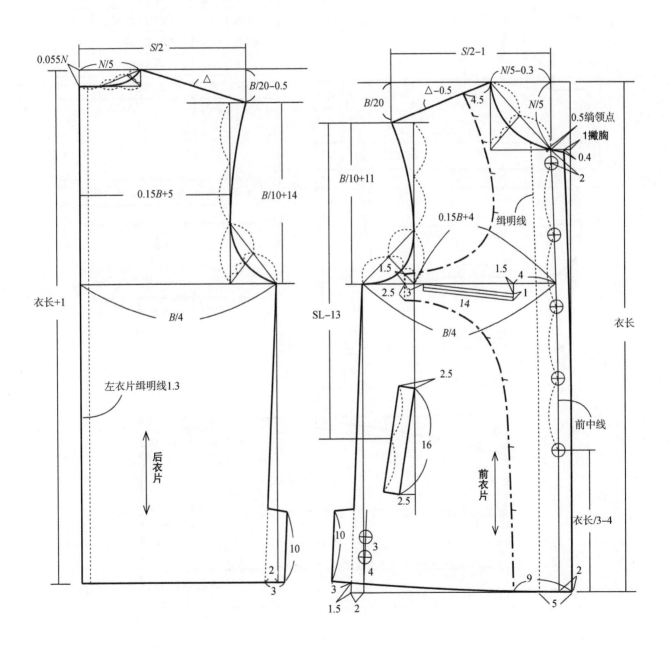

五、八片女大衣

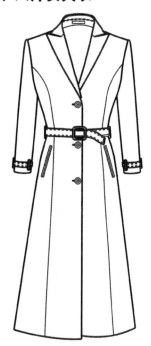

规格表　　　单位：cm

部位 号型	S*	M	L
衣长	110	115	120
胸围（B）	104	108	112
肩宽（S）	43	44	45
袖长（SL）	55	56.5	58
袖口宽	14	14.4	14.8

配领数据　　　单位：cm

名称	设定计算方法	数据
底领高（d）	根据款式设定	3
翻领宽（e）	根据款式设定	5
驳门大（v）	$d/3 \times 2$	2
配领松量（k）	$(e-d \times 0.8) \times 1.5$	3.9

要点：开底领，先分割，后剪开，再扩展。

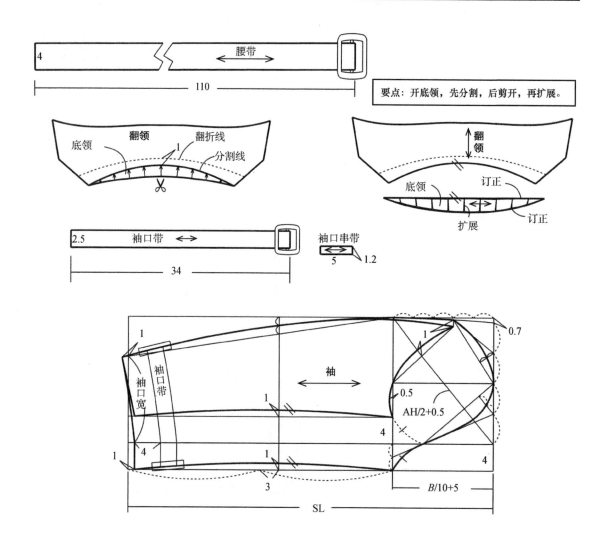

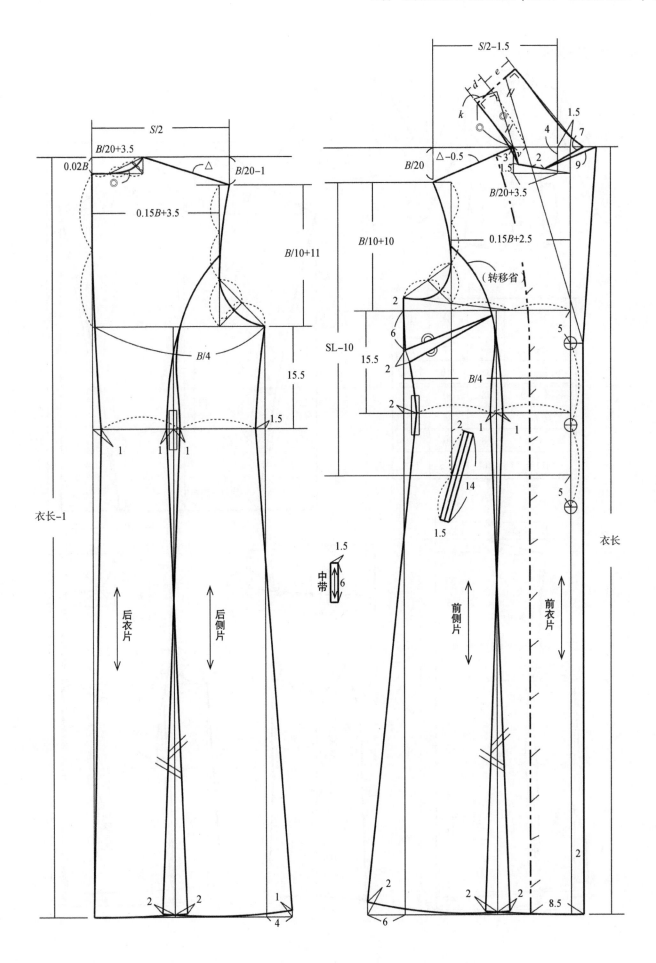

六、女式防寒服

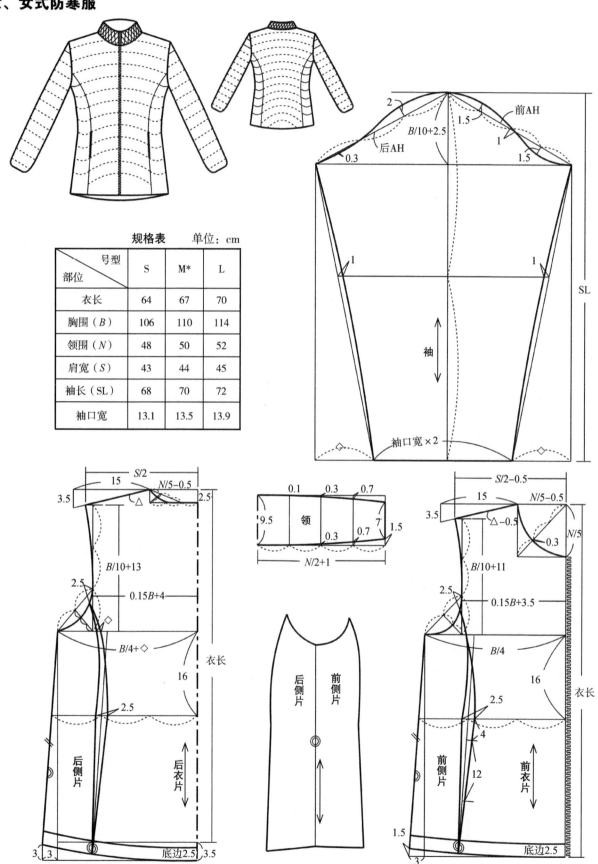

规格表　　单位：cm

部位 \ 号型	S	M*	L
衣长	64	67	70
胸围（B）	106	110	114
领围（N）	48	50	52
肩宽（S）	43	44	45
袖长（SL）	68	70	72
袖口宽	13.1	13.5	13.9

第十节　针织内衣

一、女式针织衬裤

号型 部位	S*	M	L
规格表　　　单位：cm			
裤长	100	103	106
臀围（H）	90	94	98
紧腰围（W）	60	64	68
脚口宽2	9	9.5	10
脚口宽1	13	13.5	14

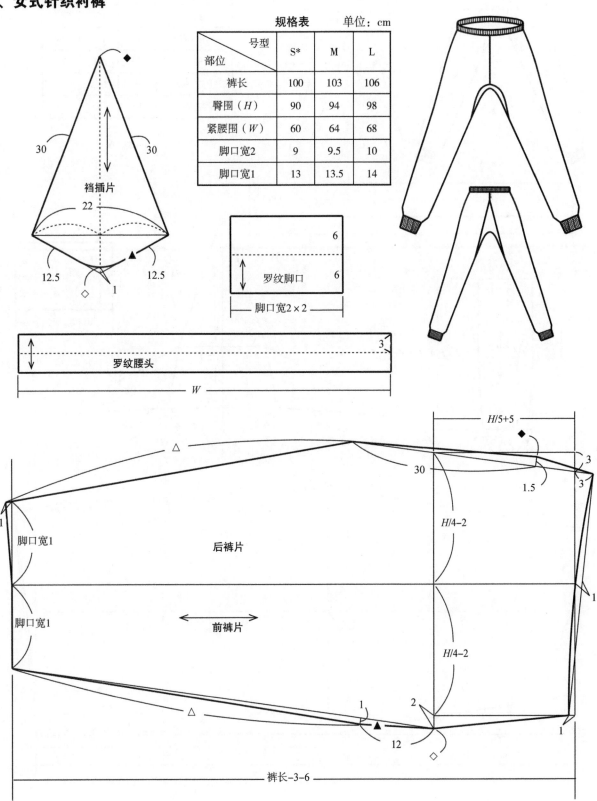

二、男式针织衬裤（加肥）

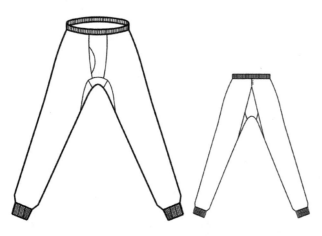

部位 \ 号型	S*	M	L
裤长	105	108	111
臀围（*H*）	96	100	104
紧腰围（*W*）	70	74	78
脚口宽2	10	10.5	11
脚口宽1	14	14.5	15

规格表　　单位：cm

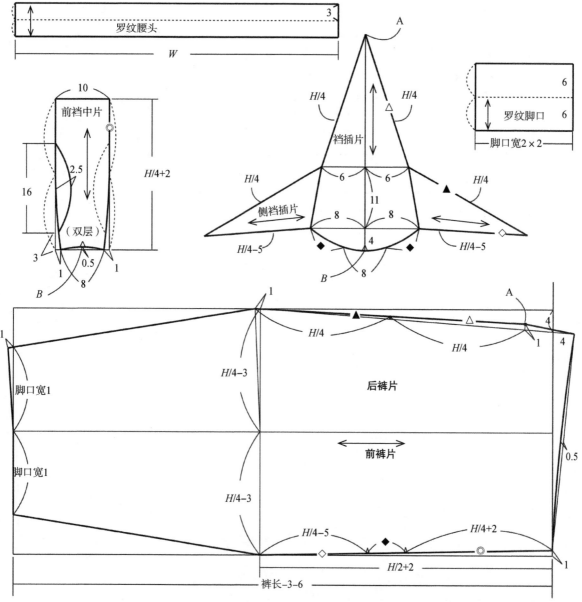

三、男式针织衬裤（紧身）

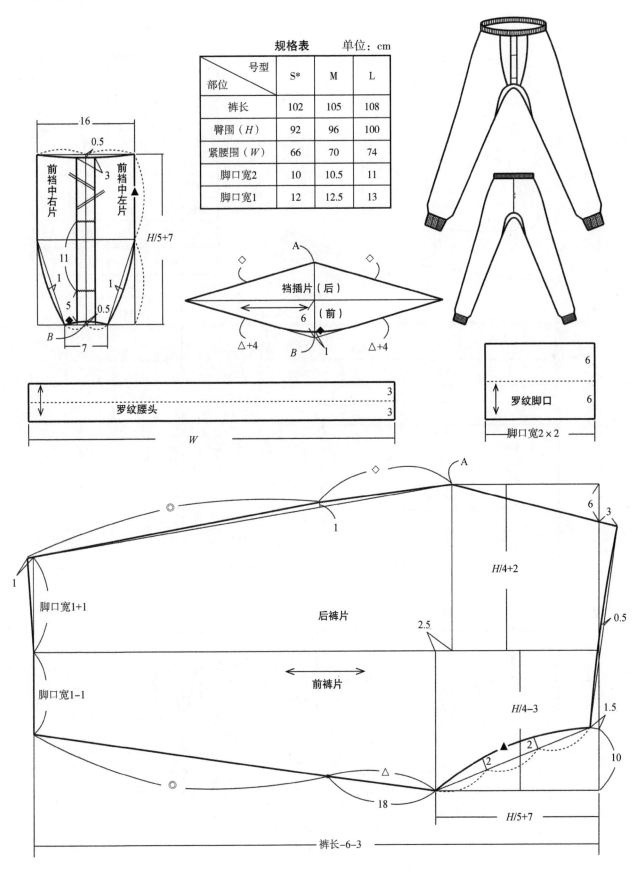

规格表　　单位：cm

部位 ＼ 号型	S*	M	L
裤长	102	105	108
臀围（H）	92	96	100
紧腰围（W）	66	70	74
脚口宽2	10	10.5	11
脚口宽1	12	12.5	13

四、女式保暖内衣

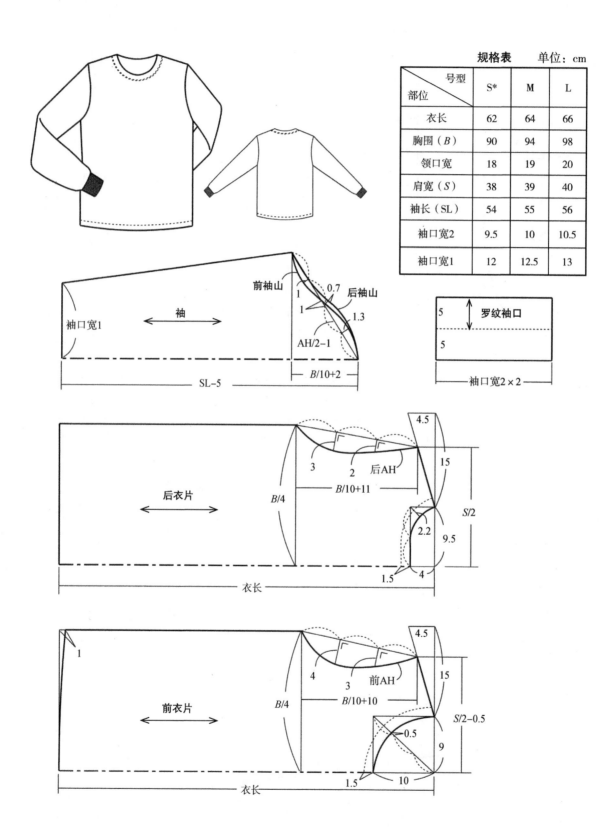

规格表　　单位：cm

部位 ＼ 号型	S*	M	L
衣长	62	64	66
胸围（B）	90	94	98
领口宽	18	19	20
肩宽（S）	38	39	40
袖长（SL）	54	55	56
袖口宽2	9.5	10	10.5
袖口宽1	12	12.5	13

五、男式保暖内衣

部位 \ 号型	S*	M	L
衣长	68	70	72
胸围（B）	100	104	108
领口宽	19	20	21
肩宽（S）	43	44	45
袖长（SL）	55	56	57
袖口宽2	10.5	11	11.5
袖口宽1	12.5	13	13.5

规格表　　单位：cm

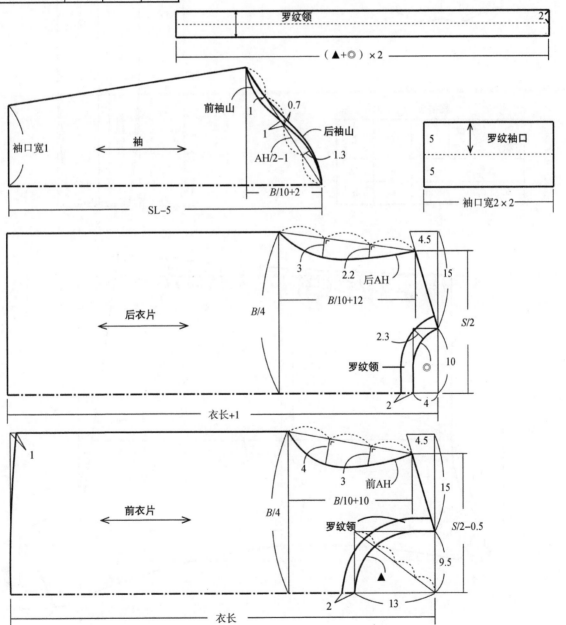

六、男式连片内裤

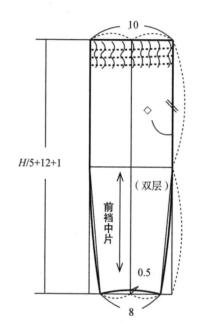

规格表　单位：cm

部位 \ 号型	S	M*	L
裤长	28	30	32
臀围（H）	90	94	98

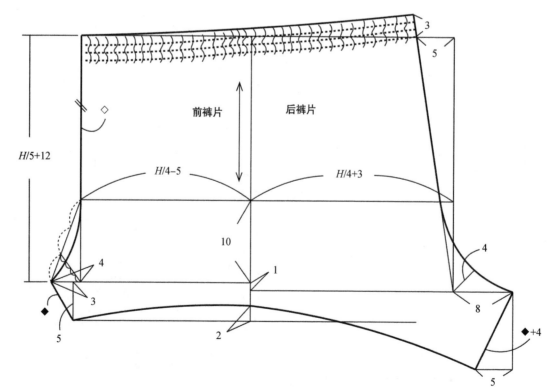

七、女式三角内裤

部位 \ 号型	M*	L	XL	XXL
裤长（*a*）	26	28	30	32
臀围（*b*）	33	35	37	39
侧长（*c*）	12	13	14	15
前裆（*d*）	18	19	20	21
后裆（*e*）	22	23	24	25
裆宽（*f*）	8	8	8	8
腰围（*g*）	24	26	28	30
腿口宽（*h*）	18	20	22	24

规格表　　单位：cm

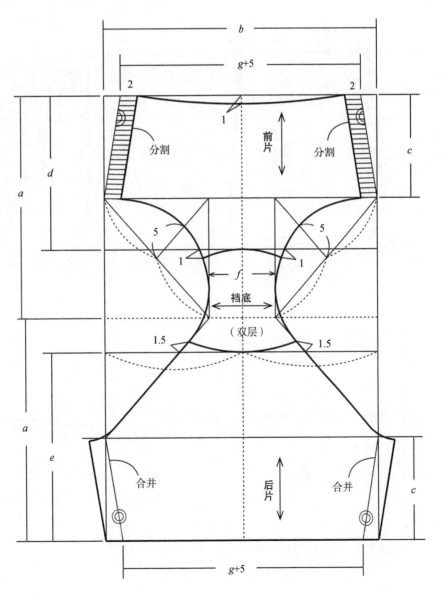

八、男式分片内裤

规格表　　　　单位：cm

部位 \ 号型	S*	M	L
臀围（H）	84	88	92
紧腰围（W）	65	70	75

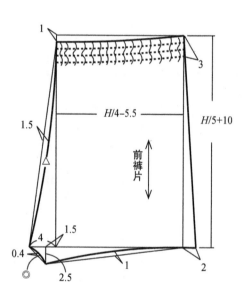

前裤片

H/4−5.5

H/5+10

1.5

1.5

4

0.4

2.5

1

2

3

1

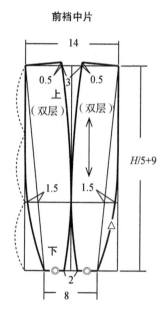

前裆中片

14

0.5　3　0.5

上
（双层）　（双层）

H/5+9

1.5　1.5

下

2

8

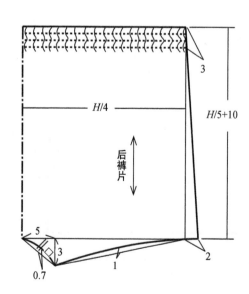

后裤片

H/4

H/5+10

5

3

0.7

1

2

3

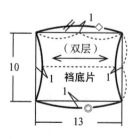

（双层）

档底片

10

1　　　1

1

13

1

九、胸罩（文胸）

规格表　　单位：cm

部位 \ 号型	M*	L
领口弧长（a）	13.5	13.5
下胸围（b）	60	64
袖窿弧长（c）	8.5	8.5
后上边（d）	19	19
前中长（f）	6.5	6.5
后带距（g）	11	11
吊带长（h）	35	35
底弧长（i）	19.3	19.3
后中长（j）	5	5.5

A型：罩杯小、浅
B型：罩杯大、深

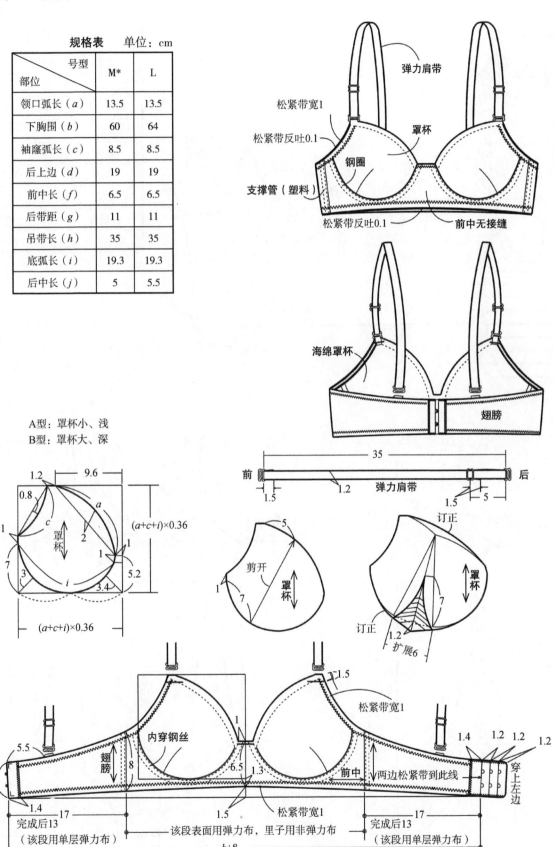

十、连体泳装

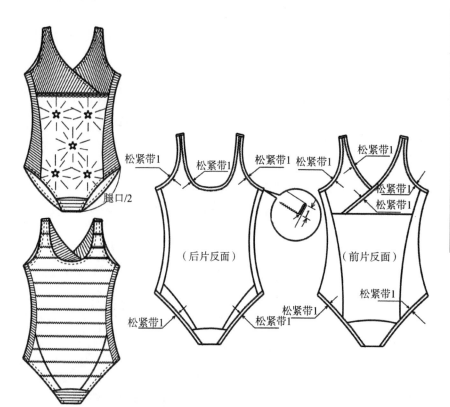

规格表			单位：cm
号型 部位	9*	11	13
衣长	65	66.5	68
腰围（W）	58	61	64
臀围（H）	70	73	76
腿口	43	44.5	46
领圈	78	80	82
AH	38.5	39.5	40.5
裆宽	7	7	7
肋缝长	33.5	35	35.5
前中重叠	12	12.5	13.5

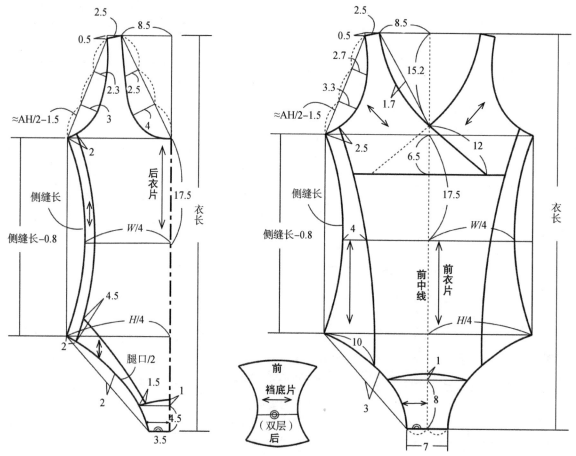

十一、长背心

号型 部位	均码*
衣长	80
胸围（B）	74
腰围（W）	68
下摆	80
小肩宽	5
袖窿（直）	18
领口宽	18
前领深	14
后领深	2
前胸宽	25
后背宽	12

规格表　单位：cm

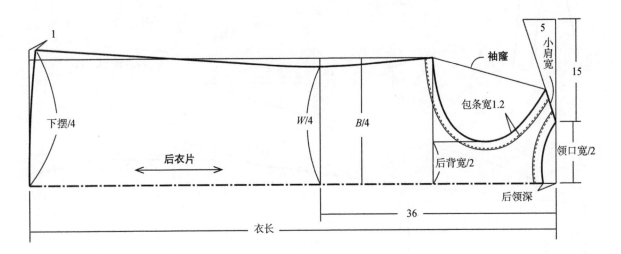

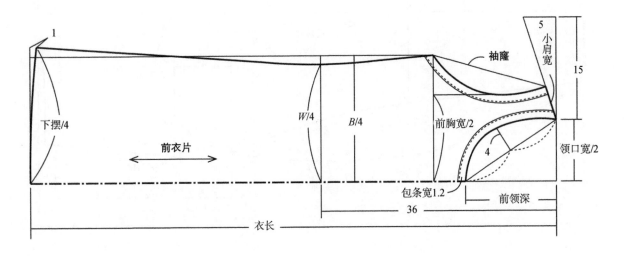

十二、男式针织弹力裤

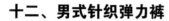

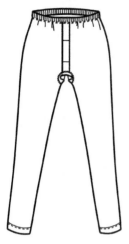

要点：裆插弧长度要与前裆弧形缺口弧长相等。

号型 部位	S*	M	L
裤长	92	95	98
臀围（H）	94	98	102
紧腰围（W）	70	74	78
脚口宽	12	13	14
腰头宽	3	3	3

规格表　　单位：cm

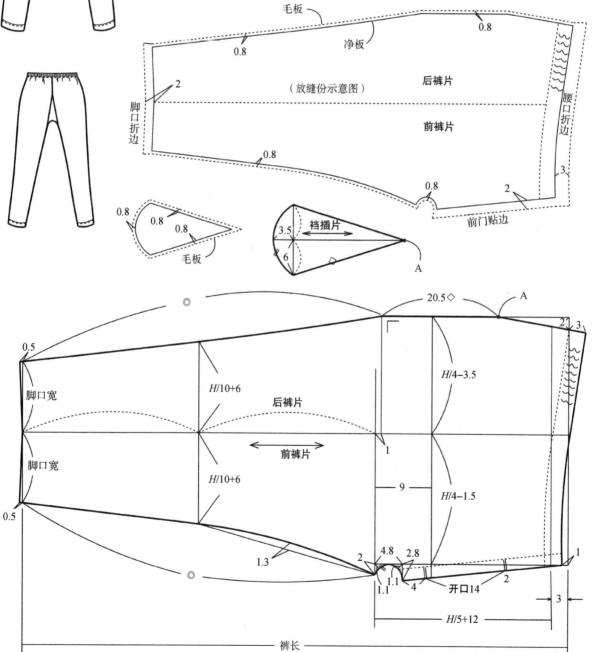

第十一节 针织装

一、针织女小衫

号型 部位	S*	M	L
衣长	53	55	58
胸围（B）	80	84	88
肩宽（S）	34	35	36
袖长（SL）	16	16.5	17

规格表　单位：cm

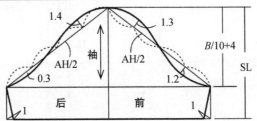

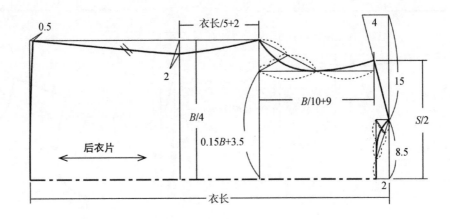

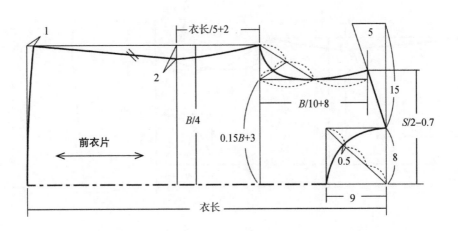

二、前中褶针织衫

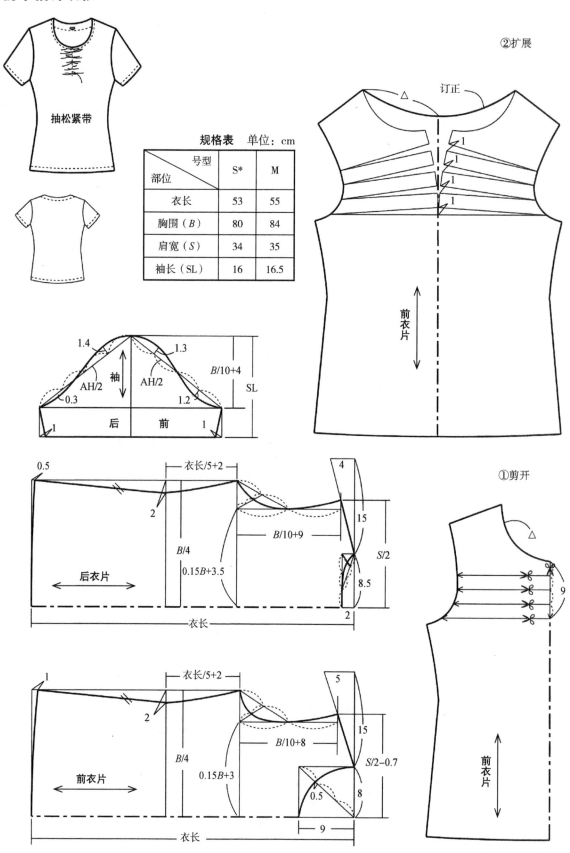

抽松紧带

规格表 单位：cm		
部位 \ 号型	S*	M
衣长	53	55
胸围（B）	80	84
肩宽（S）	34	35
袖长（SL）	16	16.5

②扩展

订正

前衣片

后衣片

前衣片

①剪开

前衣片

三、领口褶针织衫

部位 \ 号型	S*	M	L
衣长	53	55	57
胸围（ *B* ）	80	84	88
肩宽（ *S* ）	34	35	36
袖长（ SL ）	16	16.5	17

规格表　单位：cm

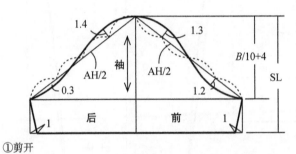

①剪开

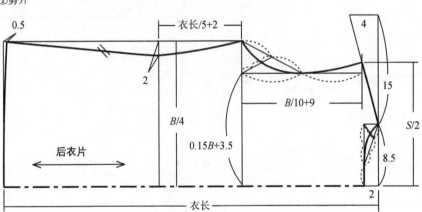

②省缝转移

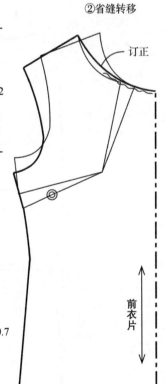

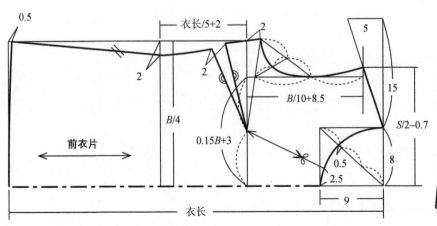

四、扭花衫

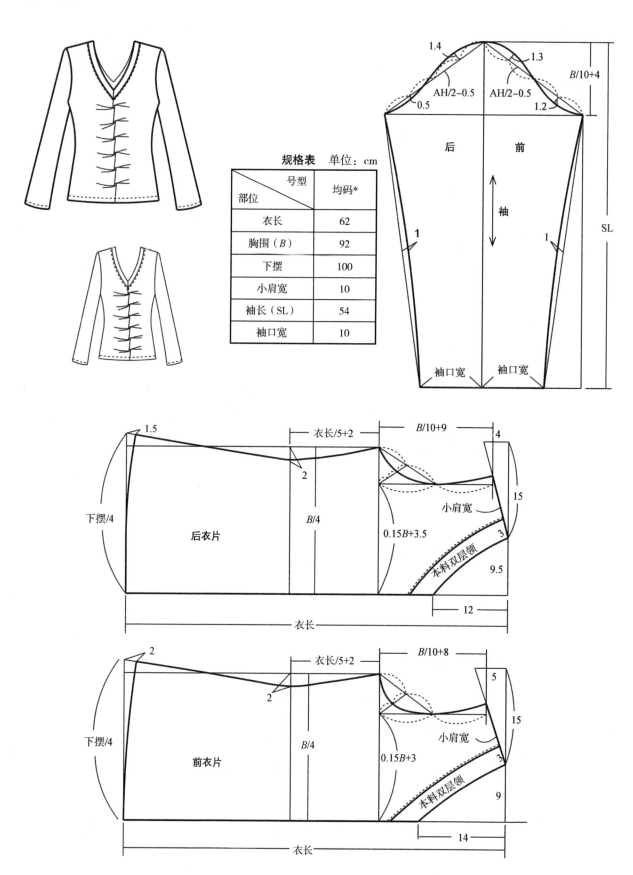

规格表　单位：cm	
部位 ＼ 号型	均码*
衣长	62
胸围（B）	92
下摆	100
小肩宽	10
袖长（SL）	54
袖口宽	10

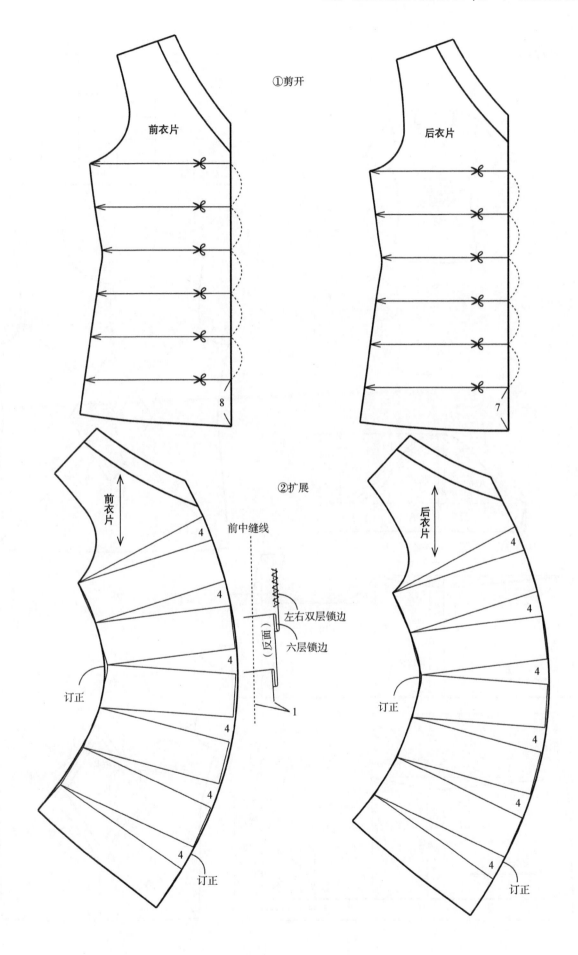

①剪开

前衣片

后衣片

8

7

②扩展

前衣片

后衣片

前中缝线

左右双层锁边

（反面）

六层锁边

订正

订正

4

4

4

4

4

4

4

4

4

4

4

4

1

订正

订正

五、嵌片衫

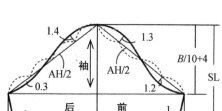

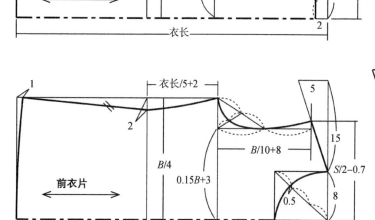

规格表　　单位：cm

号型 部位	S*	M	L
衣长	53	55	57
胸围（B）	80	84	88
肩宽（S）	34	35	36
袖长（SL）	16	16.5	17

①剪开

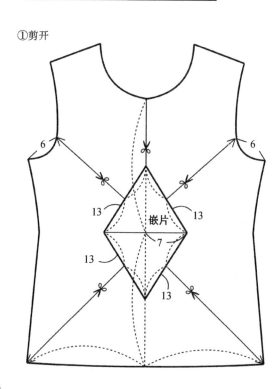

②扩展

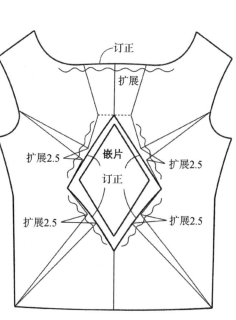

六、绞花衫

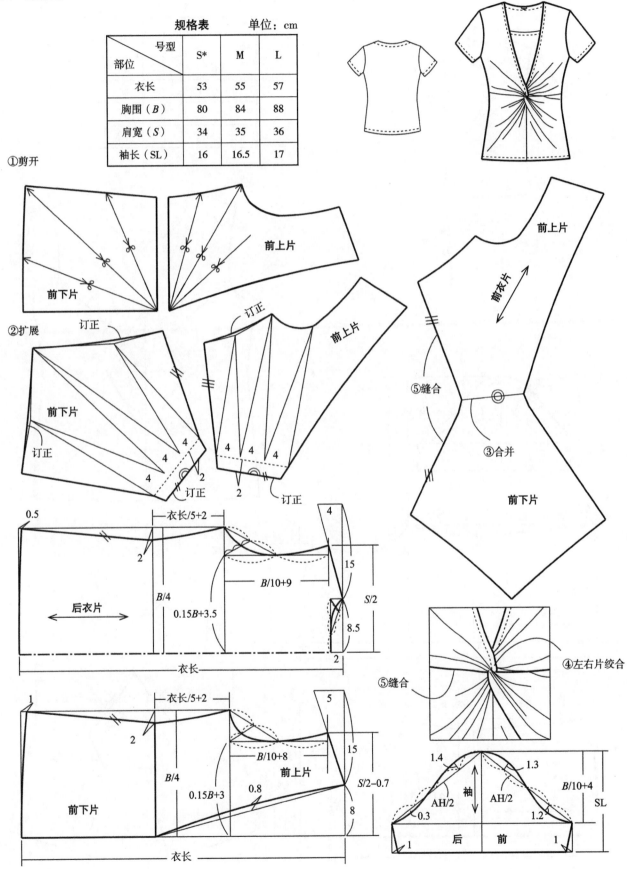

号型 部位	S*	M	L
衣长	53	55	57
胸围（B）	80	84	88
肩宽（S）	34	35	36
袖长（SL）	16	16.5	17

规格表　　单位：cm

七、无领褶嵌片衫

规格表		单位：cm	
号型 部位	S*	M	L
衣长	53	55	57
胸围（B）	80	84	88
肩宽（S）	34	35	36
袖长（SL）	16	16.5	17

①剪开

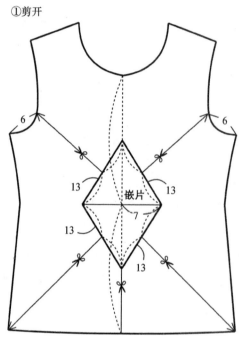

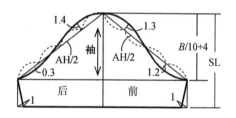

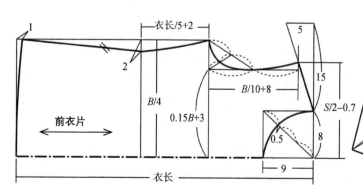

②扩展

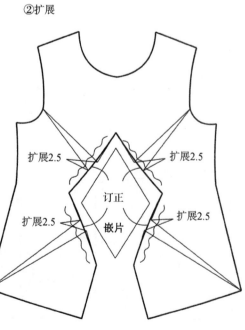

八、袋鼠服

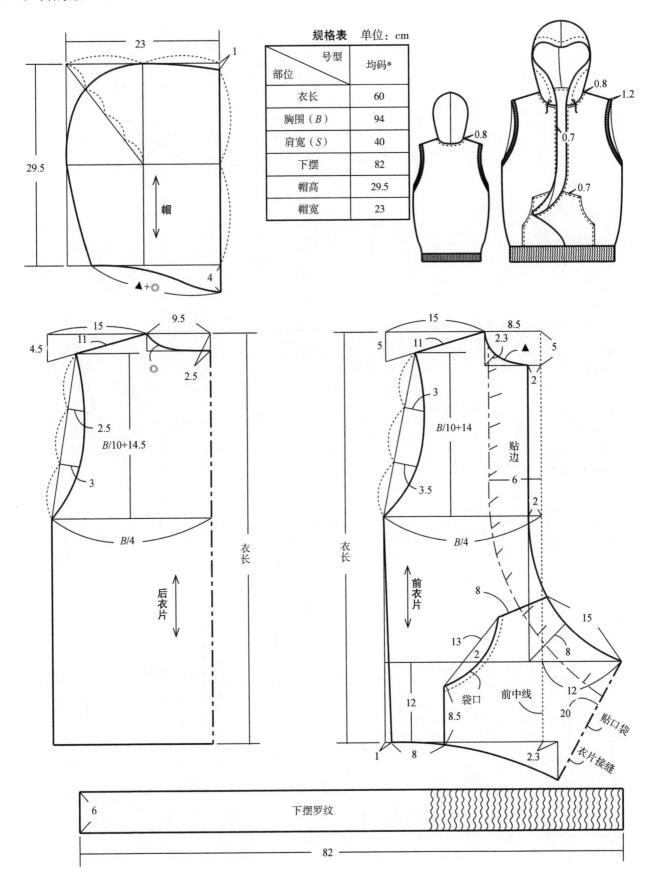

规格表　单位：cm

号型 部位	均码*
衣长	60
胸围（B）	94
肩宽（S）	40
下摆	82
帽高	29.5
帽宽	23

九、假两件套绞花衫

规格表			单位：cm
号型 部位	S*	M	L
衣长	53	55	57
胸围（B）	80	84	88
肩宽（S）	34	35	36
袖长（SL）	16	16.5	17

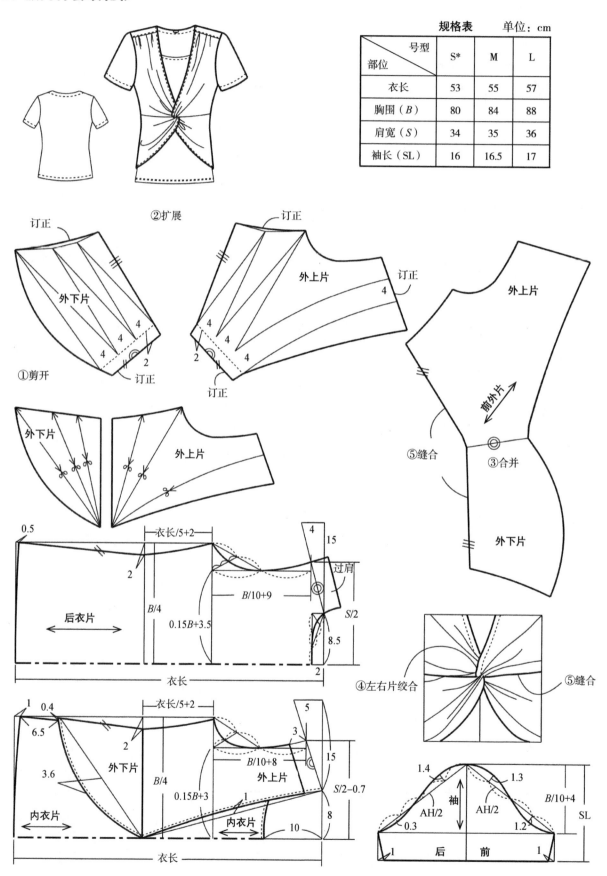

②扩展

订正

订正

外上片

外下片

订正

4

4

4

4

4

2

订正

①剪开

订正

订正

订正

外上片

外下片

外上片

外下片

前外片

外上片

⑤缝合

③合并

外下片

0.5

衣长/5+2

2

后衣片

B/4

0.15B+3.5

B/10+9

过肩

4

15

S/2

8.5

2

衣长

④左右片绞合

⑤缝合

1

0.4

6.5

3.6

衣长/5+2

2

外下片

B/4

0.15B+3

内衣片

1

内衣片

5

3

B/10+8

外上片

S/2-0.7

8

10

衣长

1.4

1.3

袖

AH/2

AH/2

0.3

1.2

1

后

前

1

B/10+4

SL

十、窄背心

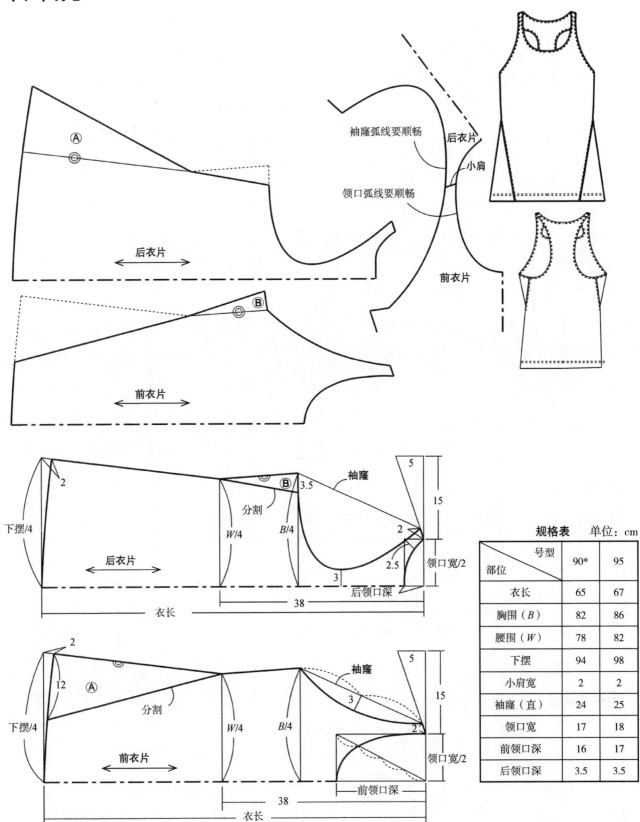

后衣片

袖窿弧线要顺畅

小肩

领口弧线要顺畅

前衣片

后衣片

前衣片

| | 2 |
| 下摆/4 | |

后衣片

衣长

分割

W/4

B/4

3.5 Ⓑ

袖窿

5

15

2

2.5

领口宽/2

后领口深

38

下摆/4

前衣片

衣长

12 Ⓐ

分割

W/4

B/4

2

袖窿

3

5

15

2

领口宽/2

前领口深

38

规格表	单位：cm	
号型 部位	90*	95
衣长	65	67
胸围（B）	82	86
腰围（W）	78	82
下摆	94	98
小肩宽	2	2
袖窿（直）	24	25
领口宽	17	18
前领口深	16	17
后领口深	3.5	3.5

十一、高位绞花衫

号型 部位	S*	M	L
衣长	53	55	58
胸围（B）	80	84	88
肩宽（S）	34	35	36
袖长（SL）	16	16.5	17

规格表　单位：cm

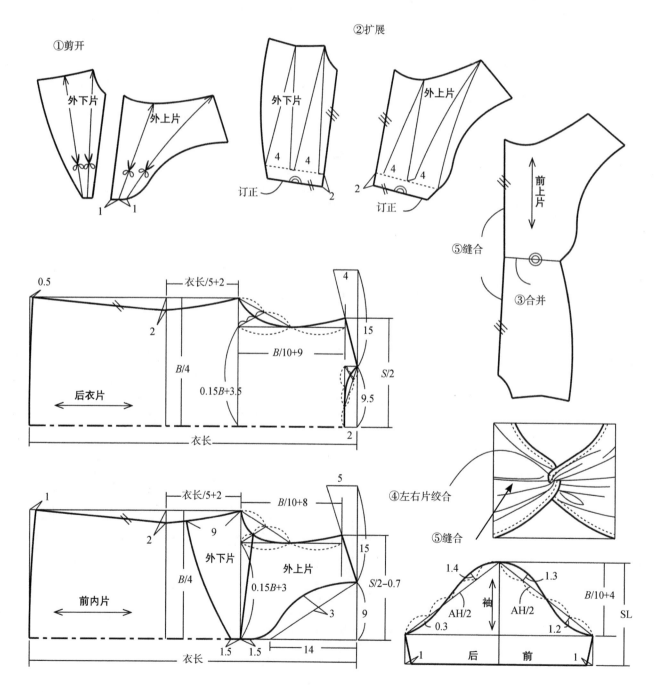

十二、拼裆裤

规格表

号型 部位	均码* （英寸）	均码* （厘米）
裤长	37″	94
臀围（H，裆上3″）	40″	101.5
紧腰围（W）	29″	73.5
脚口宽2	4″	10
脚口长	4″	10
大腿围	21″	53
膝宽	6″	15
腰头宽	2 1/4″	5.5

（1英寸=2.54厘米）

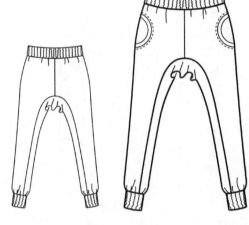

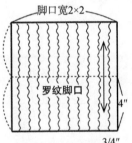

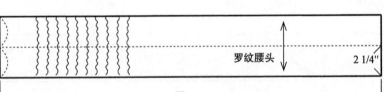

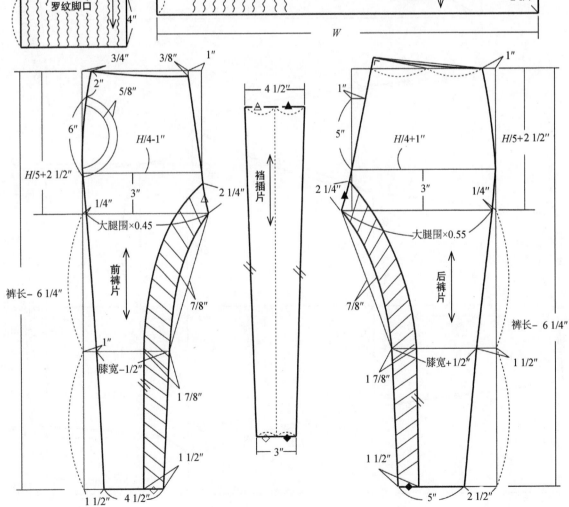

十三、加肥弹力女裤（连片）

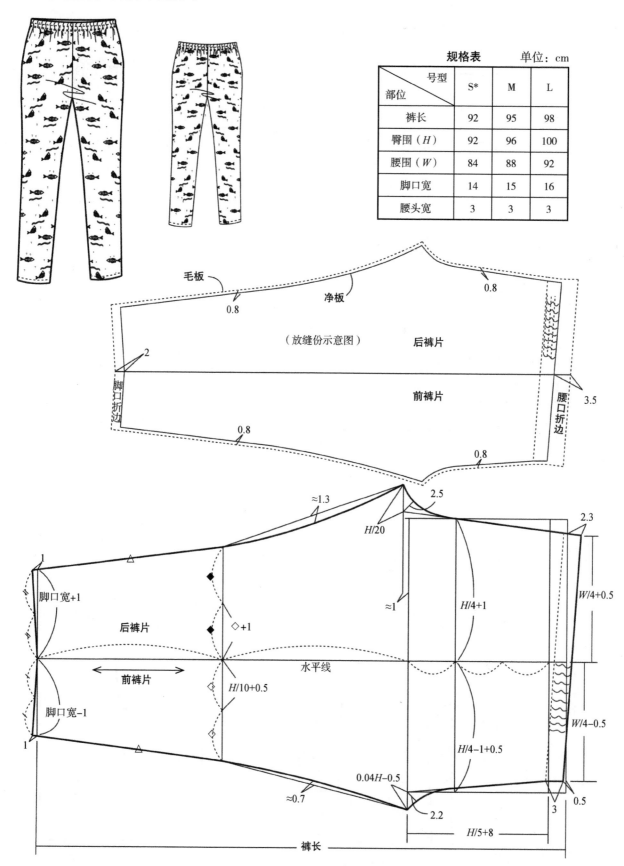

部位	号型	S*	M	L
裤长		92	95	98
臀围（H）		92	96	100
腰围（W）		84	88	92
脚口宽		14	15	16
腰头宽		3	3	3

规格表　单位：cm

（放缝份示意图）

第十二节 童装

一、婴儿打底裤

号型\部位	12M	18M	24M
裤长	15 7/8″	17 3/8″	18 7/8″
臀围（H）	20″	22″	24″
紧腰围（W）	16″	18″	20″
下裆	8 5/8″	9 3/4″	10 7/8″
前横裆	5 1/4″	5 3/4″	6 1/4″
后横裆	5 7/8″	6 1/2″	7 1/8″
脚口宽	3″	3 1/4″	3 1/2″
腰头宽	3/4″	3/4″	3/4″

规格表　单位：英寸

（1英寸=2.54厘米）

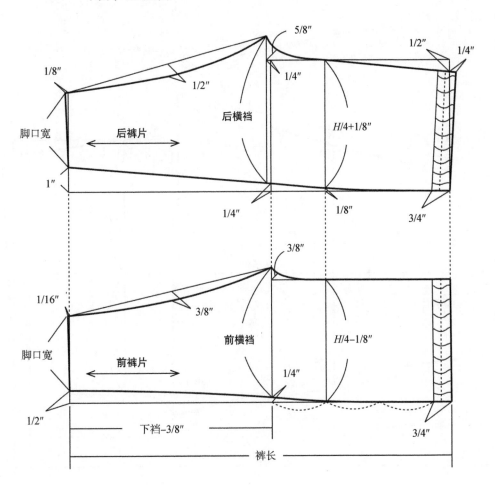

二、儿童针织裤

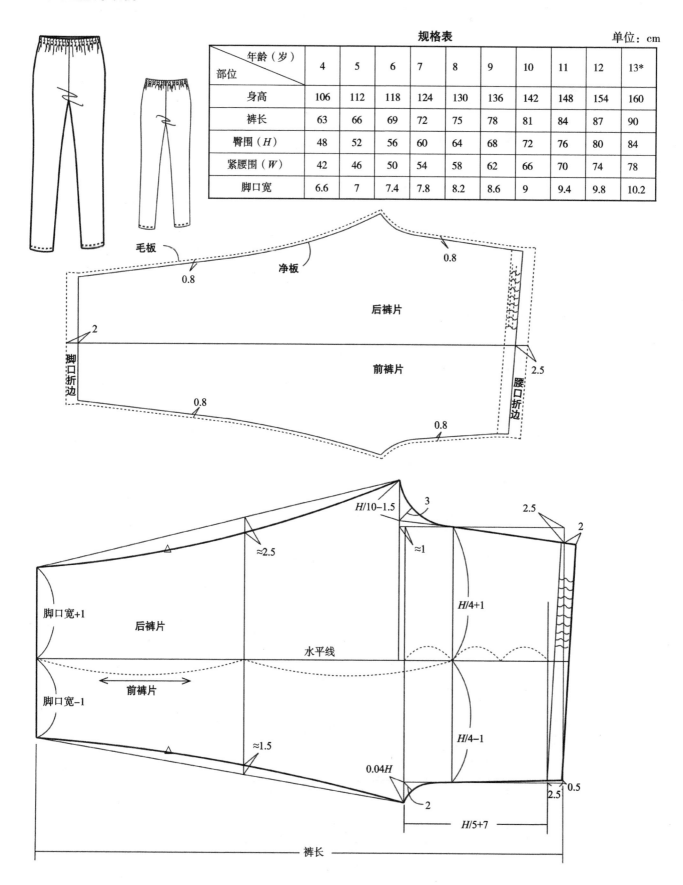

年龄（岁） 部位	4	5	6	7	8	9	10	11	12	13*
身高	106	112	118	124	130	136	142	148	154	160
裤长	63	66	69	72	75	78	81	84	87	90
臀围（*H*）	48	52	56	60	64	68	72	76	80	84
紧腰围（*W*）	42	46	50	54	58	62	66	70	74	78
脚口宽	6.6	7	7.4	7.8	8.2	8.6	9	9.4	9.8	10.2

规格表　　　　　　　　　　　　单位：cm

三、爬爬装1

规格表			单位：cm	
号型 部位	规格	号型 部位	规格
衣裤长	49	袖长（SL）	22
胸围（B）	54	袖肥	11.5
领围（N）	33	罗纹袖口宽	2.5
袖窿（直）	12.5	臀围（H，档 上5cm）	56
领口宽	13.5	前脚口宽	7.6
前领口深	5	后脚口宽	7.6
后领口深	1.5	下档	16
胸宽	21	横档	28
背宽	21	跨大	8
肩宽（S）	23	鞋底宽	6
袖口宽1	7	鞋底长	10
袖口宽2	6	脚背长	6

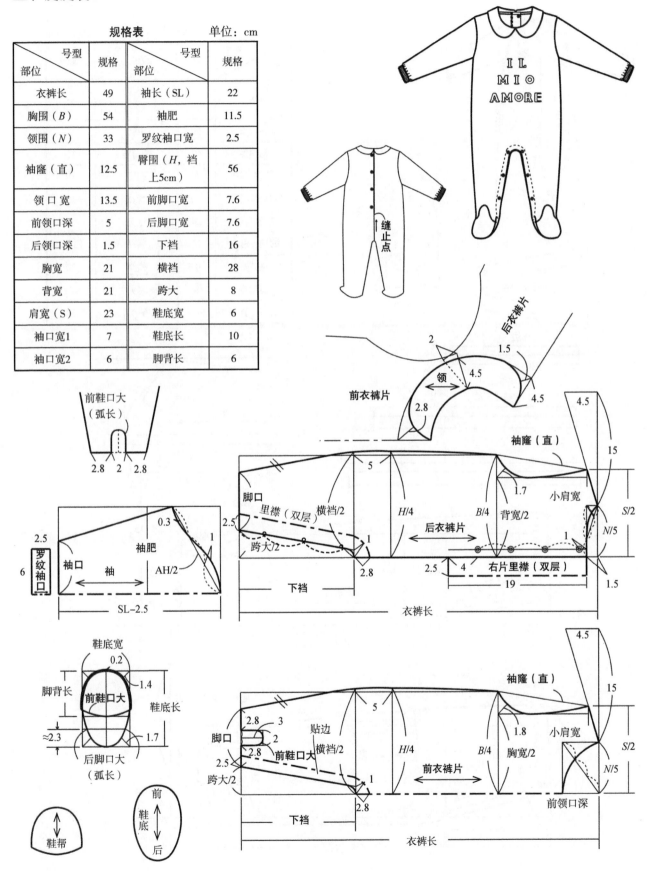

四、爬爬装2

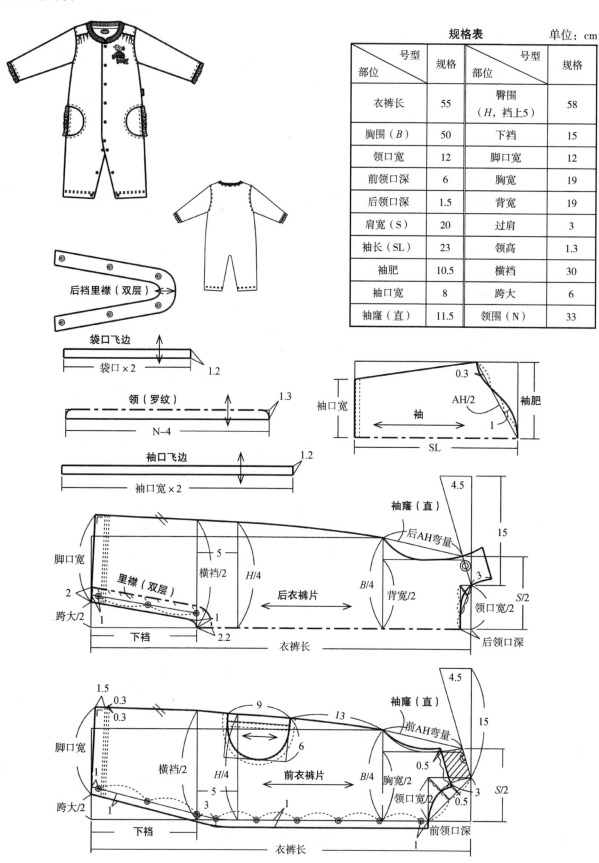

规格表					单位：cm
号型 部位	规格		号型 部位	规格	
衣裤长	55		臀围 （H，档上5）	58	
胸围（B）	50		下档	15	
领口宽	12		脚口宽	12	
前领口深	6		胸宽	19	
后领口深	1.5		背宽	19	
肩宽（S）	20		过肩	3	
袖长（SL）	23		领高	1.3	
袖肥	10.5		横档	30	
袖口宽	8		跨大	6	
袖窿（直）	11.5		领围（N）	33	

后档里襟（双层）

袋口飞边
袋口×2   1.2

领（罗纹）   1.3
N−4

袖口飞边   1.2
袖口宽×2

袖口宽   0.3
AH/2   袖肥
袖   1
SL

4.5
袖窿（直）
后AH弯量   15
脚口宽
里襟（双层）
2   横档/2   H/4   B/4   后衣裤片   背宽/2   3
跨大/2   1   1   领口宽/2   S/2
下档   2.2   后领口深
衣裤长

1.5
0.3
0.3   4.5
脚口宽   袖窿（直）
9   13   前AH弯量   15
横档/2   H/4   6
5   前衣裤片   B/4   0.5
跨大/2   1   3   1   胸宽/2   0.5
下档   领口宽/2   3   S/2
衣裤长   前领口深
1

五、婴儿灯笼裙

规格表　　单位：英寸

部位 ＼ 号型	12M*	18M	24M
衣长	7 1/4″	8″	8 3/4″
胸围（B）	20″	22″	24″
头围	22″	23″	24″
肩宽（S）	7 3/4″	8 1/2″	9 1/4″
领口宽	4 7/8″	5″	5 1/8″
前领口深	1 7/8″	2″	2 1/8″
后领口深	3/4″	7/8″	1″
袖窿（直）	4 1/2″	5″	5 1/2″
前胸宽	7 1/4″	7 3/4″	8 1/4″
后背宽	7 1/2″	8″	8 1/2″
袖长（SL）	10 7/8″	11 3/4″	12 1/2″
袖肥	4″	4 3/8″	4 3/4″
袖口宽	2 3/4″	3″	3 1/4″
外裙长	8 1/4″	9 1/2″	10 3/4″
外裙宽	54″	56″	58″
内裙长	6 3/4″	8″	9 1/4″
内裙宽	30″	32″	34″

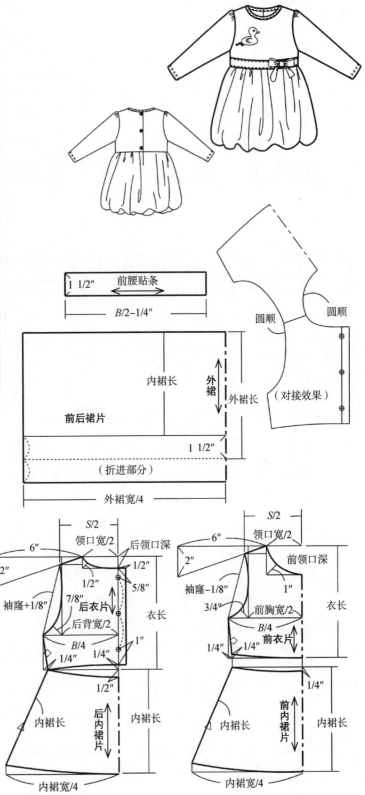

六、爬爬装3

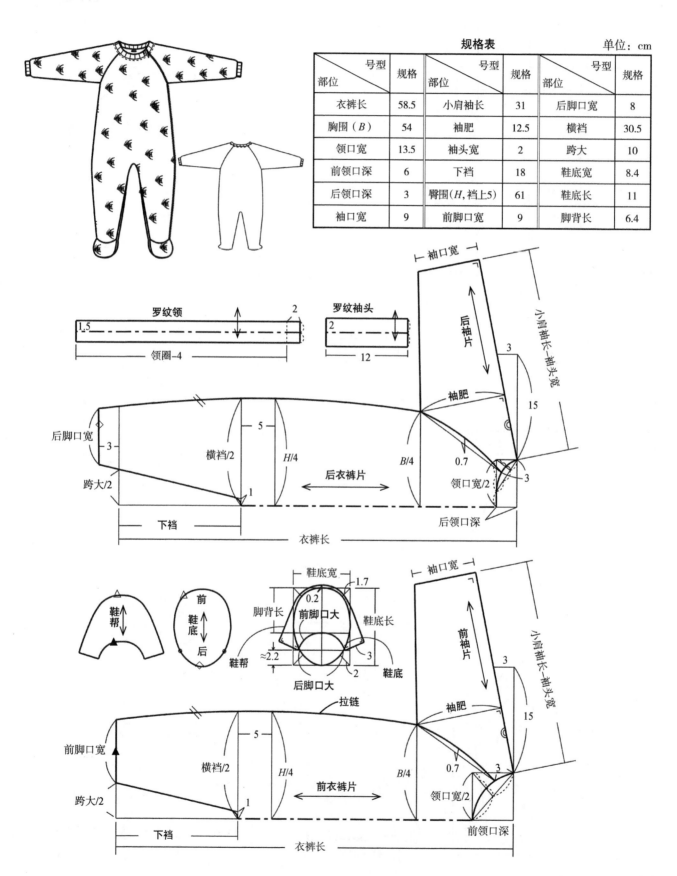

规格表　　　　　　　　　单位：cm

部位 \ 号型	规格	部位 \ 号型	规格	部位 \ 号型	规格
衣裤长	58.5	小肩袖长	31	后脚口宽	8
胸围（B）	54	袖肥	12.5	横裆	30.5
领口宽	13.5	袖头宽	2	跨大	10
前领口深	6	下裆	18	鞋底宽	8.4
后领口深	3	臀围（H，裆上5）	61	鞋底长	11
袖口宽	9	前脚口宽	9	脚背长	6.4

七、爬爬装（超短裤）

该款式前后均有过肩。后过肩压在前衣片之上，前过肩压在后衣片之下。前后过肩一个边夹在袖隆里，一个边用罗纹包边，不用固定，使领口变得更宽松。

规格表		单位：cm	
部位＼号型	规格	部位＼号型	规格
前衣裤长	44	前领口深	6
后衣裤长	50	后领口深	1
胸围（B）	54	肩宽（S）	24
臀围（H）	56	袖长（SL）	10
领口宽	9		

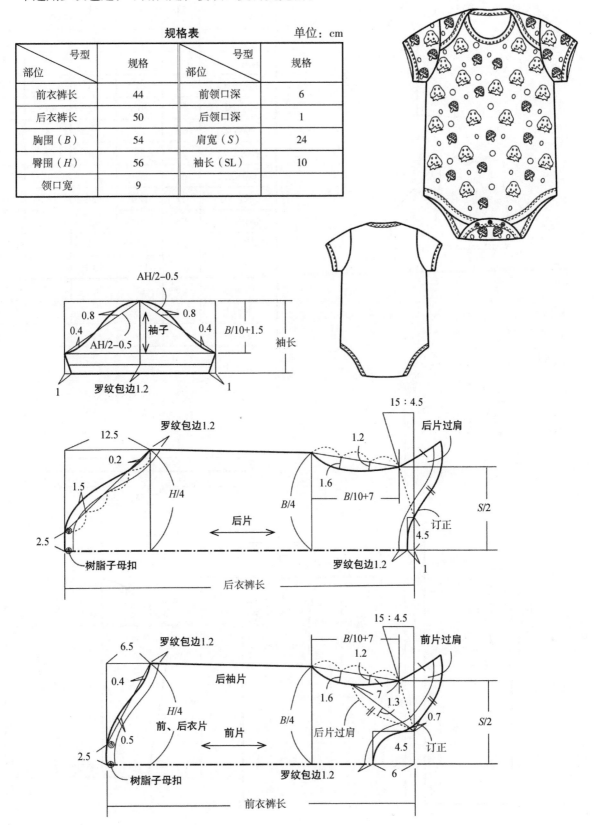

八、儿童打底衫（订单模式）

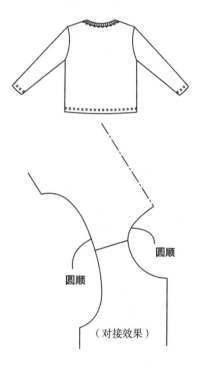

圆顺

圆顺

（对接效果）

规格表　　　　　　单位：cm

部位 \ 月龄	2T	3T	4T	5T	6T
衣长	33	35	37	39	41
胸围（B）	53	57	61	65	69
领围（N）	31	32	33	34	35
袖长（SL）	29	30.5	32	33.5	35
袖口宽	6.8	7.2	7.6	8	8.4
肩宽（S）	22	23	24	25	26
下摆	53	57	61	65	69
领口宽	12	12.4	12.8	13.2	13.6
前领口深	5.5	6	6.5	7	7.5
后领口深	1.5	1.7	1.9	2.1	2.3
袖肥	10.6	11.4	12.2	13	13.8
袖折边	1.5	1.5	1.5	1.5	1.5
下折边	1.5	1.5	1.5	1.5	1.5
领条宽	1	1	1	1	1

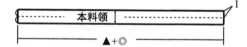

本料领

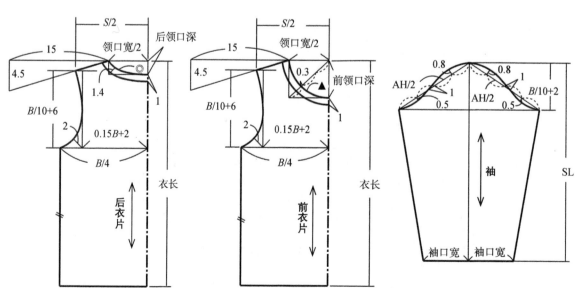

第十三节　时装

一、三片式披风

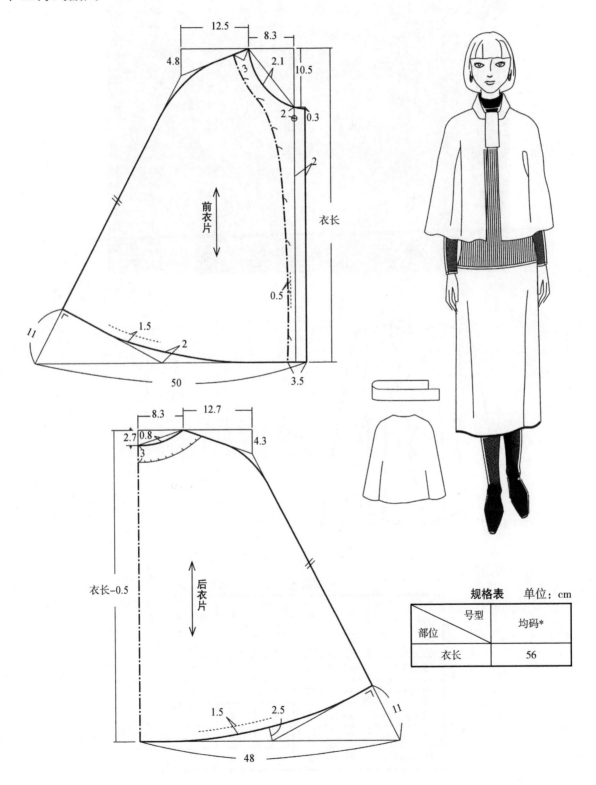

规格表	单位：cm
部位＼号型	均码*
衣长	56

二、双无领女上衣

该款式外层为圆领口，内层为"V"型领口。两层衣片接点巧妙地设计在分割线的端点上。貌似一个内褶裥，富有变化及悬念。

规格表　　　　　单位：cm

部位 ＼ 号型	S	M	L*	XL	XXL
衣长	61	62	63	64	65
胸围（B）	86	90	94	98	102
领围（N）	36	37	38	39	40
腰围（W）	66	70	74	78	82
肩宽（S）	38	39	40	41	42
袖长（SL）	53	54	55	56	57

要点：①前片袖窿线以上，圆领口在上层，"V"型领口在下层。袖窿线以下，二者平铺缝合。
②由圆装袖转换成平肩袖；由一片袖转换成大小袖。

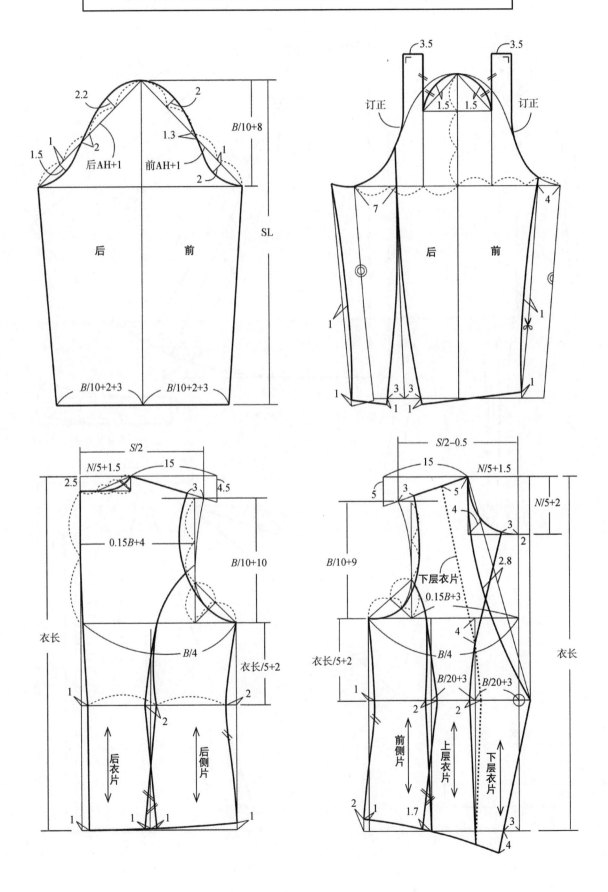

三、七片式披风

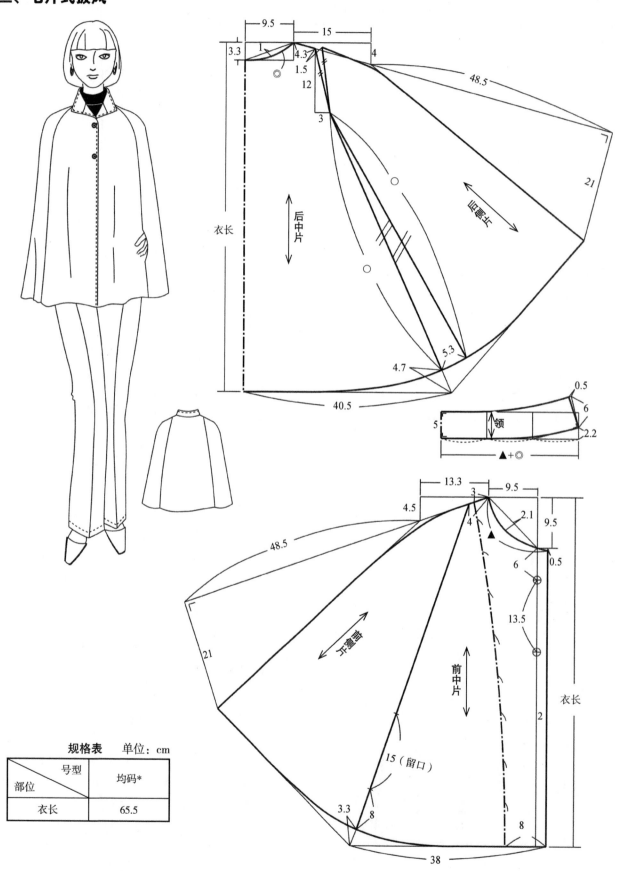

规格表	单位：cm
号型 部位	均码*
衣长	65.5

中篇　服装结构原理与版型设计

服装结构指构成一件服装的各种要素，主要指构成服装的每个衣片的平面造型，及其组合形式。

学习和分析服装结构原理，就是要从根本上、原理上解析服装平面结构与立体造型的关系；款式与平面结构相互转换的规律；服装与人体的关系；衣片与衣片之间的关系及其变化规律。只有全面了解这些知识，才能掌握好服装制板及版型设计技术。对服装的研究，初级阶段注重款式；高级阶段注重版型。

什么叫服装版型？服装版型就是指服装整体的立体造型。服装版型和款式是两个概念：款式是具体的，版型是抽象的；款式是表面的，版型是内在的。一种款式可以有无数种版型。服装版型的优劣取决于服装结构的科学性、合理性。具体体现在服装成衣后在各种状态下的综合效果。评价一件服装的版型，主要看三个方面。一是看折叠效果（简称叠相），二是看悬挂效果（简称挂相），三是看穿着效果（简称穿相）。合体、舒适、美观，是衡量版型优劣的三条基本标准。

第三章　省缝及结构转换

第一节　省缝知识

一、省缝的概念

1. 省缝定义

缝掉衣片包裹人体时所产生的多余的量，称为省缝。省，省掉的意思。

2. 省缝作用

衣片上的省缝，会使平面的衣片产生立体的形态，使服装与人体的"球面"和"曲面"相吻合，更加合体。在现代服装当中，很多时装的设计都加进省缝，特别是女装。

清朝以前，中式裁剪方法是纯平面的，没有省缝。20世纪20~30年代，宁波地区的商人从国外带回西式服装，参照其结构把服装里加上省缝。省缝在欧洲中世纪就已经产生。

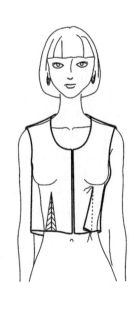
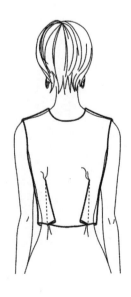

二、人体的"球面"和"曲面"

　　人体的表面是凹凸不平，外凸被称作"球面"，内凹被称作"曲面"或"双曲面"。"球面"和"曲面"是服装版型设计要考虑的重要因素。

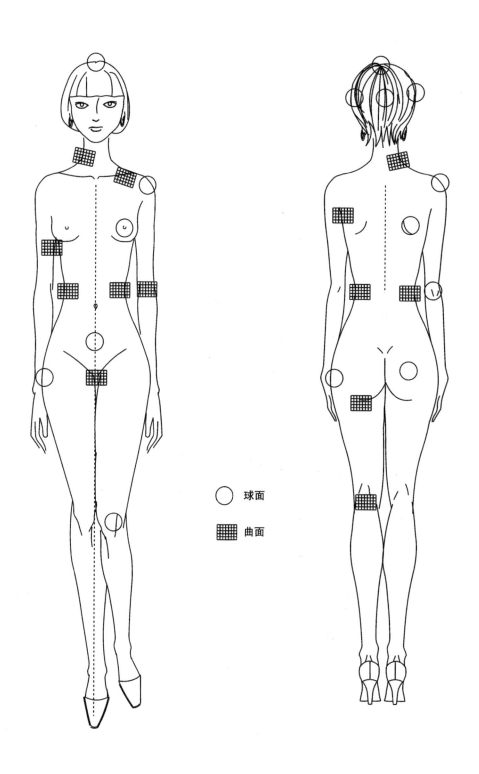

◯	球面
▦	曲面

三、省缝的类型

常见的省缝有以下六种类型。

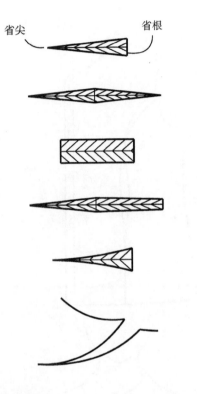

（1）锥形省：一头尖，一头宽。

（2）菱形省：两头尖，中间宽。

（3）齐头省：两头都不尖，齐头在两边。

（4）剑头省：一头尖，一头宽，中间宽。

（5）喇叭省：一头尖，一头宽，中间往里弯。

（6）弧形省：两条线都弯，须剪开。

四、省缝的名称

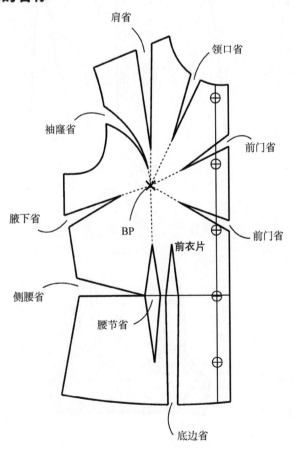

省缝的名称一般应以省口在衣片上的部位来命名。如腋下省、袖窿省、肩省、领口省、前门省、底边省、腰节省等。

五、明省和暗省

省缝在服装中从外观上看，有两种形式：一是明省，直接在衣片上收省缝。二是暗省，也称为隐藏省，是在省缝上加分割线（开刀加省），省缝就被隐藏。

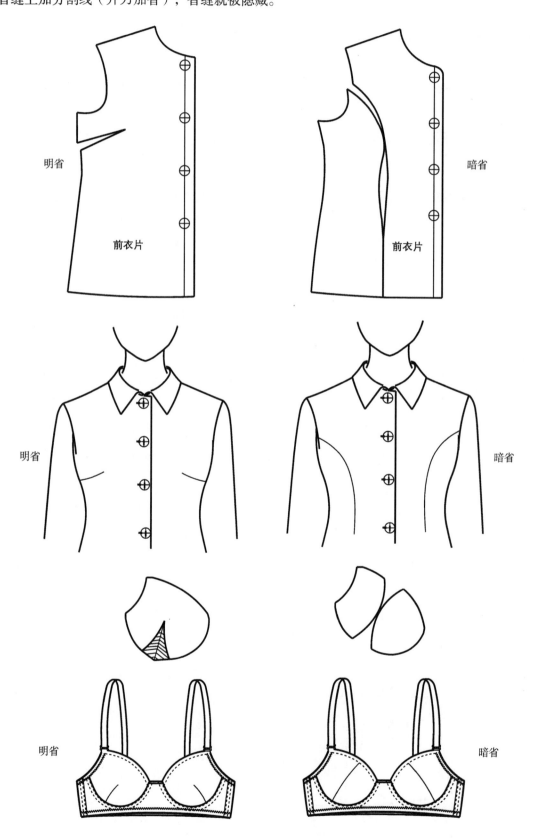

六、正省和负省

1. 正省

在衣片的某一条边线上去掉一个量（或在衣片中加入一个量），在衣片中形成一个**窝势**，与人体的"**球面**"（外凸部位）相吻合。

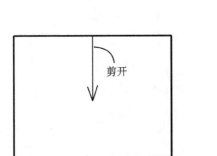

2. 负省

在衣片某一条边线上加入一个量（或在衣片中去掉一个量），在衣片中形成一个负量，与人体"曲面"（内凹部位）相吻合。

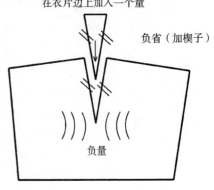

3. 西服胸衬加负省

男西服的胸衬为适应前肩的曲面，在前肩边线上加"楔子"，就是典型的负省。

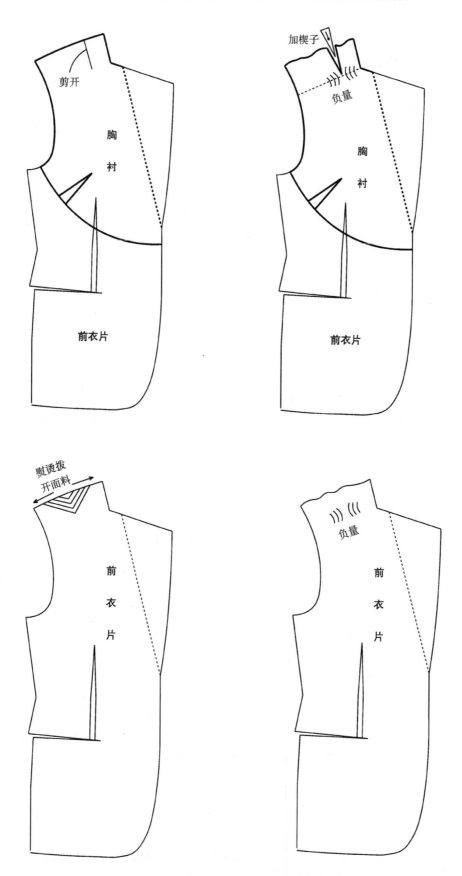

七、隐藏省中的"正省"和"负省"

两个外弧形衣片缝合，相当于正省；两个内弧形衣片缝合，相当于负省。

1. **正省**

2. **负省**

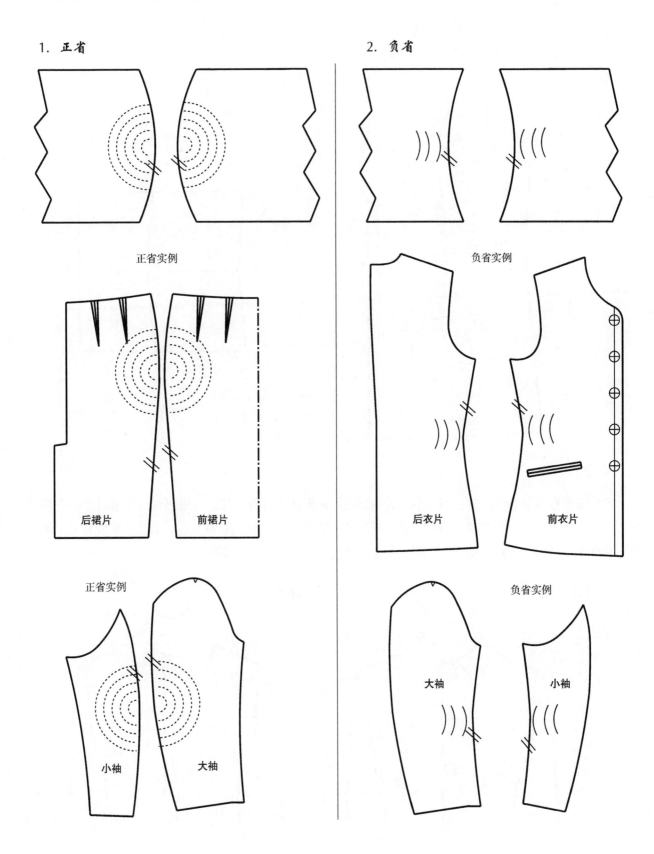

正省实例

负省实例

后裙片　前裙片

后衣片　前衣片

正省实例

负省实例

小袖　大袖

大袖　小袖

八、正省和负省的关系

正省和负省是相对的关系。正省的另一端就是负省，负省的另一端就是正省。

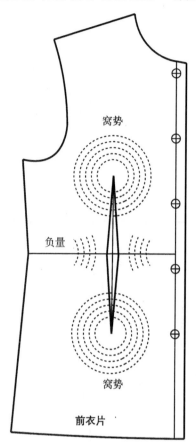

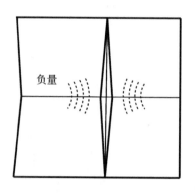

九、省量

省量即省缝口的宽度。省量的大小与人体外凸或内凹的程度成正比。省量不可过大或过小。省量过大或过小都会出现不合体的现象。另外省量与服装的款式及面料也有一定的关系。紧身式服装省缝要比一般服装省缝大一点，宽松式服装可不加省缝，弹性较大的面料可以不加省缝。

1. 省量不足

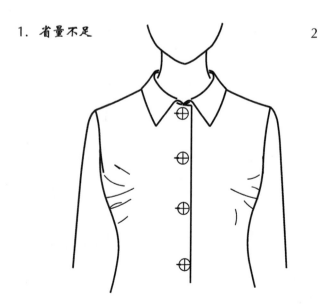

2. 省量过大

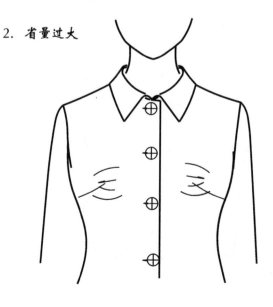

十、有效省缝和无效省缝

1. 有效省缝

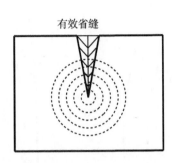

有效省缝

2. 无效省缝

省尖出现通透状，这个省缝实际
漏掉，不会产生窝势

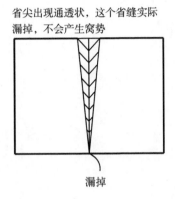

漏掉

3. 无效省缝

省口边线被拉长，这个省缝
实际撤掉，不会产生窝势

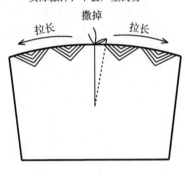

拉长　　撒掉　　拉长

十一、省缝与褶裥的关系

　　褶裥和省缝的功能差不多，都是在衣片的边上缝掉一个量，使衣片内产生窝势。不同的是省缝把省量全部缝掉，而褶裥只是把边上的褶量缝掉，里边散开。省量、褶量相同时，褶裥要比省缝的窝势稍大一些。

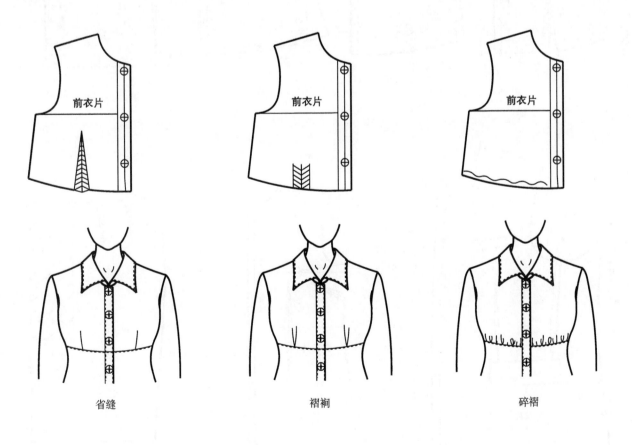

前衣片　　　　　　前衣片　　　　　　前衣片

省缝　　　　　　　褶裥　　　　　　　碎褶

十二、在衣片上加省缝（或褶量）

在衣片上加省缝（或褶量），常用的有如下三种方法。

1. 直接加省缝（或褶量）

画结构图时直接把省缝和褶裥画在衣片上。这些省缝和褶裥所在的位置对其他部位影响不大。

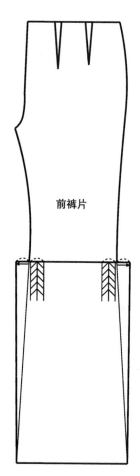

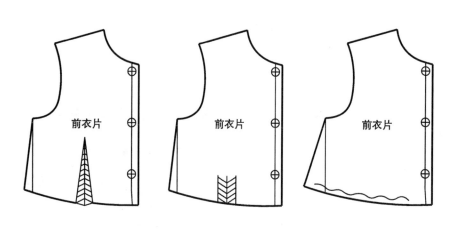

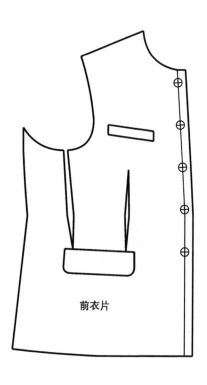

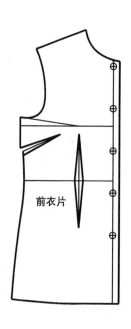

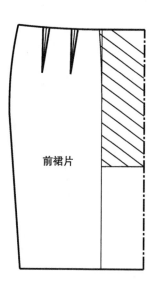

2. 转移法加省缝（或褶量）

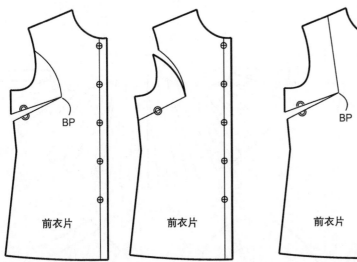

（1）腋下省转移到袖窿上。　　　　　　　　（2）腋下省转移到肩缝上。

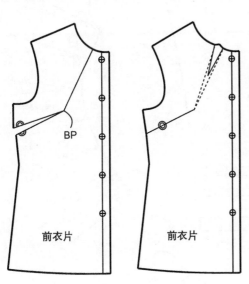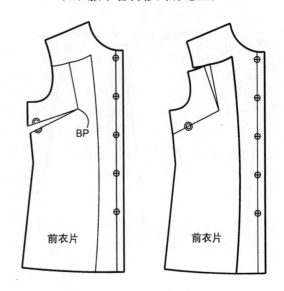

（3）腋下省转移到领口上。　　　　　　　　（4）腋下省转移到前胸上。

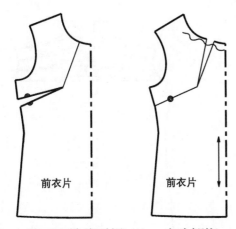

（5）腋下省转移到领口上，变为褶裥。

当省缝和褶裥在衣片上所处的部位比较复杂特殊，就不能直接画在衣片上，必须把省褶先画在一般部位上，然后剪开纸样，进行旋转，把原省缝的量转移到剪开线上。这样才能科学地把省缝加进衣片，而又不破坏原有的版型。

3. 扩展法加省缝（或褶量）

把普通结构的衣片纸样按一定方向剪开，然后拉开，扩展产生省量或褶量。扩展分旋转扩展和平移扩展两种方法。

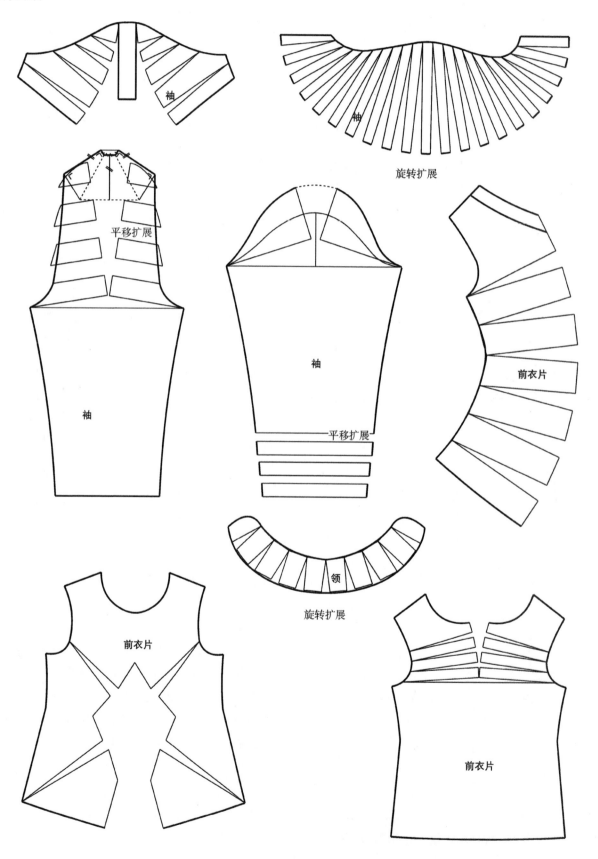

十三、正省和负省在实践中的应用

现代服装款式变化多样。运用正省和负省的理论可以解决许多疑难问题。如把直形的袖子变成弯形，就是运用这一理论解决的。

1. 直线分割袖片的结构变化

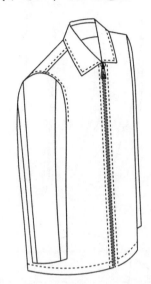

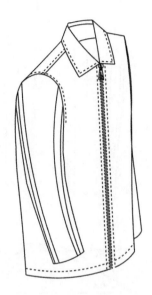

要点：前袖加负省，后袖加正省，后肘弯处产生窝势，袖型由原来的直形变成弯形，更趋于合体。

（1）原图。

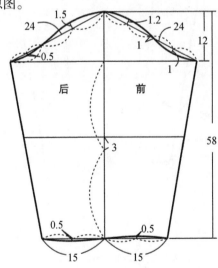

（2）剪开。

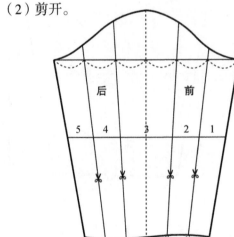

（3）加省。

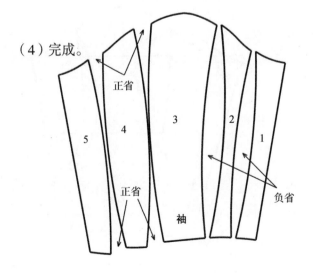

（4）完成。

2. 曲线分割袖片的结构变化

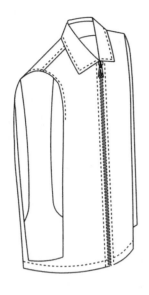 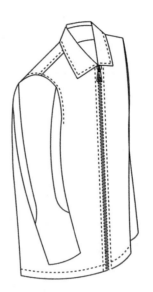

要点：前袖加负省，后袖加正省，后肘弯处产生窝势，袖型由原来的直形变成弯形，更趋于合体。

（1）原图。

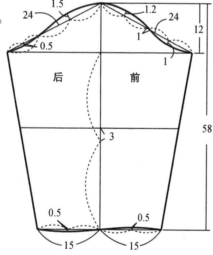

（2）剪开。

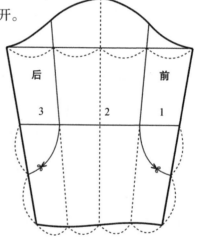

（3）加省。

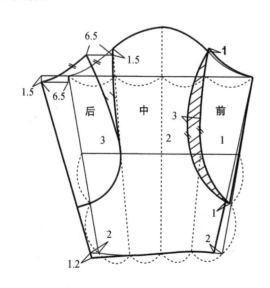

（4）完成。

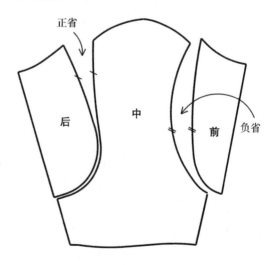

第二节　结构转换常用的五种方法

　　服装的款式变化无穷，而结构也要随着款式的变化而进行转换。服装的结构变化万变不离其宗。不管怎样变化，都离不开服装的基本结构。因而，服装结构的变化，多数是在基本结构（亦称原型或母板）的基础上，运用一定的方法，进行转换。

　　常用的转换方法有如下五种：分割法、转移法、嫁接法、扩展法、收缩法。掌握以上五种结构转换的方法，能够灵活运用，无论什么款式的服装结构，都能够得心应手地解决。以不变，应万变。不变的是方法，万变的是款式。

一、分割法（也称开刀）

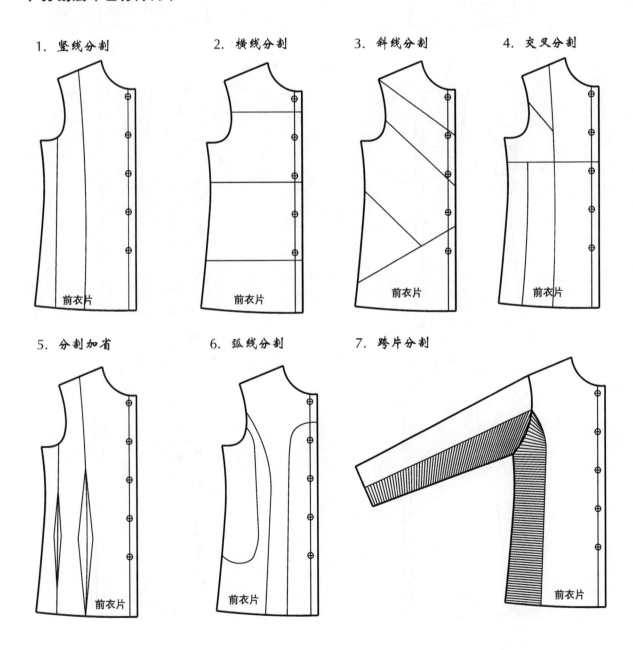

二、转移法（省缝）

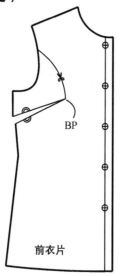

（1）腋下省转移成袖窿省。

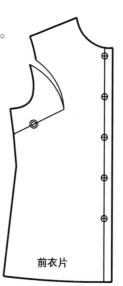

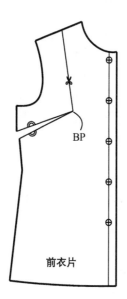

（2）腋下省转移成肩省。

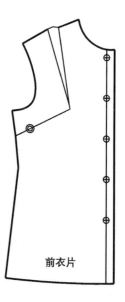

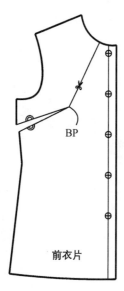

（3）腋下省转移成领口省。

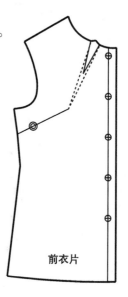

（4）腋下省转移成前门省。

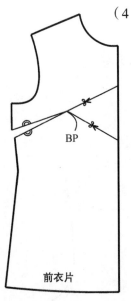

腋下省可绕BP点一圈360°转移，任意部位的省缝或褶裥。

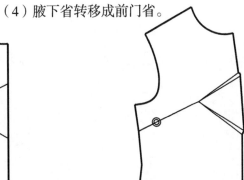

（5）腋下省转移成底边省。

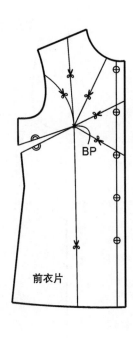

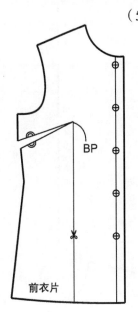

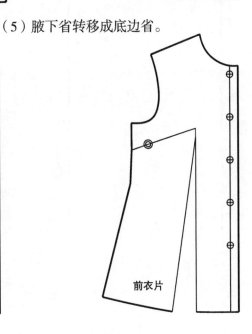

（6）腋下省转移成横抽褶。

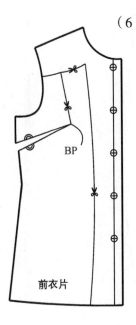

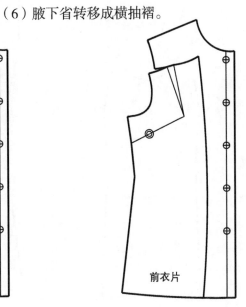

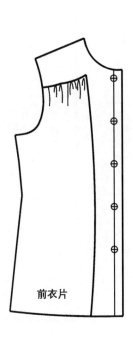

三、嫁接法

把某个衣片、某个部位分割下一部分，与另一个衣片某个部位合并，称为嫁接法。

（1）分割。

嫁接

（2）合并。

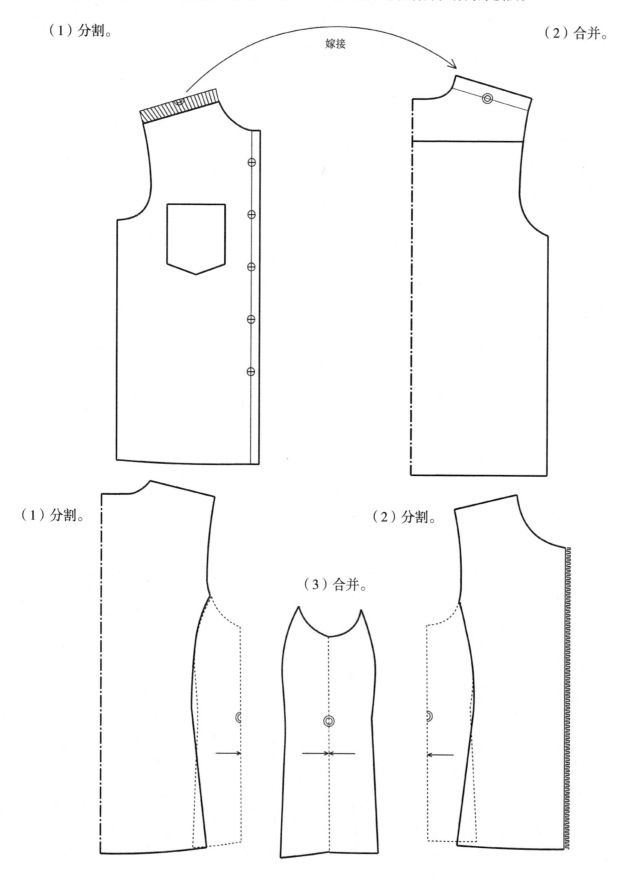

（1）分割。

（2）分割。

（3）合并。

四、扩展法

运用扩展法产生省量或褶量，可保持版型的稳定性。有"平移扩展"和"旋转扩展"两种方法。

1. 平移扩展

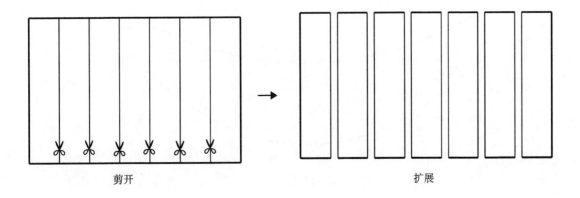

剪开　　　　　　　　　　　扩展

2. 旋转扩展

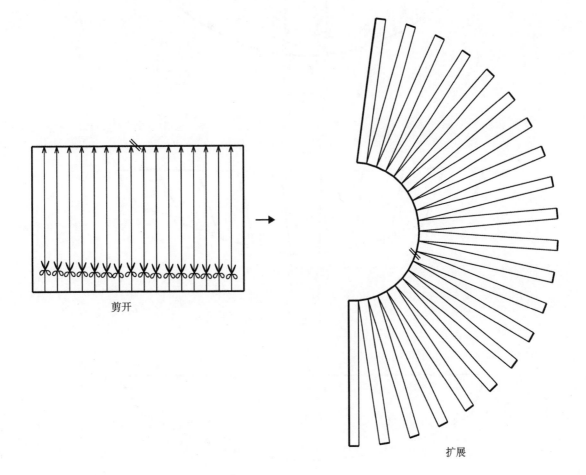

剪开

扩展

五、收缩法

个别服装裁片在款式变化过程中，需要把弯形变成直形。其中一条边线由弧线变成直线，但是该条线的长度不允许改变。另一条边线就要收缩。这种方法叫做"收缩法"。收缩法在实践中很少使用。

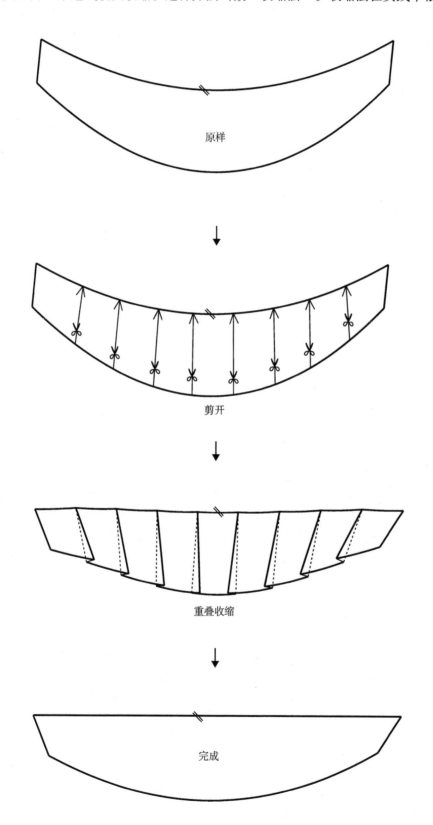

原样

剪开

重叠收缩

完成

第四章　各种衣片的结构设计

衣片是一件服装缝制前的基本组件。一件衣服可以没有袖子，可以没有领，但是不能没有主身衣片。衣片的造型和结构设计千变万化。

第一节　衣片的分类

衣片多种多样，大致分类如下所示：

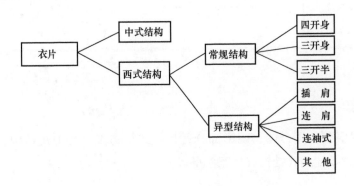

第二节　中西式衣片结构比较

一、中式衣片结构

中国传统服装结构沿用了几千年。前后身衣片及袖为一体的平面结构，具有造型大方，结构简单，活动量大，穿着舒适等优点。不足之处就是腋下余量太大，褶皱太多，略显臃肿。

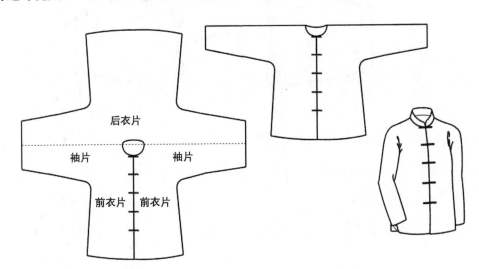

二、西式衣片结构

西式服装的结构，前后身衣片和袖片是分开的。袖窿和袖山的造型去掉多余的量，更接近人体。同时在衣片中加进省缝，使衣片产生立体形态，更加合体。

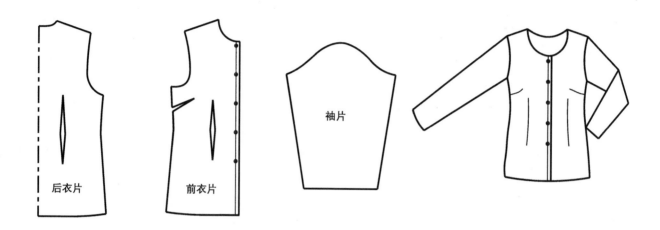

三、中西式衣片结构比较

左图是中式服装和西式服装的重合图，阴影部分就是西式结构衣片在中式结构衣片基础上去掉的部分。显而易见，中式结构衣片要比西式结构衣片宽松得多。

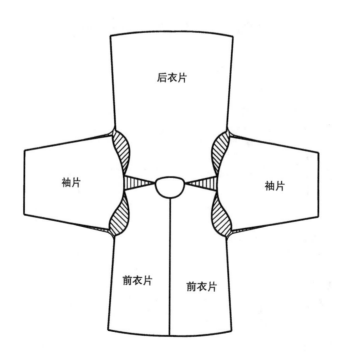

第三节 衣片的开身

开身是衣片的基本结构，常见的开身主要有四开身和三开身两种，其他还有三开半。

一、四开身

四开身把胸围大约分成四等份，两个前片各占一等份，后片占两等份。

四开身结构最为普遍，衬衫、便装、休闲装、宽松服装、内衣、童装、家居装、工作服等，多数都采用四开身结构。

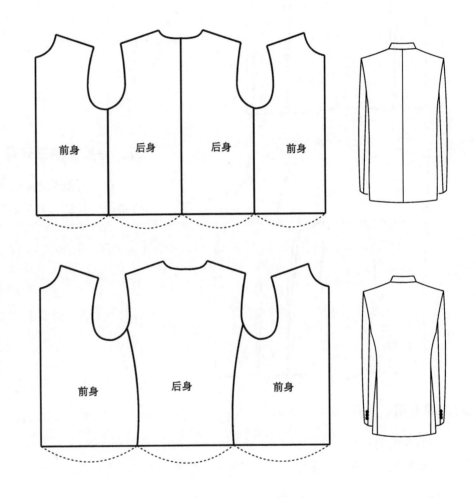

二、三开身

三开身把胸围大约分成三等份，两个前片各占一等份，后片占一等份。

采用三开身结构的服装虽然不多，但是很典型，如中山服、西服等正装制服、工装等正规服装都是三开身结构。

三、三开半

三开半介于四开身和三开身之间。虽然不多见，但是有的防寒服、羽绒服、童装等就采用三开半结构。

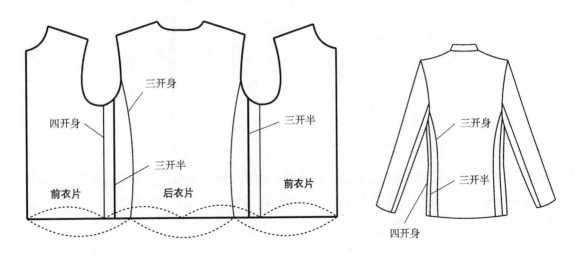

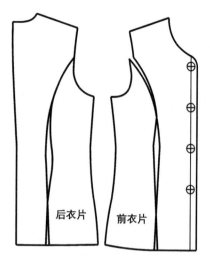

四、多片分割四开身

在四开身的基础上可以分割成多片，但是无论分割成几片，四开身的属性不变。

四开身 —— 十二片
　　　　 八　片
　　　　 六　片
　　　　 七　片

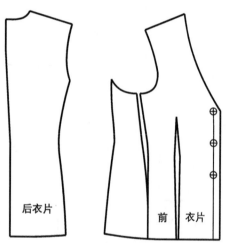

五、多片分割三开身

在三开身的基础上可以分割成多片，但是无论分割成几片，三开身的属性不变。

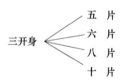

三开身 —— 五　片
　　　　 六　片
　　　　 八　片
　　　　 十　片

六、单开身

前后身连到一块，没有侧缝。

单开身结构不多见。多用于针织服装、套头装、内衣、汗衫等。

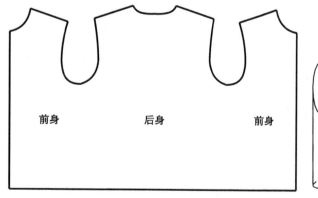

四开身和三开身的区别不仅是其侧缝位置上的区别。四开身侧缝靠前，三开身侧缝靠后，导致收腰位置的改变，使外观效果起变化。从后面观察，四开身服装显宽松、臃肿；三开身服装显苗条、精神。因此，正装及部分外衣都采取三开身结构。

第四节　上衣各部位参考数据

部　位		女　装	男　装	童　装	宽松服装
衣　长		前后片基本一样	后片比前片+（2~3）cm	前后片相等，或后片稍短	前后片基本一样
落　肩（前后片平均）		加垫肩$B/20$-0.5cm 不加垫肩$B/20$	加垫肩$B/20$-0.3 不加垫肩$B/20$	$B/20$	$B/20$-1cm
前袖窿深		$B/10$+（7~10）cm	$B/10$+（9~11）cm	$B/10$+（6~9）cm	$B/5$+（1~4）cm
后袖窿深		前袖窿深+1cm左右	前袖窿深+2~3cm左右	与前袖窿深基本相等	与前袖窿深基本相等
前胸宽		$1.5B/10$+3cm	$1.5B/10$+3.5cm	$1.5B/10$+（2~3）cm	
后背宽		$1.5B/10$+4	$1.5B/10$+5cm	$1.5B/10$+（2~3）cm	
关 门 领	前领口宽	$N/5$-0.3cm	$N/5$-0.3cm	$N/5$-0.3cm	
	后领口宽	$N/5$-0.3cm	$N/5$	$N/5$-0.3cm	
	前领口深	$N/5$（合体式）	$N/5$（合体式）	$N/5$（合体式）	
	后领口深	$0.055N$	$0.055N$	$0.055N$	
翻 驳 领	前领口宽	$B/20$+2.7 cm（大衣+3.5 cm）（撇胸1cm左右）	$B/20$+3 cm（大衣+4 cm）（撇胸1.5~2cm）		
	后领口宽	$B/20$+2.7 cm（大衣+3.5 cm）	$B/20$+3 cm（大衣+4 cm）		
	后领口深	$0.020B$	$0.021B$	$0.020B$	
后小肩宽		$S/2$	$S/2$	$S/2$	
前小肩宽		后小肩宽-归拔量	后小肩宽-归拔量	$S/2$	
腰节高距袖窿线		衣长/5	衣长/5+1cm		
下　参		前后片的下参：女装大于男装，前片大于后片。女装下参总量5~8cm，男装下参总量0~6cm。宽松式服装一般不下参，有的负下参			
起　翘		起翘与下参成正比，一般看起翘后形成角的角度，应接近直角。起翘的另一作用是调整前后片根缝的长度			
搭　门		（1）单排扣搭门宽一般在2cm左右，衬衫搭门宽1.5cm左右，大衣搭门宽2.5~4cm。有时候要看纽扣的直径，纽扣的直径过大，搭门应该加宽 （2）双排扣搭门宽与双排扣横向距离成正比，搭门越宽，横向扣距越大			
前门外翻贴边		前门外翻贴边的宽度等于搭门宽×2，纽扣应在外翻贴边的中心			

第五节 衣片框架

前后衣长影响到衣片的基本框架，一般服装要求穿上后，前后片底边要平齐。男女有别，男女装有别。童装不分男女（指中童以下）。

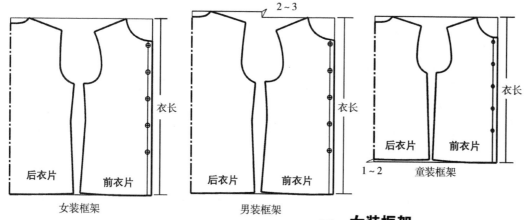

一、女装框架

前后衣长相等，这是因为女人前胸较高，前身弧度大，后背较平。

二、男装框架

后衣长比前衣长大2~3cm。这是因为男人后背较高，后身弧度较大，前胸较平。

三、童装框架

后衣长比前衣长小1cm左右。这是因为，儿童身体习惯前挺后仰。

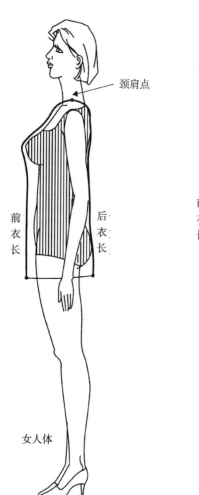

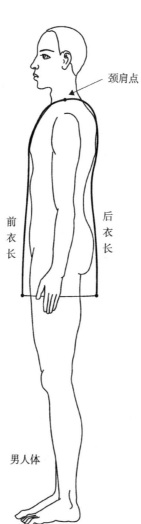

第六节　前后片肩斜度

肩斜度在一件衣服中非常重要。女人体的肩斜度大约20°；男人体的肩斜度大约19°。服装的肩斜度与人体的肩斜度是有一定区别。各种服装的肩斜度也不一样。肩斜度与以下条件有关系。

（1）服装的款式：合体服装肩斜度要大，宽松服装肩斜度要小。

（2）垫肩的厚度：垫肩较厚的服装要减小肩斜度；垫肩较薄或没垫肩的服装要加大肩斜度。

（3）服装的面料：梭织服装肩斜度偏大，针织服装肩斜度偏小。

（4）有无撇胸：有撇胸的服装前片肩斜度要加大。

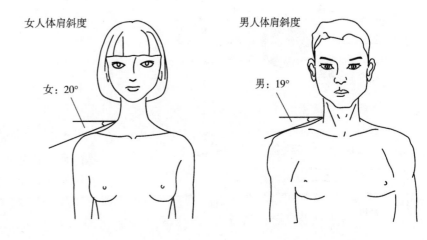

女人体肩斜度　女：20°　　　男人体肩斜度　男：19°

男西服　前衣片：$B/20 \approx 21.3°$　　　平均值：19.9°（包含撇胸的因素）
　　　　后衣片：$B/20-0.5 \approx 18.5°$

女西服　前衣片：$B/20 \approx 22.2°$　　　平均值：19.9°（包含撇胸的因素）
　　　　后衣片：$B/20-1 \approx 17.7°$

男西服　前衣片：$15：5.8 \approx 21.14°$　　平均值：19.8°（包含撇胸的因素）
　　　　后衣片：$15：5 \approx 18.43°$

女西服　前衣片：$15：6 \approx 21.8°$　　　平均值：20.1°（包含撇胸的因素）
　　　　后衣片：$15：5 \approx 18.43°$

宽松服装——前、后衣片：$15：5 \approx 18.43°$

童装——前、后衣片：$15：5 \approx 18.43°$

马甲——马甲等无袖服装对肩斜度的要求比较严格，要认真对待

第七节　前后片肩斜度及前后小肩宽的差别

　　合体服装前、后片肩斜度为什么不一样呢？这是因为人体肩顶部，左肩端点到右肩端点不是一条直线的"扁担形"，而是前面内弧，后面外弧，呈"弓形"。

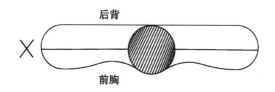

　　（1）人体肩顶部不是直线"扁担形"。

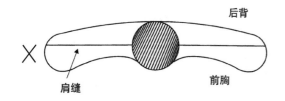

　　（2）人体肩顶部是弧线，后面是外弧，前面是内弧，整体呈"弓形"。而该肩缝线的效果是前后肩斜度一样，显然与人体不吻合。

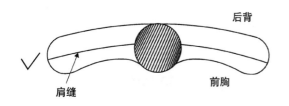

　　（3）前片肩斜度大一点，后片肩斜度小一点，肩端点前移，与人体相吻合。宽松服装可以忽略这一点，一般可以前、后片肩斜度一样。

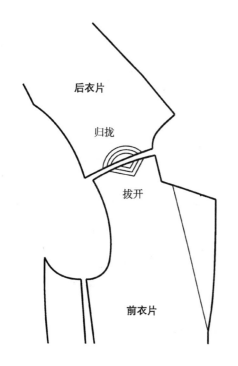

　　（4）前后小肩宽的长度差别：西服等合体服装前后小肩宽的长度为什么不一样呢？这是因为人体肩顶部，前面内弧（曲面），后面外弧（球面）。根据"内紧外松"的原则，后片小肩线要归拢，前片小肩线要拔开，这就需要一个差量。差量的大小要视款式、面料的性能等条件确定，一般为1～2cm。非合体式服装，这一点可以忽略。

第八节 冲肩量

上衣的"冲肩量"是指肩端点超过胸背宽线的量。冲肩量直接影响到袖窿弧线的造型。因而冲肩量必须控制在一定的范围内。

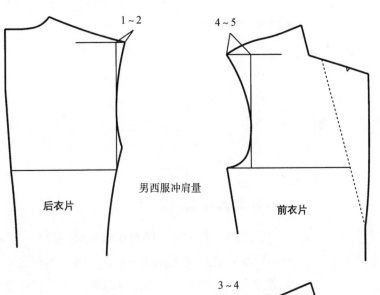

男西服冲肩量

后衣片 　男西服冲肩量 　前衣片

一、男西服冲肩量

要求比较严格。男西服的冲肩量较大，前片冲肩量应在4~5cm之间，后片冲肩量应在1~2cm之间。

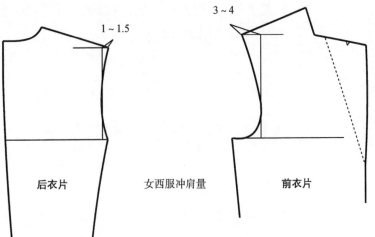

后衣片 　女西服冲肩量 　前衣片

二、女西服冲肩量

前片冲肩量应在3~4cm之间，后片冲肩量应在1~1.5cm之间。

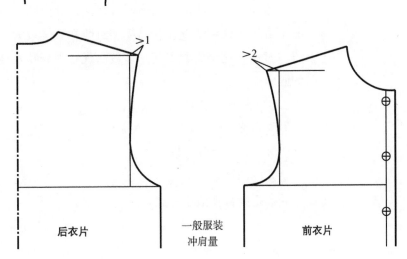

后衣片 　一般服装冲肩量 　前衣片

三、一般服装冲肩量

前片冲肩量应在2cm以上，后片冲肩量应在1cm以上。

第九节　冲肩量对袖窿弧线造型的影响

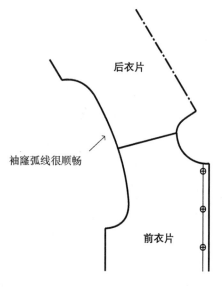

后衣片

袖窿弧线很顺畅

前衣片

一、冲肩量合适

当冲肩量合适时，前后片肩缝接头形成的边线（袖窿弧线）圆顺流畅。是版型的需要，也是缂好袖的必要条件。

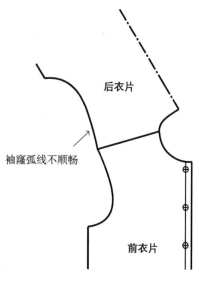

后衣片

袖窿弧线不顺畅

前衣片

二、冲肩量过大

当冲肩量过大时，袖窿弧线在接缝处外凸，明显不顺畅。这种情况往往是体型过瘦，胸围过小，肩宽过大，比例失调引起。解决的办法：把胸背宽加大一点，肩宽减小一点。

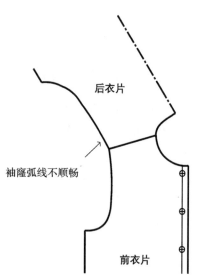

后衣片

袖窿弧线不顺畅

前衣片

三、冲肩量过小

当冲肩量过小时，袖窿弧线在接缝处内凹，明显不顺畅。这种情况往往是体型过胖，胸围过大，肩宽过小，比例失调引起。多数出现在中老年女性的服装上。解决的办法：

①把胸围尽量压缩一点。

②肩宽加大一点。

③前、后片加上肩省缝。

④前门加撇胸。

⑤把胸背宽减小一点。

第十节　衣片分割

前、后衣片进行几何分割，是衣片结构变化中非常多见的方法。

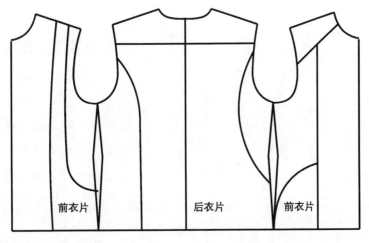

跨片分割

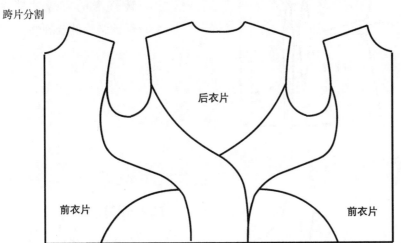

分割和拼色

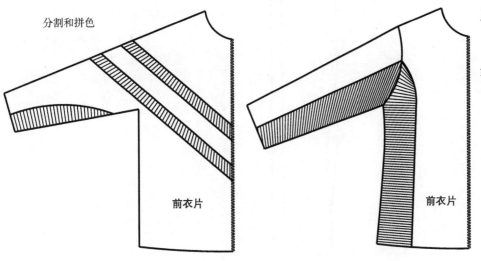

一、各种分割

根据需要可以分别或同时进行竖向分割、横向分割、斜向分割、弧形分割、交叉分割等任意分割。

二、跨片分割

跨片分割，巧妙的构思，新奇的创意，可以给人耳目一新的感觉。

三、分割和拼色

分割也可以和拼色相结合。

第十一节　在衣片中加省缝

　　在前、后衣片中根据款式及造型的需要，加进各种省缝，是西式结构服装（主要指合体梭织服装）中经常采用的一种措施。特别是女装的前衣片，更是如此。加进省缝后，衣片发生立体变化，更有型，更合体，可产生优美的曲线。

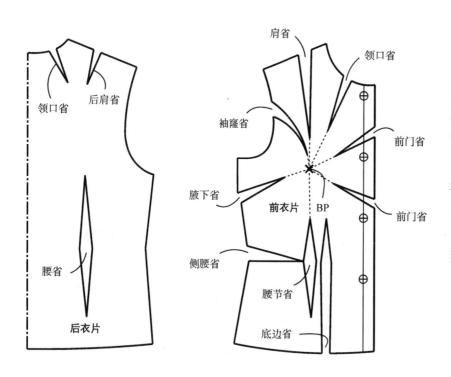

省缝转移

一、衣片中的省缝

　　加省缝的方法有好多种。有的省缝可以直接画到衣片上，如腋下省、腰节省、横腰省、底边省等；有的省缝需要由其他省缝（如腋下省、侧腰省、底边省）进行转移。如袖窿省、肩省、领口省、前门省等。

　　转移来的省缝才能保证版型，保证结构的合理性。

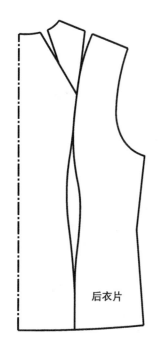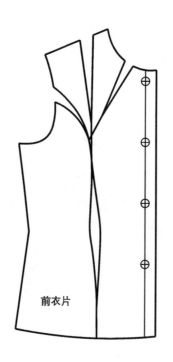

隐藏省缝

二、开刀加省

　　衣片中的省缝，通过分割线的掩护就隐藏了。由原来的明省，变成暗省。这是很多服装当中多采用的一种方法。

第十二节 撇胸的作用

有的合体式服装需要"撇胸"。男装撇胸要长，大约到腰节线，因为男士前身的最高点在腹部。女装撇胸要短，大约到袖窿深线，因为女士前身的最高点在胸部。

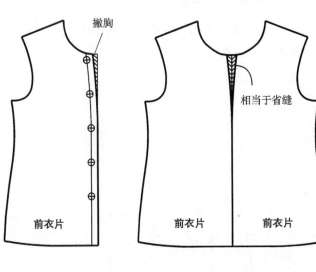

一、撇胸相当于省缝

在前胸中心上部撇掉一部分，等于缝掉衣片上的余量，相当于一个省缝。

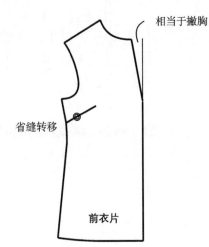

二、腋下省与撇胸的关系

腋下省缝掉后，前胸中心上部向袖窿方向倾斜，相当于撇胸。因而，一般情况下，设腋下省缝的服装就不需要再撇胸。特胖体型例外，尤其是女装，有时候既有腋下省缝，同时还要撇胸。

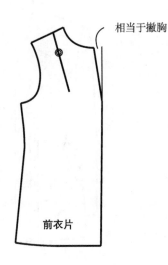

三、肩省与撇胸的关系

肩省缝掉后，前胸中心上部向袖窿方向倾斜，相当于撇胸。因而，一般情况下，设肩省缝的服装就不需要再撇胸。特胖体型例外，尤其是女装，有时候既有肩省缝，同时还要撇胸。

第十三节　纽扣位置

服装生产中很多细节看似很简单，容易被忽略，但是操作起来却大有学问。如纽扣和扣眼的位置。

一、中式服装纽扣位置

中式服装没有搭门，内风挡缝在右侧前门上。左边钉"疙瘩"右边钉"鼻子"，"疙瘩"和"鼻子"一半压在前中线上。

二、西式服装纽扣位置

西式服装纽扣的中心钉在前中线上，扣眼的圆头的中心压在前中线上。

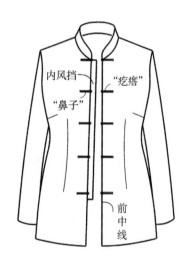

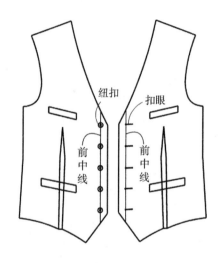

三、外翻贴边服装纽扣位置

外翻贴边的宽度=搭门宽×2。纽扣钉在外翻贴边的中心，扣眼必须是竖向，与前中线重合。

四、双排扣服装纽扣位置

穿上后，纽扣以前中线为中心，横向距离两边对称。

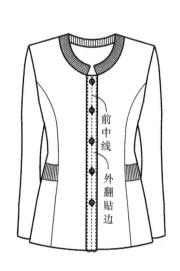

第十四节　屋檐边的结构

屋檐边是服装中的一种装饰工艺，多种服装的各个部位，均有采用。结构多种多样。

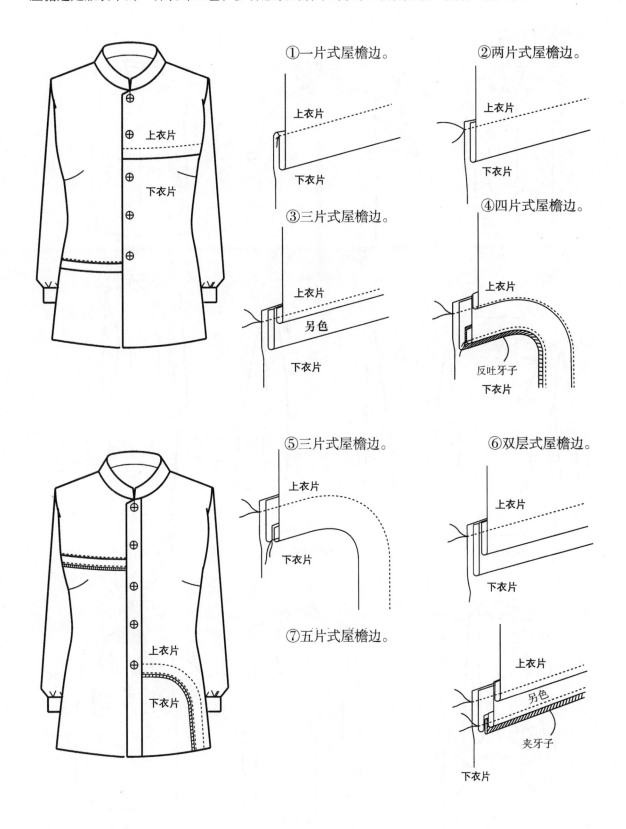

第十五节　开襟

服装的开襟各式各样，有很多的变化，以下是常见的几种。

一、开襟的常规样式

前开襟

前拉链

前暗襟

中式偏襟

西式偏襟

中式大襟

散襟

双排扣开襟

T恤半开襟

二、开襟的异型样式

偏襟

后开襟

斜襟

翻驳领斜拉链

肩开襟

侧开襟

斜拉链

偏襟

双层

三、开襟的压向

开襟的压向有严格的要求，切不可随意。

（1）男装都是左压右。

（2）女西服右压左。

（3）女装多数为右压左，有时候也可左压右。

（4）中式服装无论男女都是左压右。

第十六节　下摆

服装的下摆各式各样，有很多的变化，以下是常见的几种。

方下摆

大圆摆

小圆摆

罗纹下摆

尖下摆

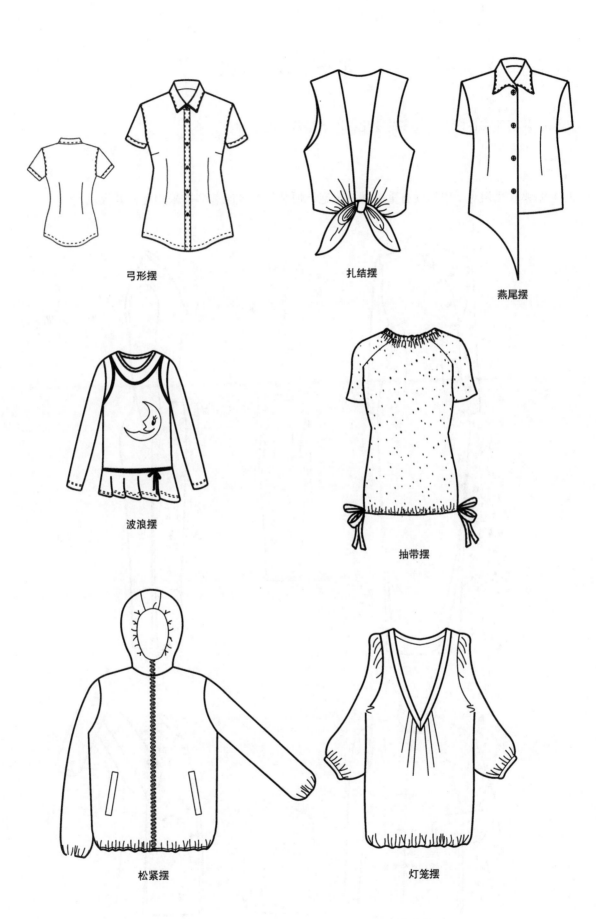

弓形摆

扎结摆

燕尾摆

波浪摆

抽带摆

松紧摆

灯笼摆

第十七节　开衩

服装的开衩各式各样，有很多的变化，以下是常见的几种。

一、对衩

两个相邻衣片相对，中间没有重叠量。旗袍、便装等中式服装多数采用此种开衩。

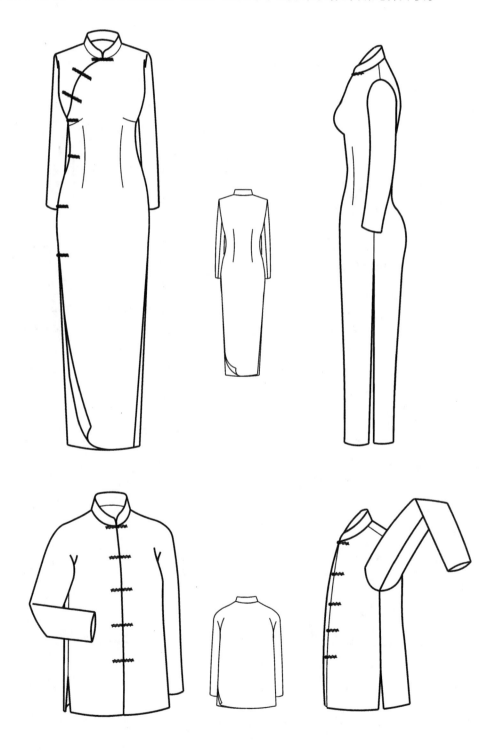

二、压衩

两个相邻衣片相重叠，中间有重叠量。

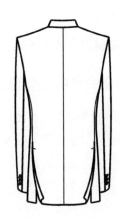

（1）真衩：两个相邻衣片重叠，能分开。

（2）假衩：两个相邻衣片不能分开，但表面上看好像真衩。假衩一般用在西服的袖口，外观效果和真衩一样。

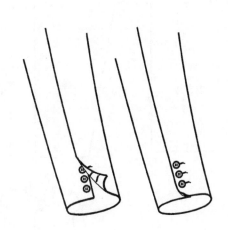
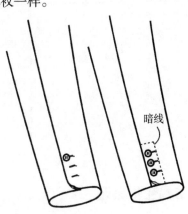

暗线

三、分衩

两个相邻衣片是分开的。

四、连体衩

两个相邻衣片相连，中间不断开。

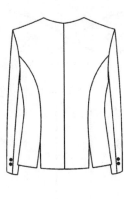
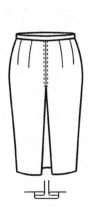

第十八节　插肩、连肩结构变化原理

　　无论插肩式结构还是连肩式结构都是在普通结构的基础上，运用一定方法变化而来。

一、插肩式结构变化原理

　　插肩式结构是在普通结构的基础上，运用"嫁接法"变化而来。就是从前、后衣片的肩部分割下一部分，分别合并到袖子的前后袖山上。

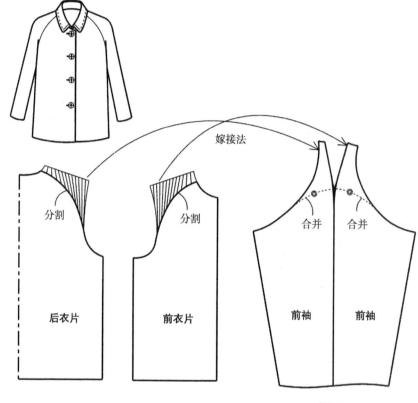

二、连肩式结构变化原理

　　连肩式结构也是在普通结构的基础上，运用"嫁接法"变化而来。从前后袖山分割下一部分，分别合并到衣片的前、后袖窿上。有时实践中打板也用这种方法。如前圆后插、前插后圆结构。

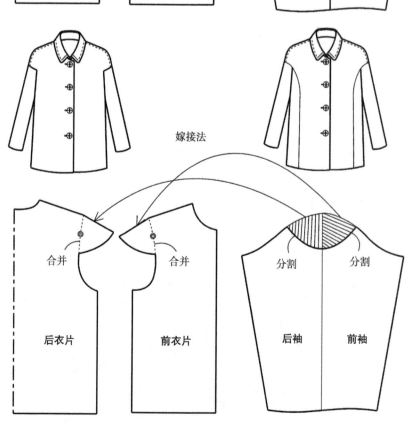

第五章　各种领型的结构设计

　　近几年服装设计出现一个新趋向，新的款式都产生于新的结构之后，结构变化在先，款式变化在后，以结构变化的创新，带动款式的变化。

　　把各种各样的服装组件（衣片、领、袖）进行科学的分割、合并、重组、整合，新的款式就诞生了。

　　了解服装各种组件的结构原理，掌握各种组件结构设计及变化方法，对于提高学生自身的创新应变能力是非常重要的。充分体现"给人以鱼"和"授人以渔"教学原则。

　　衣领是服装的重要组件，在一件服装中占有非常重要的地位。因其靠近人的面部，所以最引人注目。服装的领型千变万化，从其造型和基本结构上大致可分为八大类，下面分别讲解。

　　服装配领是一项技术含量较高的工作。由于衣领成型后在人体的部位形态复杂，涉及颈部、肩部、胸部和背部等多个部位，其平面结构与立体造型的关系较为复杂。如何才能配出合体、舒适、美观的领型，还需要在实践中不断探索，逐步掌握其内在规律，提高应变能力，才能配出完美的领型。

第一节　立领

　　立领也称"站领""登领"等。是围绕颈部站立的一种领型。立领可分为三类造型：一是"罗圈式立领"，二是"合体式立领"，三是"花盆式立领"。

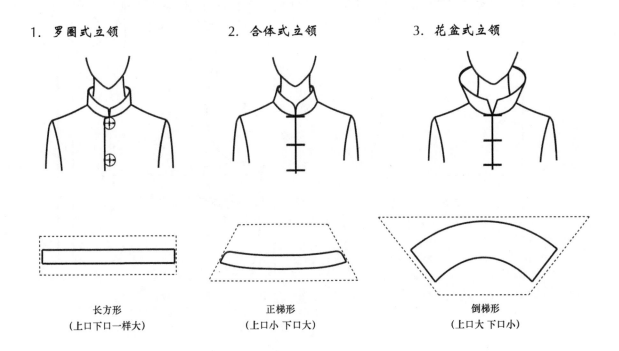

1. 罗圈式立领　　　　2. 合体式立领　　　　3. 花盆式立领

长方形　　　　　　　正梯形　　　　　　　倒梯形
（上口下口一样大）　（上口小 下口大）　　（上口大 下口小）

一、罗圈式立领

"罗圈式立领"立领，上口和下口一样大，造型像罗圈，因此得名。

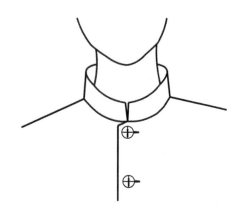

規格表　单位：cm

部位	规格
胸围（B）	100
领围（N）	38
肩宽（S）	41

领（展开效果）

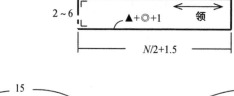

2 ~ 6　　▲+◎+1　　领

$N/2+1.5$

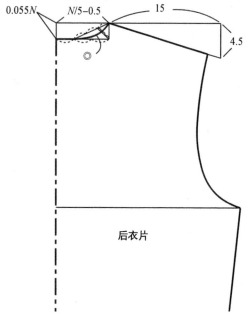

后衣片

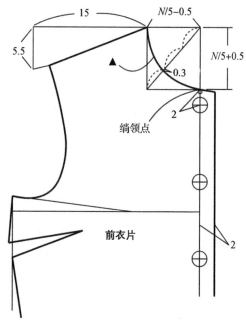

前衣片

二、合体式立领（中式领）

合体式立领有多种多样，其中中式领比较典型。中式领造型简单、朴实，是中国传统领型的主流。唐装、汉服、旗袍，基本都是此种领型。立领造型看似简单，但由于其整个领口都暴露在外面，非常直观，无论从结构上，还是工艺上要求都很严格。

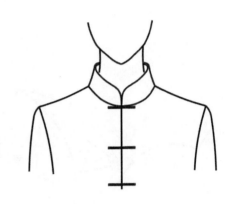

规格表　单位：cm	
部位	规格
胸围（B）	100
领围（N）	38
肩宽（S）	41

要点：领高可以任意调整。※ 号所标数据为前领下口上翘，调整该数据可改变整个领型的梯度，改变领上口的长度，领的造型随之改变。

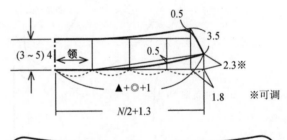

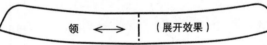

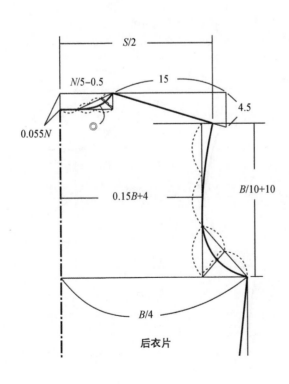

后衣片

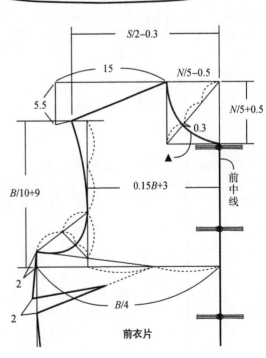

前衣片

三、花盆式立领

领上口大，领下口小，外形像花盆。倒喇叭造型，具有夸张效果，是现代唐装中常见的一种领型。尤其是庆典礼仪，舞台演出等多有采用。

规格表 单位：cm	
部位	规格
胸围（B）	100
领围（N）	38
肩宽（S）	41

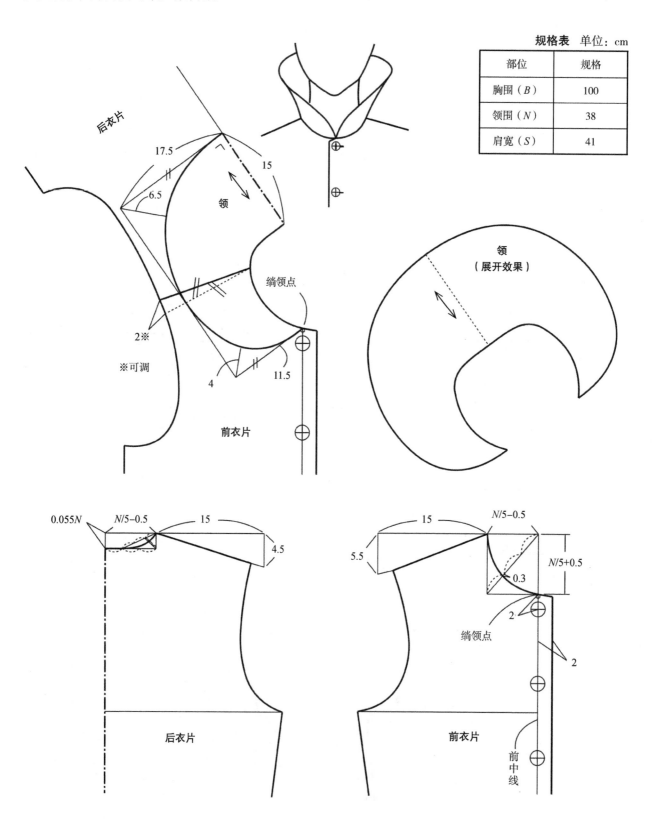

四、半截立领

规格表　单位：cm	
部位	规格
胸围（B）	100
领围（N）	38
肩宽（S）	41

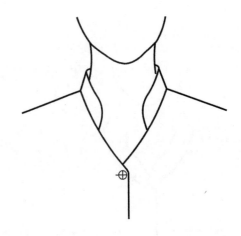

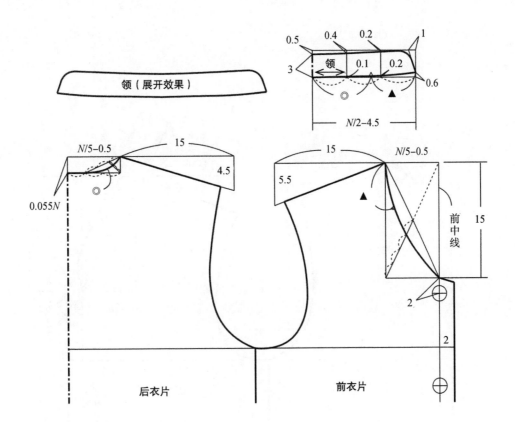

领（展开效果）

后衣片

前衣片

五、低口立领

由于低口立领的前领口深不确定,对其配领松量有所影响,所以要在领口上配制领样,可保证领的版型的稳定性。

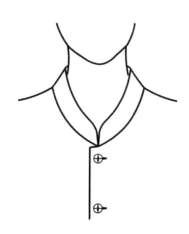

规格表	单位:cm
部位	规格
胸围(B)	100
领围(N)	38
肩宽(S)	41
领高(d)	4

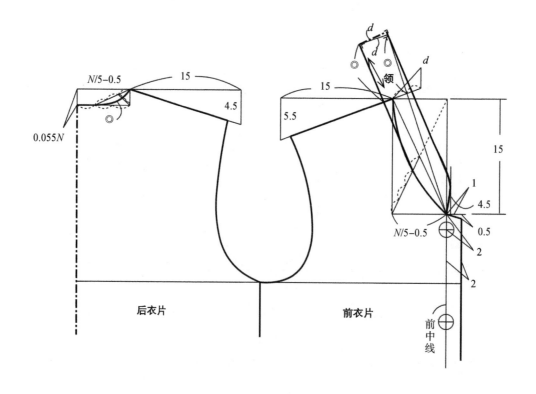

六、罗纹领

由于罗纹有较大的伸缩性，成品领上口的弧形是由直形折叠线拉伸后形成。绱领时，领根不要拉伸，与领口平绱即可。

规格表	单位：cm
部位	规格
胸围（B）	100
领围（N）	38
肩宽（S）	41

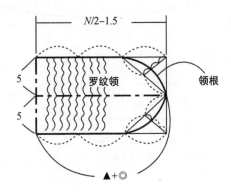

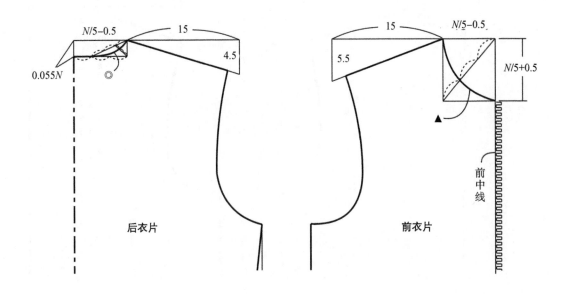

七、后开立领

规格表　单位：cm

部位	规格
胸围（B）	100
领围（N）	38
肩宽（S）	41

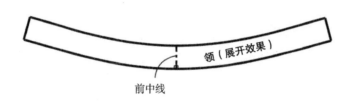

领（展开效果）

前中线

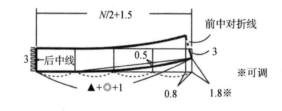

$N/2+1.5$

前中对折线

3

后中线

0.5

3

※可调

▲+◎+1

0.8

1.8※

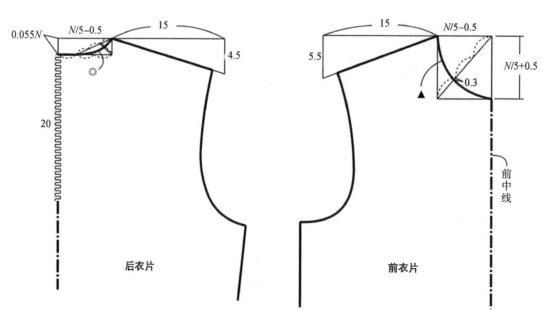

0.055N

$N/5-0.5$

15

4.5

◎

20

15

$N/5-0.5$

5.5

$N/5+0.5$

0.3

▲

前中线

后衣片

前衣片

八、男衬衫立领

规格表　单位：cm

部位	规格
胸围（B）	110
领围（N）	40
肩宽（S）	44

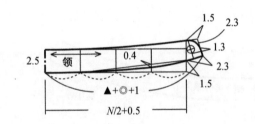

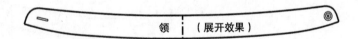

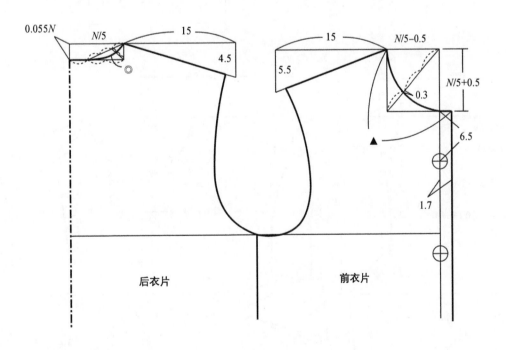

九、偏襟立领

部位	规格
胸围（B）	100
领围（N）	38
肩宽（S）	41

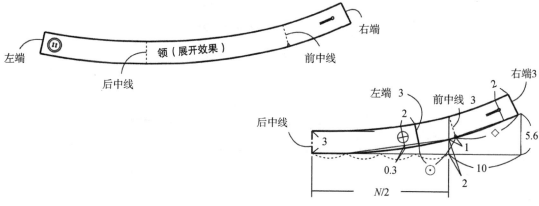

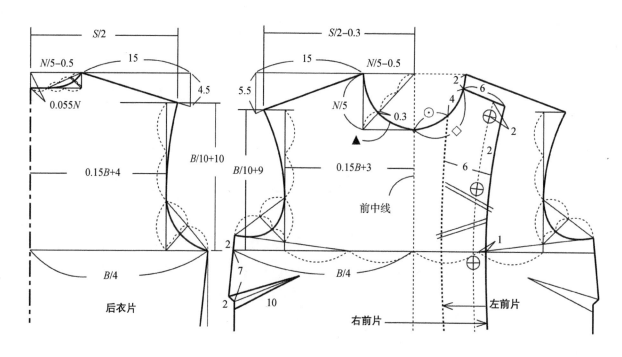

第二节　关门领

　　关门领的特征是前领口关闭，纽扣到顶，后领起座（站立部分也称领座或底领）。关门领由站领和翻领两部分组成，因而也称"站翻领"。关门领有一体式和分体式两种。较薄面料，普通服装，一般采用一体式关门领；较厚面料，高档服装多采用分体式关门领。分体式关门领较一体式关门领更为合体，合理。

一、关门领各部位名称

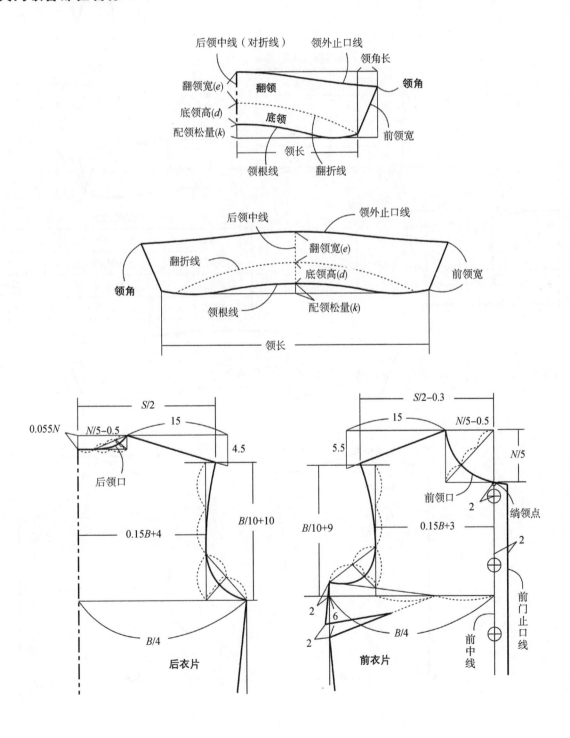

二、一体式关门领

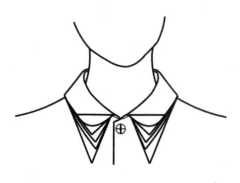

规格表 单位：cm

部位	规格
胸围（B）	100
领围（N）	38
肩宽（S）	41

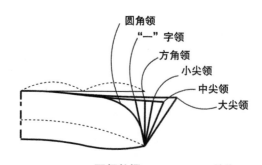

配领数据 单位：cm

名称	设定计算方法	数据
底领高（d）	根据款式设定	3
翻领宽（e）	根据款式设定	4.5
配领松量（k）	$e-d\times0.8$	2.1

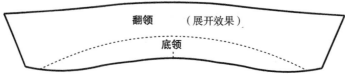

翻领　　　（展开效果）

底领

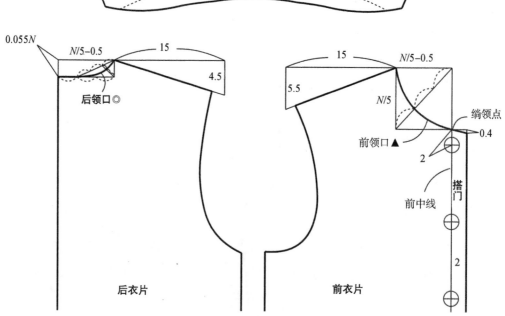

三、分体式关门领

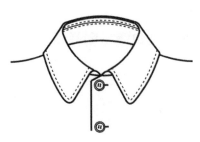

规格表	单位：cm
部位	规格
胸围（B）	110
领围（N）	40
肩宽（S）	44

要点：底领领根扩展后会变长，与领口不服，解决方法：

（1）缡领时把肩缝前后领口各3cm抻长。

（2）如果还不服，可把前后领口稍开大一点，效果会很理想。

配领数据		单位：cm
名称	设定计算方法	数据
底领高（d）	根据款式设定	3.5
翻领宽（e）	根据款式设定	5
配领松量（k）	$e-d\times0.8$	2.2

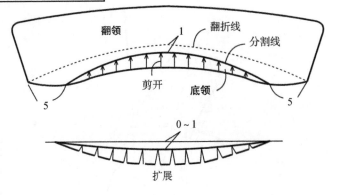

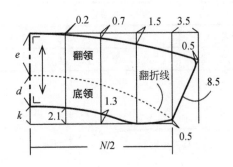

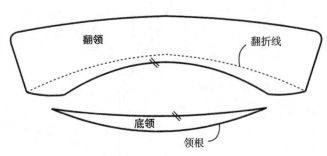

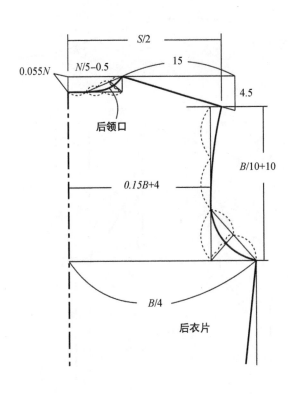

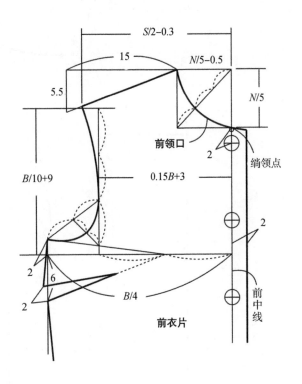

四、低口领（朝鲜领）

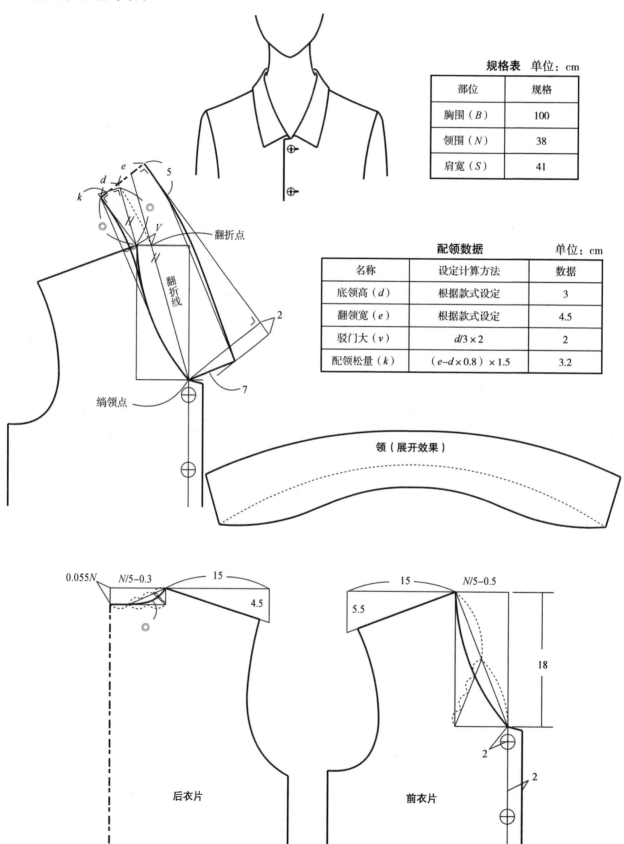

规格表　单位：cm

部位	规格
胸围（B）	100
领围（N）	38
肩宽（S）	41

配领数据　　　单位：cm

名称	设定计算方法	数据
底领高（d）	根据款式设定	3
翻领宽（e）	根据款式设定	4.5
驳门大（v）	$d/3 \times 2$	2
配领松量（k）	$(e - d \times 0.8) \times 1.5$	3.2

领（展开效果）

五、半截领

规格表 单位：cm

部位	规格
胸围（B）	100
领围（N）	38
肩宽（S）	41

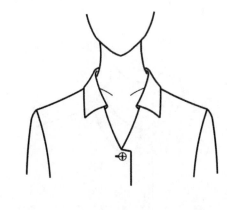

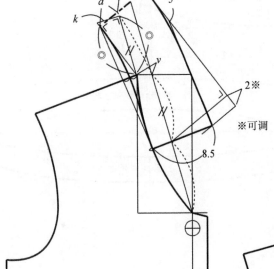

配领数据 单位：cm

名称	设定计算方法	数据
底领高（d）	根据款式设定	3
翻领宽（e）	根据款式设定	4.5
驳门大（v）	$d/3 \times 2$	2
配领松量（k）	$(e-d \times 0.8) \times 1.5$	3.2

领（展开效果）

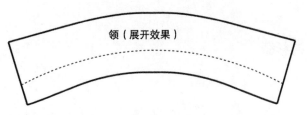

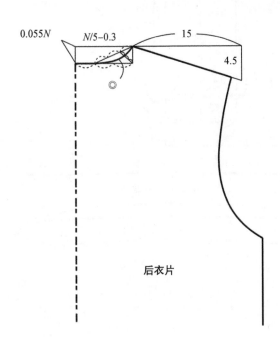

后衣片

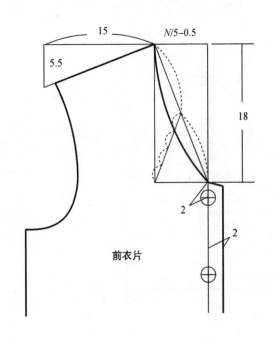

前衣片

六、中山服领

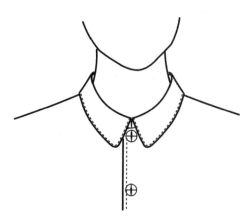

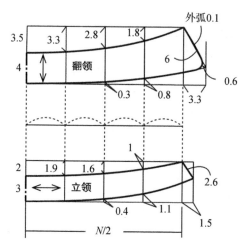

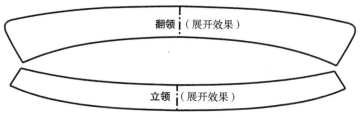

翻领（展开效果）

立领（展开效果）

规格表	单位：cm
部位	规格
胸围（B）	116
领围（N）	42
肩宽（S）	47

七、男衬衫领

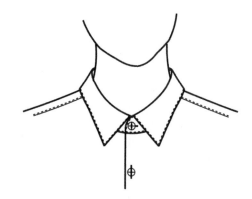

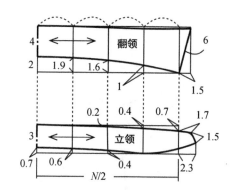

翻领（展开效果）

（左） 立领（展开效果） （右）

规格表	单位：cm
部位	规格
胸围（B）	110
领围（N）	40
肩宽（S）	43

八、领口造型

关门领成衣的内领口造型取决于平面图中领根线的造型。领根线呈内弧形时，成衣内领口造型为"U"型；领根线呈"S"形时，成衣内领口造型为"V"型。

1. "V"型领口

配领数据		单位：cm
名称	设定计算方法	数据
底领高（d）	根据款式设定	3
翻领宽（e）	根据款式设定	4.5
配领松量（k）	$e-d \times 0.8$	2.1

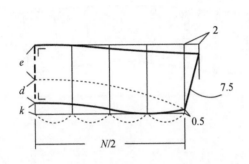

领　（展开效果）

S形领根线

2. "U"型领口

规格表	单位：cm
部位	规格
胸围（B）	100
领围（N）	38
肩宽（S）	41

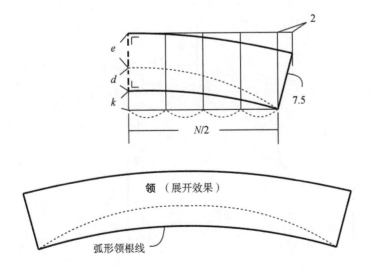

领　（展开效果）

弧形领根线

九、加褶领

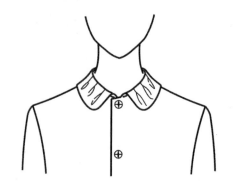

配领数据		单位：cm
名称	设定计算方法	数据
底领高（d）	根据款式设定	3
翻领宽（e）	根据款式设定	4.5
配领松量（k）	$e-d\times0.8$	2.1

（1）结构图。

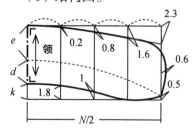

（2）剪开。

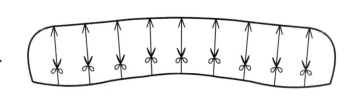

（3）扩展。

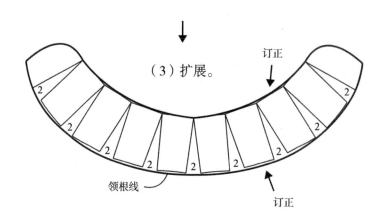

规格表	单位：cm
部位	规格
胸围（B）	100
领围（N）	38
肩宽（S）	41

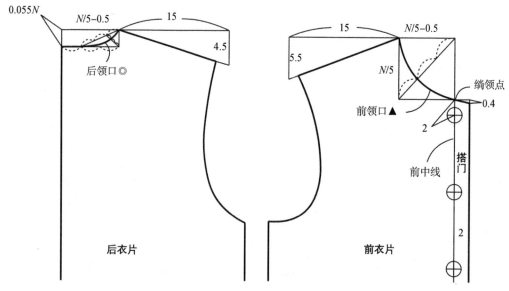

第三节　翻驳领

翻驳领前门上部没有纽扣，向外翻出，翻出部分称作驳头，驳头与领相连，形成驳领的统一效果，后领起座。西服领就是典型的翻驳领。

一、翻驳领各部位名称

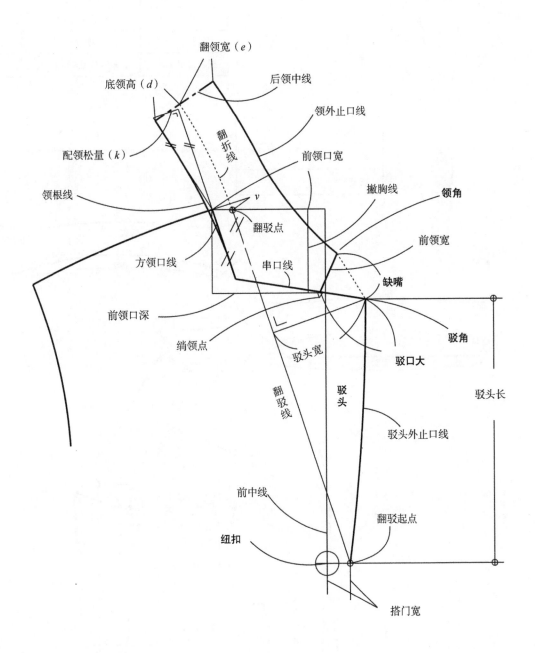

二、单排扣西服领

　　西服领要求标准很高，领和驳头的配合很严密。开底领后，领根剪开进行扩展，改变了原来的弯向和弯度，与人体颈部相吻合，更加合体、美观。扩展后的领根变长，大于领口。处理方法：（1）把领口开大一点。（2）绱领时把肩缝前后各2cm领口拉开，效果会更佳。

配领数据		单位：cm
名称	设定计算方法	数据
底领高（d）	根据款式设定	2.7
翻领宽（e）	根据款式设定	4
驳门大（v）	$d/3 \times 2$	1.8
配领松量（k）	$(e - d \times 0.8) \times 1.5$	2.8

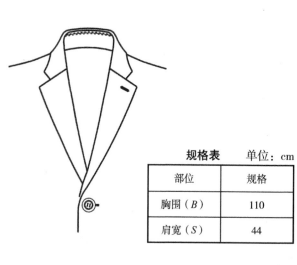

规格表	单位：cm
部位	规格
胸围（B）	110
肩宽（S）	44

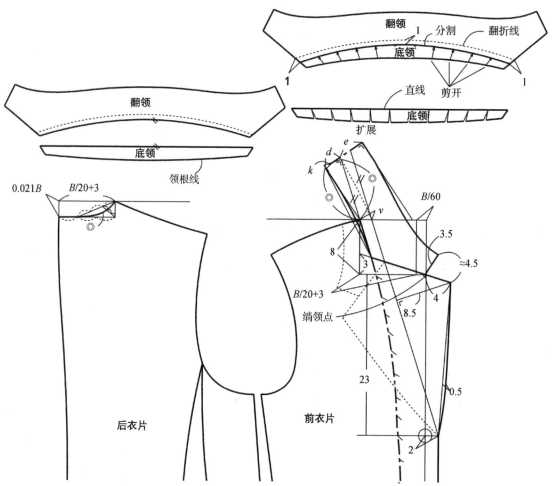

三、双排扣戗驳头西服领

配领数据　　单位：cm

名称	设定计算方法	数据
底领高（d）	根据款式设定	2.7
翻领宽（e）	根据款式设定	4
驳门大（v）	$d/3\times2$	1.8
配领松量（k）	（$e-d\times0.8$）$\times1.5$	2.8

规格表　　单位：cm

部位	规格
胸围（B）	110
肩宽（S）	43

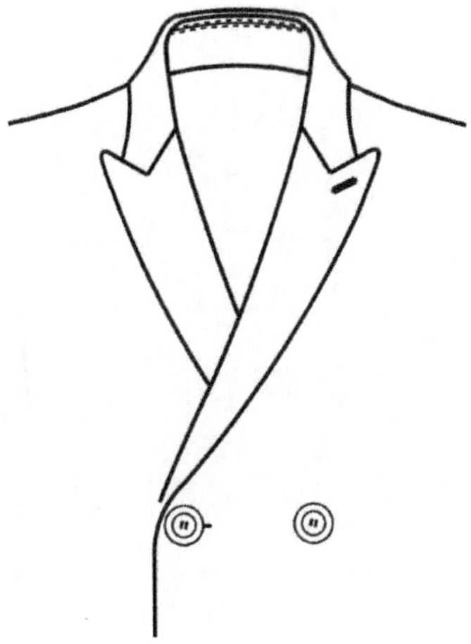

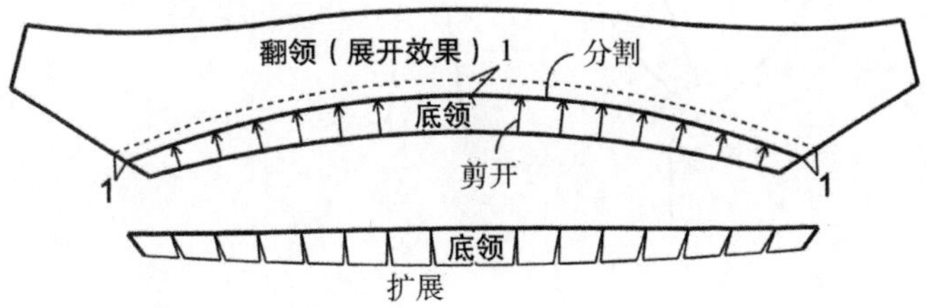

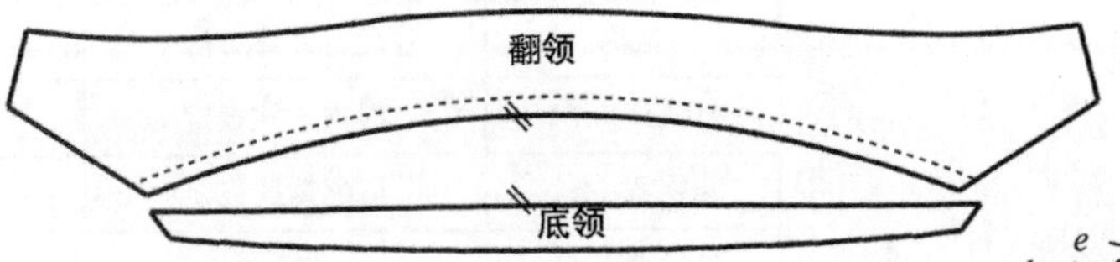

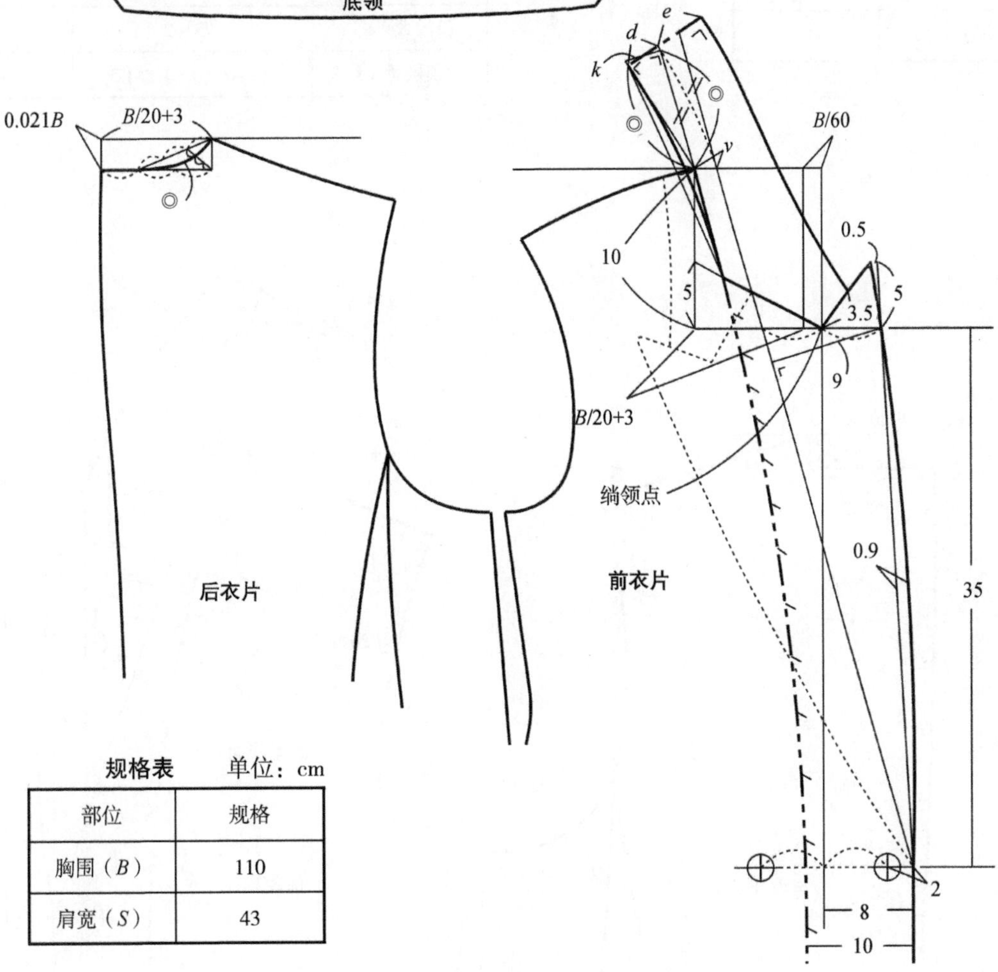

四、青果领

该领型为连挂面结构（也称连驳领）。领面和驳头挂面连为一体，从正面看不到领和驳头的接缝。

规格表	单位：cm
部位	规格
胸围（B）	100
肩宽（S）	41

配领数据		单位：cm
名称	设定计算方法	数据
底领高（d）	根据款式设定	3
翻领宽（e）	根据款式设定	4.5
驳门大（v）	$d/3 \times 2$	2
配领松量（k）	$(e-d \times 0.8) \times 1.5$	3.2

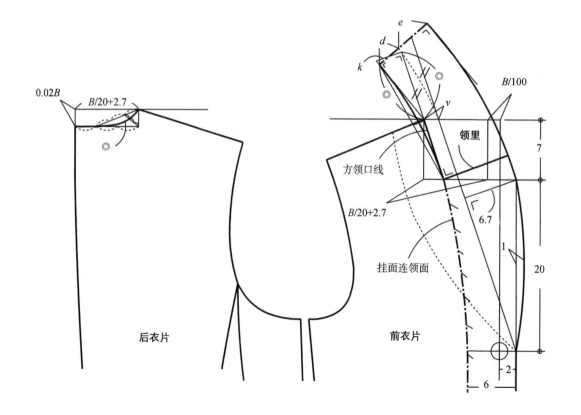

五、燕尾领

该领型为连挂面结构（也称连驳领）。领面和驳头挂面连为一体，从正面看不到领和驳头的接缝。

规格表	单位：cm
部位	规格
胸围（B）	100
肩宽（S）	41

配领数据		单位：cm
名称	设定计算方法	数据
底领高（d）	根据款式设定	3
翻领宽（e）	根据款式设定	4
驳门大（v）	$d/3 \times 2$	2
配领松量（k）	$(e-d \times 0.8) \times 1.5$	2.4

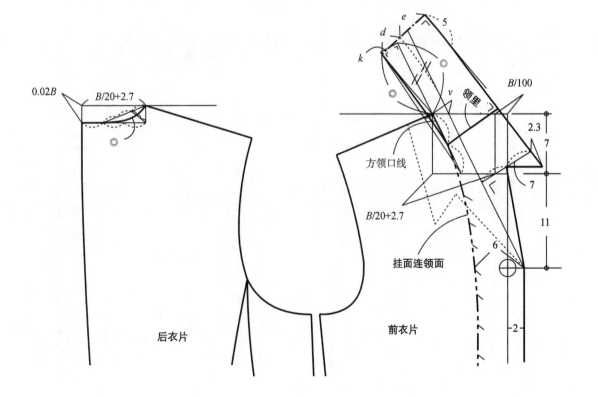

六、西服领（连驳领）

该领型为连挂面结构（也称连驳领）。领面和驳头挂面连为一体，从正面看不到领和驳头的接缝。

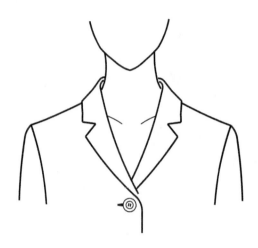

规格表	单位：cm
部位	规格
胸围（B）	100
肩宽（S）	41

配领数据		单位：cm
名称	设定计算方法	数据
底领高（d）	根据款式设定	3
翻领宽（e）	根据款式设定	4
驳门大（v）	$d/3 \times 2$	2
配领松量（k）	$(e-d \times 0.8) \times 1.5$	2.4

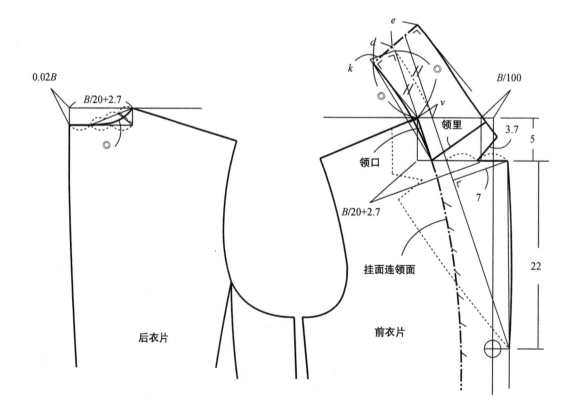

七、戗驳领

该领型为连挂面结构（也称连驳领）。领面和驳头挂面连为一体，从正面看不到领和驳头的接缝。

规格表　单位：cm

部位	规格
胸围（B）	100
肩宽（S）	41

配领数据　单位：cm

名称	设定计算方法	数据
底领高（d）	根据款式设定	3
翻领宽（e）	根据款式设定	4
驳门大（v）	$d/3 \times 2$	2
配领松量（k）	$(e-d \times 0.8) \times 1.5$	2.4

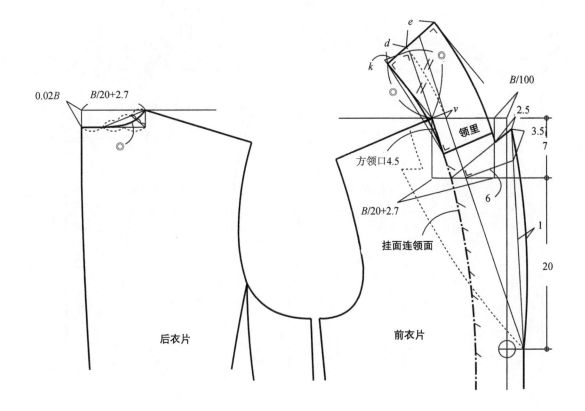

八、两用领

规格表	单位：cm
部位	规格
胸围（B）	110
领围（N）	40
肩宽（S）	43

配领数据		单位：cm
名称	设定计算方法	数据
底领高（d）	根据款式设定	3
翻领宽（e）	根据款式设定	4.5
驳门大（v）	$d/3 \times 2$	2
配领松量（k）	$(e-d \times 0.8) \times 1.5$	3.2

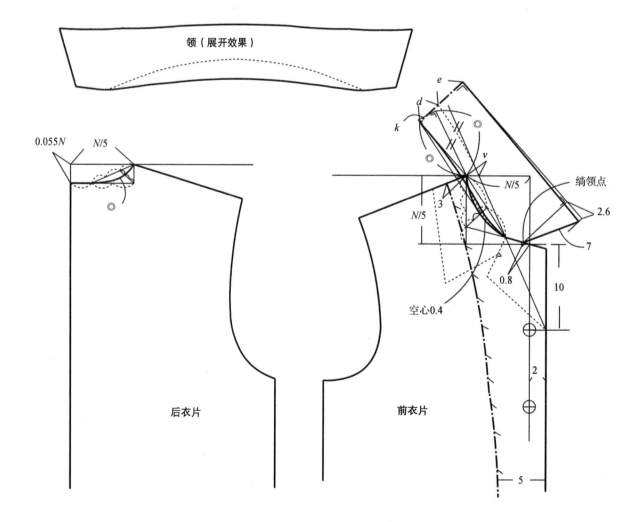

九、立驳领

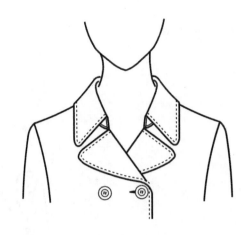

配领数据		单位：cm
名称	设定计算方法	数据
底领高（d）	根据款式设定	3.5
翻领宽（e）	根据款式设定	6
驳门大（v）	$d/3 \times 2$	2.2
配领松量（k）	$(e - d \times 0.8) \times 1.5$	4.8

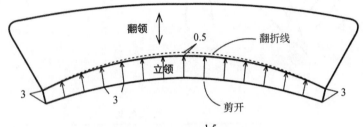

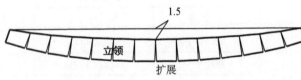

规格表	单位：cm
部位	规格
胸围（B）	110
肩宽（S）	43

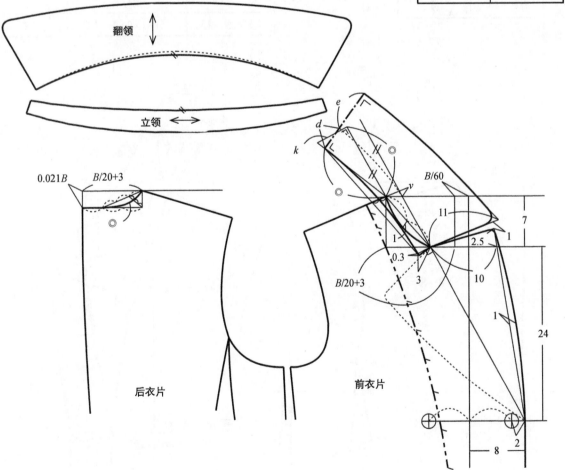

十、双层领

规格表	单位：cm
部位	规格
胸围（B）	100
肩宽（S）	41

配领数据　　　　单位：cm

名称	设定计算方法	数据
底领高（d）	根据款式设定	3
翻领宽（e）	根据款式设定	4.5
驳门大（v）	$d/3 \times 2$	2
配领松量（k）	$(e-d \times 0.8) \times 1.5$	3.2

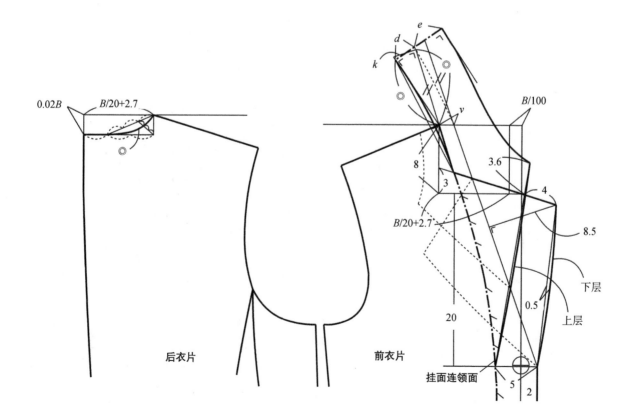

第四节 坦领

坦领的领型特征是前领平坦在胸部、肩部，后领不起座，平坦在背部。坦领的松量特大，领外口线特长，导致领座立不起来。坦领的款式很多，其中海军领、铜盆领等比较典型。国内外学生装采用此领型较多。

一、铜盆领

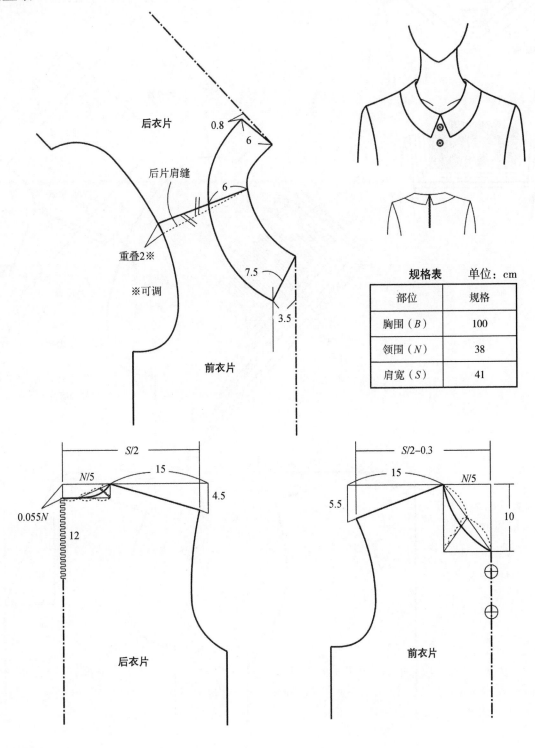

规格表	单位：cm
部位	规格
胸围（B）	100
领围（N）	38
肩宽（S）	41

二、海军领

规格表　单位：cm

部位	规格
胸围（B）	100
领围（N）	38
肩宽（S）	41

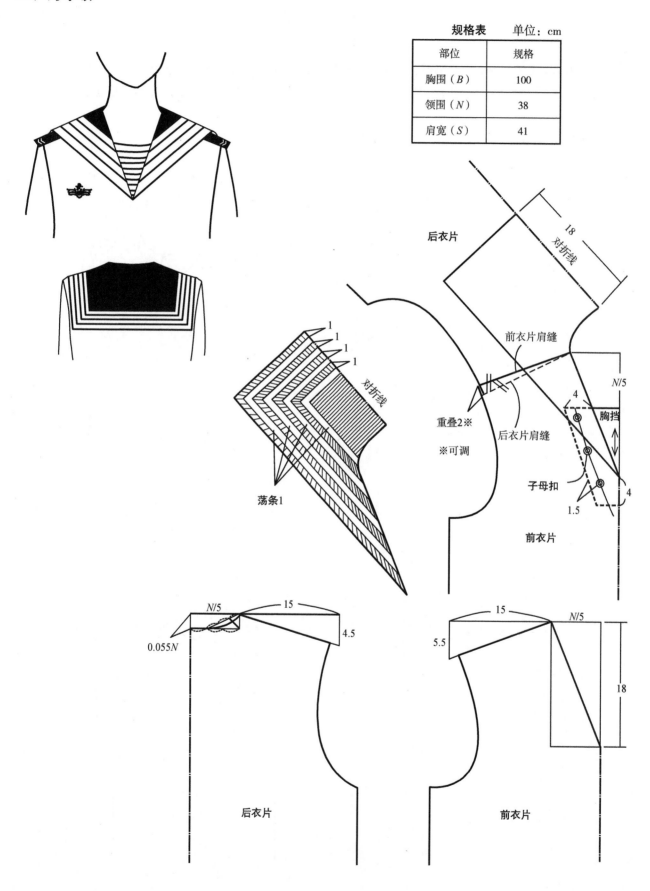

三、披肩领

规格表　单位：cm

部位	规格
胸围（B）	100
领围（N）	38
肩宽（S）	41

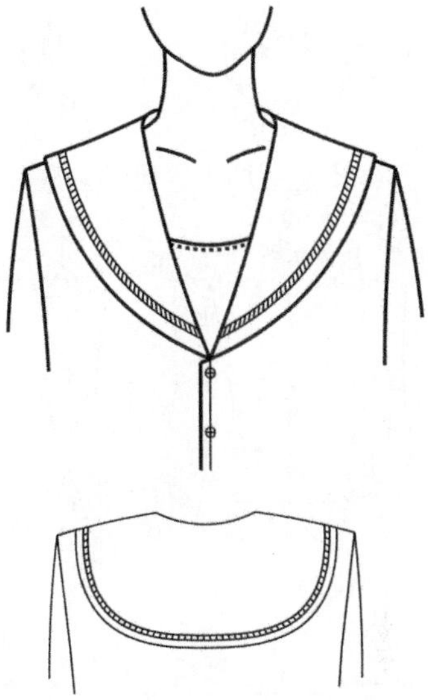

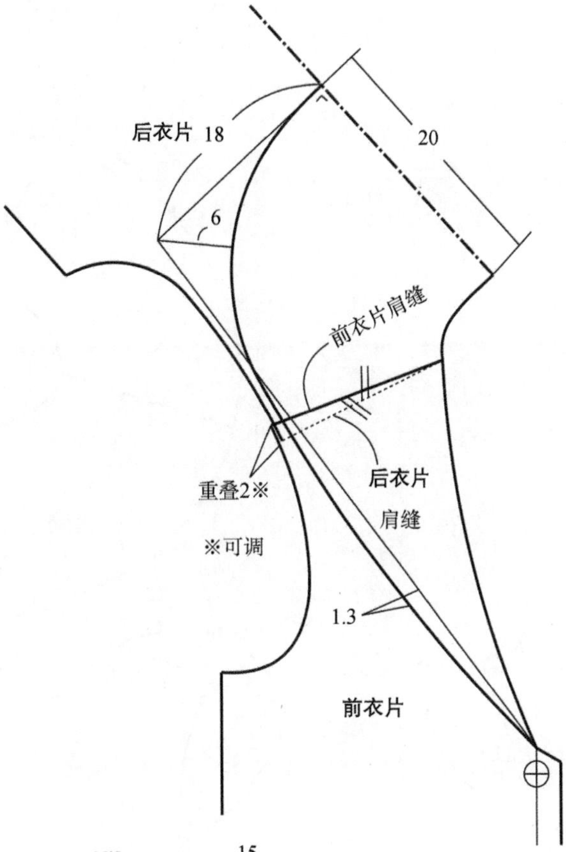

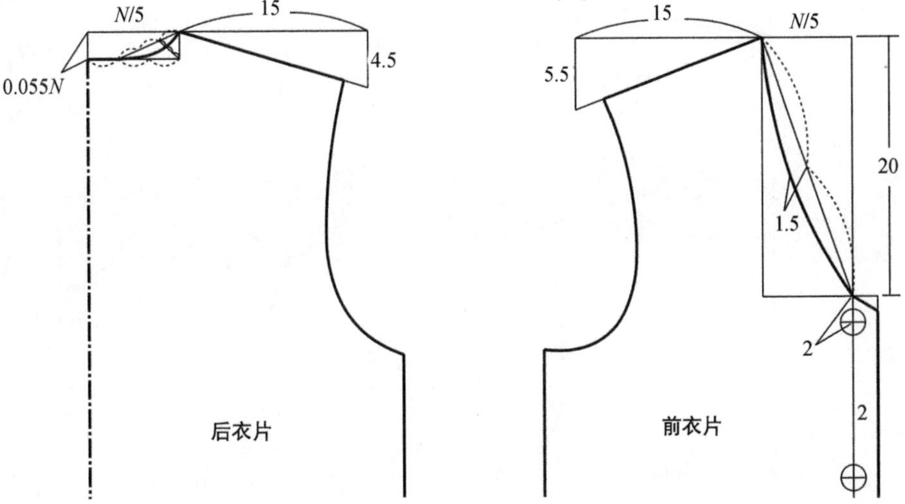

后衣片　18

20

6

前衣片肩缝

后衣片
肩缝

重叠2※

※可调

1.3

前衣片

$N/5$　15

0.055N

4.5

后衣片

15　$N/5$

5.5

1.5

20

2

2

前衣片

四、围肩领

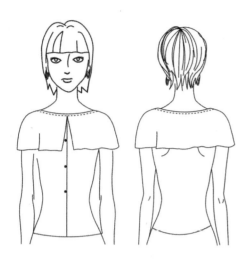

规格表	单位：cm
部位	规格
胸围（B）	100
领围（N）	38
肩宽（S）	41

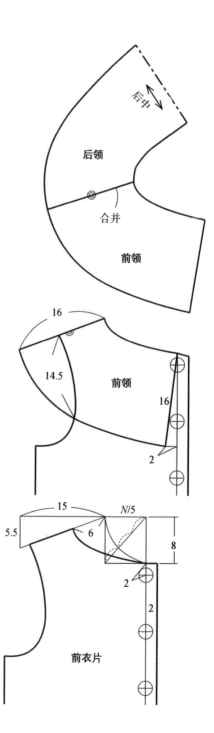

后中

后领

合并

前领

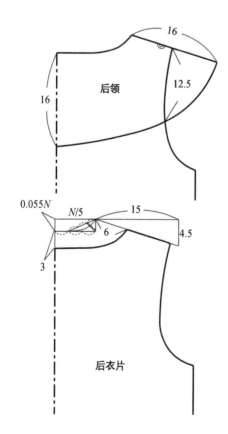

第五节　无领

无领靠领口的变化来塑造领型，变化的款式很多，其中的圆形和V型最多见。吊带衫也在无领的范畴内。

一、圆口领

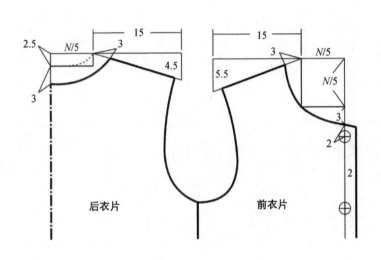

规格表	单位：cm
部位	规格
胸围（B）	100
领围（N）	38
肩宽（S）	41

二、V型领

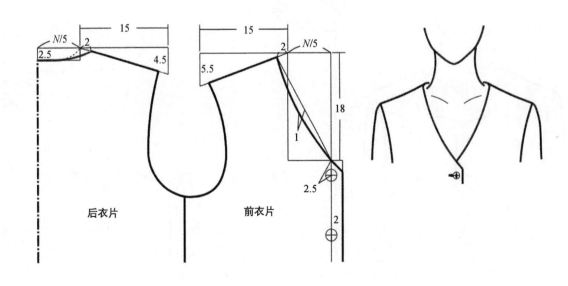

三、一字领

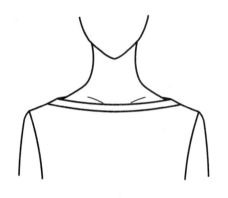

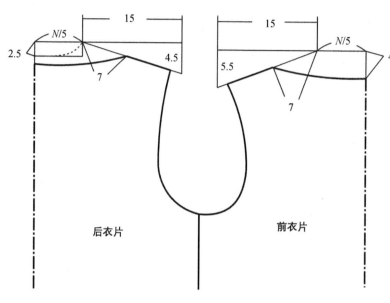

规格表	单位：cm
部位	规格
胸围（B）	100
领围（N）	38
肩宽（S）	41

后衣片　　前衣片

四、月牙领

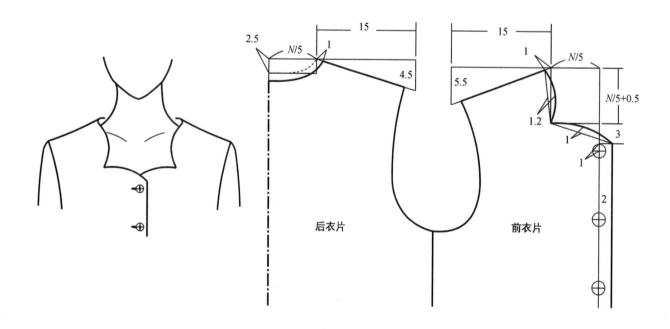

后衣片　　前衣片

五、葫芦领

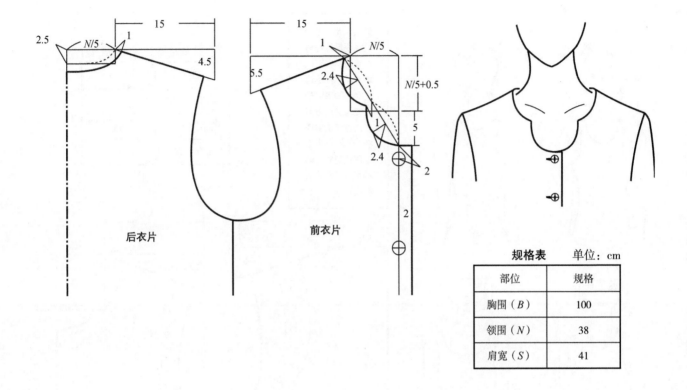

後衣片　　　前衣片

规格表	单位：cm
部位	规格
胸围（B）	100
领围（N）	38
肩宽（S）	41

六、金杯领

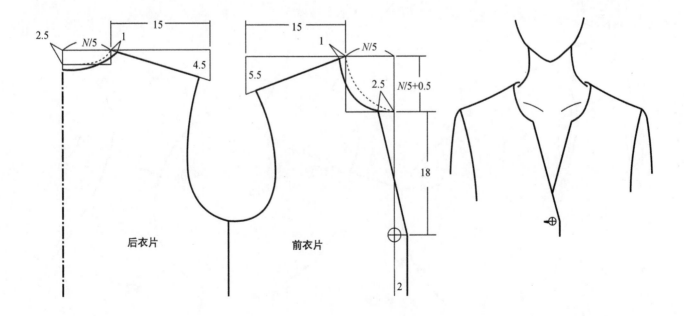

後衣片　　　前衣片

七、无领、无袖设计

要点：无领无袖关键要保持好肩斜度。领口可任意加宽，使小肩变窄；袖窿可任意往颈肩点方向开，也使小肩变窄。无论小肩变宽还是变窄，都不要离开原肩斜线。

规格表	单位：cm
部位	规格
胸围（B）	100
领围（N）	38
肩宽（S）	41

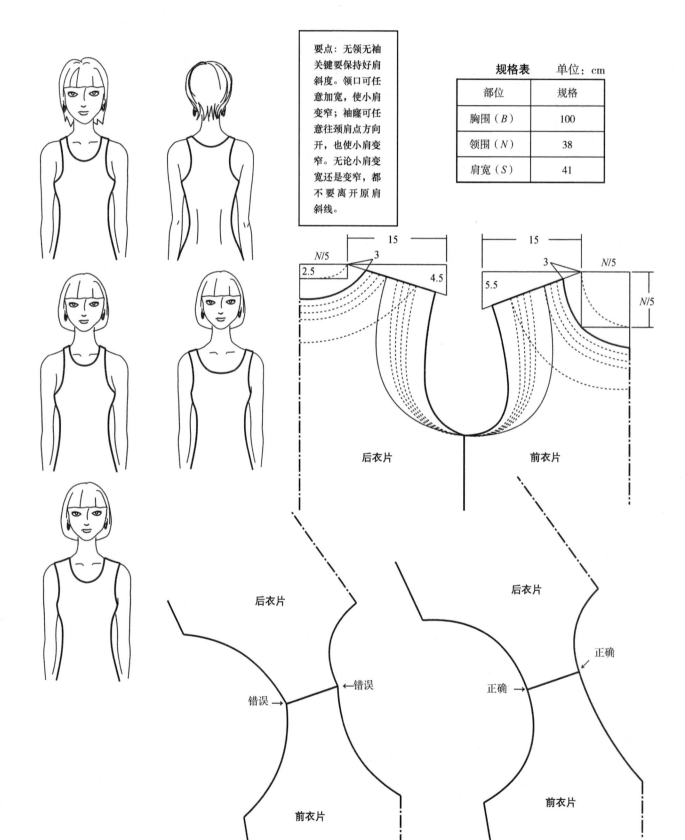

八、吊带衫（订单模式）

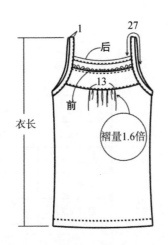

规格表　　　　　　　　　　　　　　　　　　　　　单位：cm

规格 号型	衣长	胸围 （B）	腰围 （W）	下摆	腰节高	胸宽	背宽	前中长	后中长	侧缝	领围 （N）
S*	56	72	72	78	38	22	19	43.5	45.5	35.5	36
M	58	78	78	84	39	23	20	45.5	47.5	37	37
L	60	84	84	90	40	24	21	47.5	49.5	38.5	38
XL	62	90	90	96	41	25	22	49.5	51.5	40	39
XXL	64	96	96	102	42	26	23	51.5	53.5	41.5	40

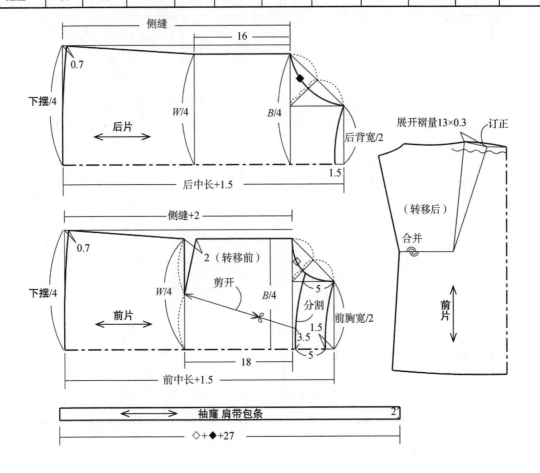

九、针织交叉吊带衫

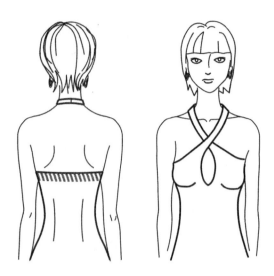

规格表　单位：cm

部位	规格
衣长	56
胸围（B）	100
领围（N）	38
肩宽（S）	41

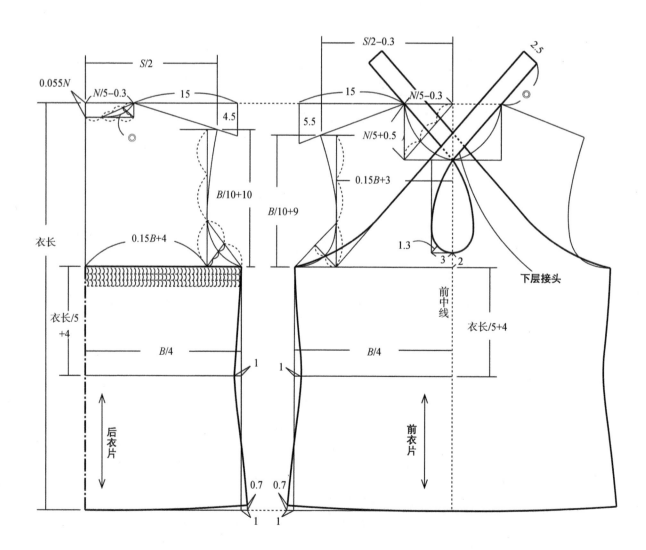

第六节　连身领

连身领指领与衣片连为一体，或部分领与衣片相连，多为立领造型。连身领看似简单，但是要达到理想的立体效果，还是有一定的难度。特别是上领口的活动量要做到均匀，需要下一番工夫。

一、连身领1

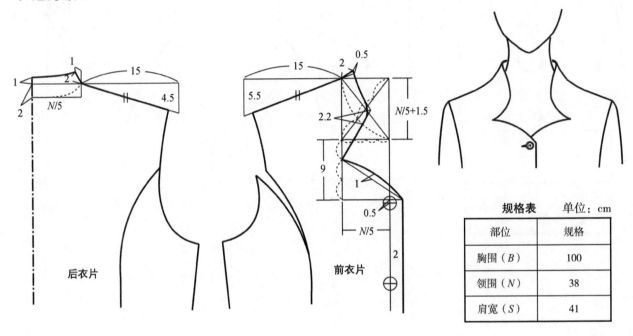

后衣片　前衣片

规格表	单位：cm
部位	规格
胸围（B）	100
领围（N）	38
肩宽（S）	41

二、连身领2

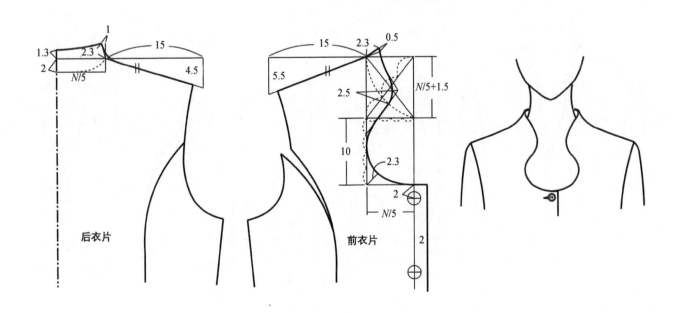

后衣片　前衣片

三、连身领3

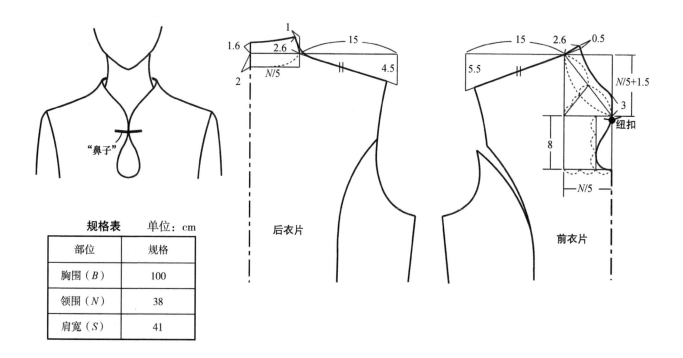

规格表	单位：cm
部位	规格
胸围（B）	100
领围（N）	38
肩宽（S）	41

四、连身领4

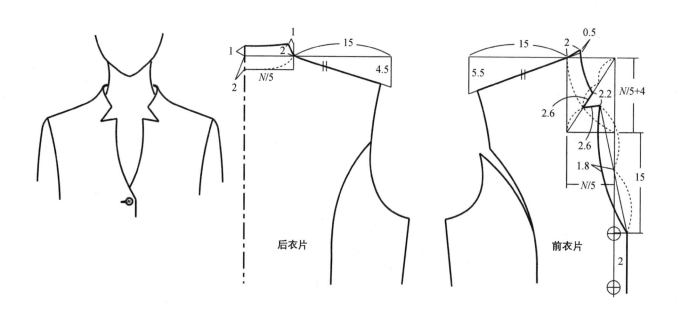

五、连身领5

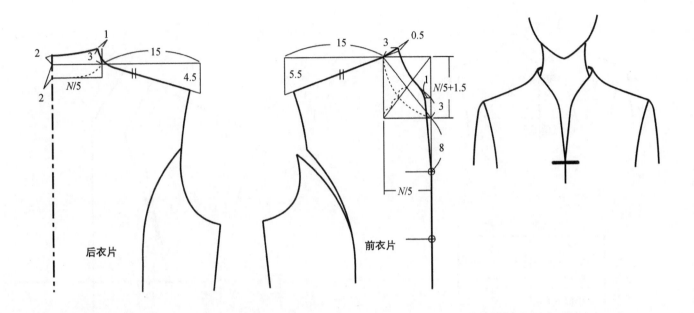

后衣片　　　前衣片

六、连身领6

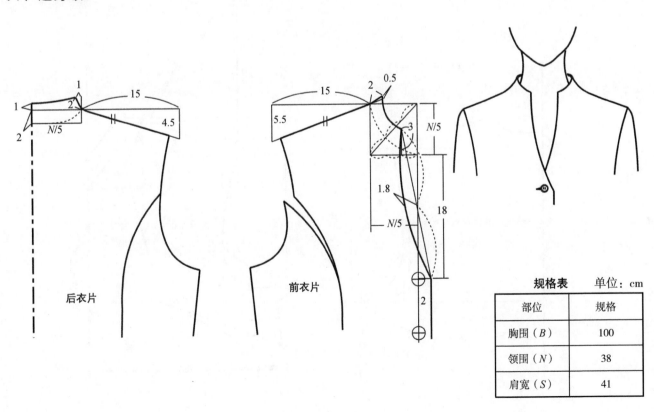

后衣片　　　前衣片

规格表	单位：cm
部位	规格
胸围（B）	100
领围（N）	38
肩宽（S）	41

七、连身领7

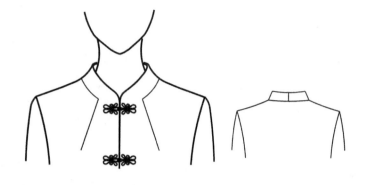

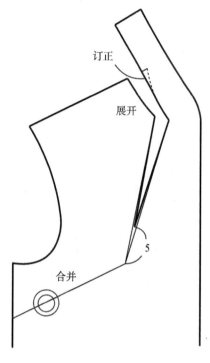

规格表	单位：cm
部位	规格
胸围（B）	100
领围（N）	38
肩宽（S）	41
领高（d）	4

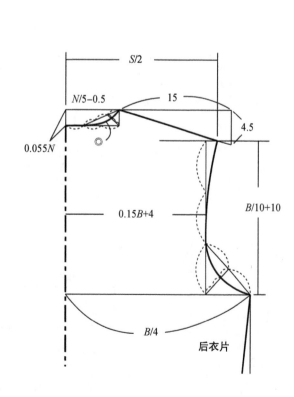

后衣片

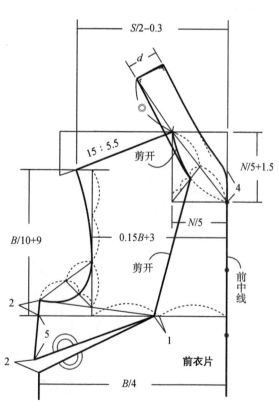

前衣片

八、连身领8

　　该领型的难点是领体有很多块拼接，接缝处的角度与领外口线效果密切相关，要通过适当订正才能达到上领口圆顺，与领里相吻合。

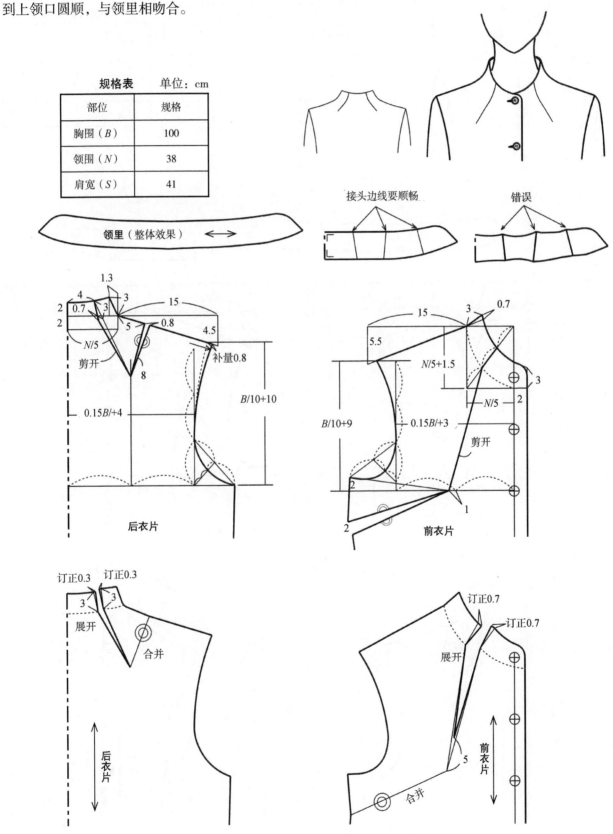

规格表	单位：cm
部位	规格
胸围（B）	100
领围（N）	38
肩宽（S）	41

领里（整体效果）

接头边线要顺畅　　　　错误

后衣片

前衣片

后衣片

前衣片

九、连身领9

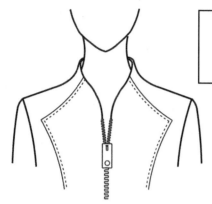

要点：该领型的难点是领体有很多块拼接，接缝处的角度与领上口线效果密切相关，要通过适当订正才能达到上领口圆顺，与领里相吻合。

规格表	单位：cm
部位	规格
胸围（B）	100
领围（N）	38
肩宽（S）	41

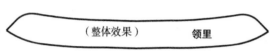

（整体效果）　　领里

对合效果

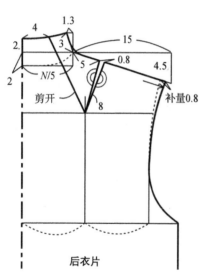

后衣片

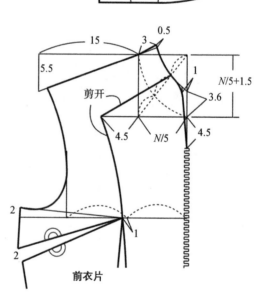

前衣片

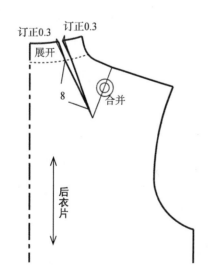

后衣片

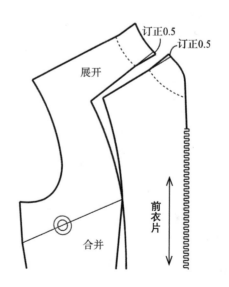

前衣片

第七节　荡领

荡领的基本领型是较大的褶量垂在前胸形成环形波浪，因而又称"环浪领"。荡领分为连身式荡领和分体式荡领两大类，款式很多。

一、连身式小荡领

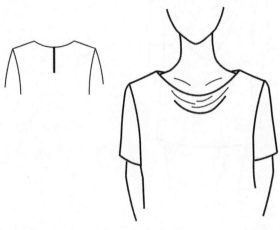

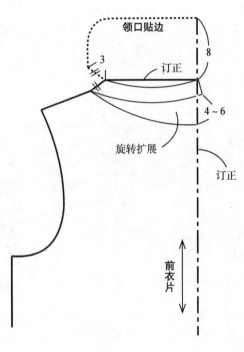

规格表	单位：cm
部位	规格
胸围（B）	100
领围（N）	38
肩宽（S）	41

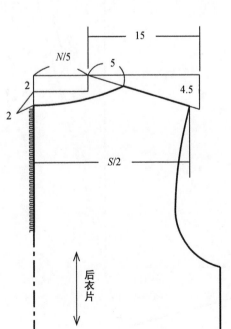

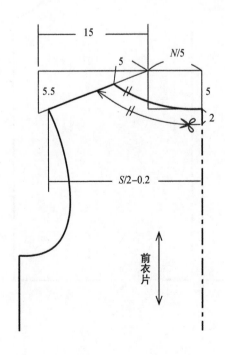

二、通身荡领

规格表	单位：cm
部位	规格
衣长	62
胸围（B）	100
领围（N）	38
肩宽（S）	41

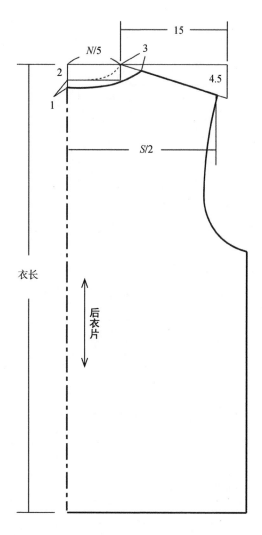

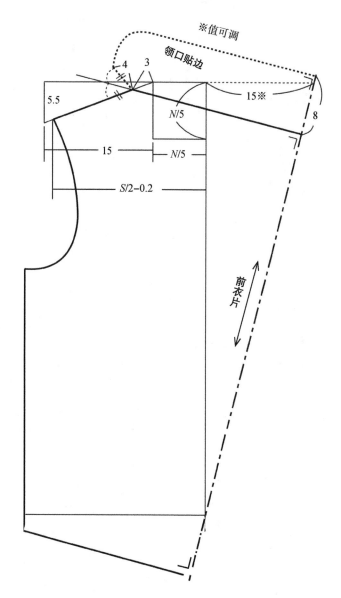

三、荡领结构设计原理

荡领从结构上讲，主要是解决在衣片中加褶量的问题：（1）加褶量的位置要正确。（2）加褶量的量要合理。

下面示意图讲解加褶量的位置及方法，以便理解结构设计的原理。

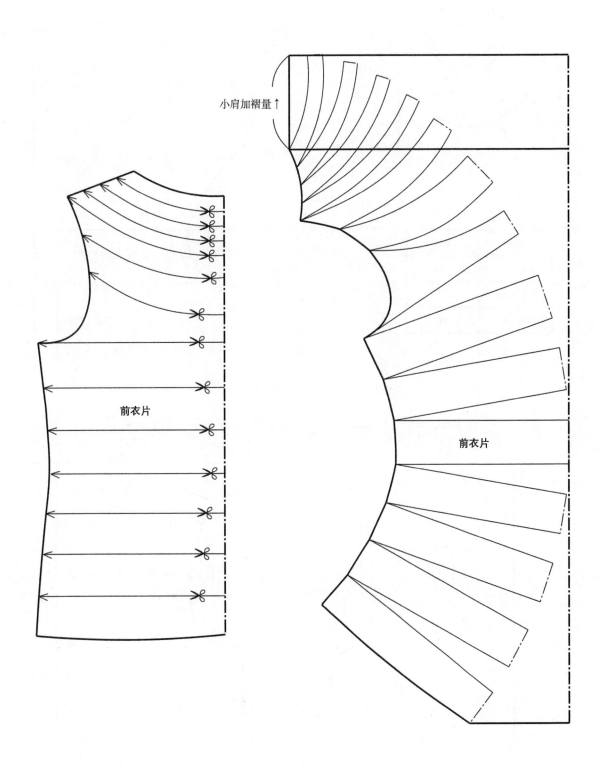

四、连身式荡领

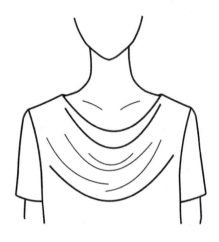

规格表	单位：cm
部位	规格
胸围（B）	100
领围（N）	38
肩宽（S）	41

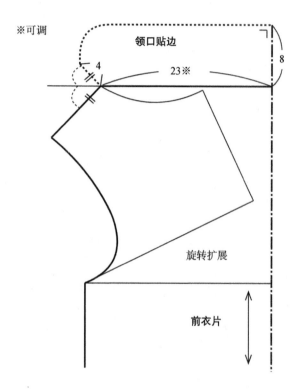

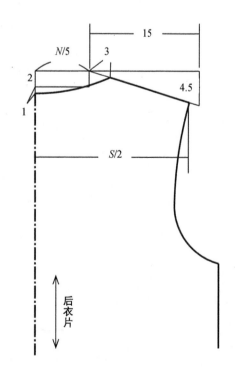

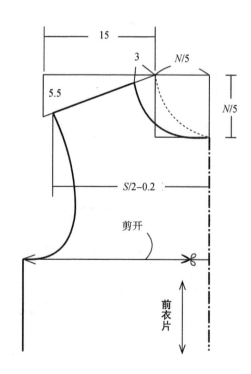

五、肩褶式荡领

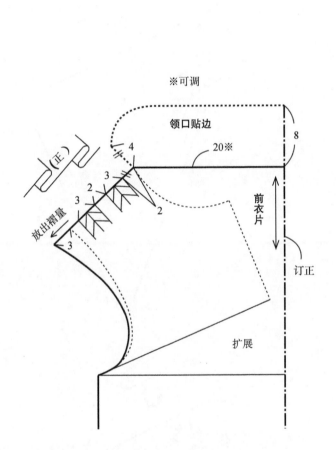

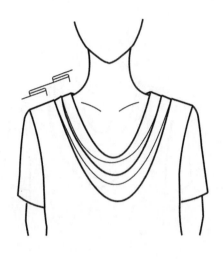

规格表	单位：cm
部位	规格
胸围（B）	100
领围（N）	38
肩宽（S）	41

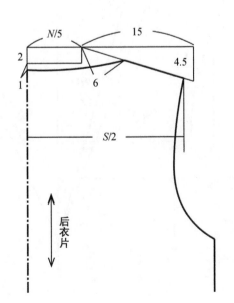

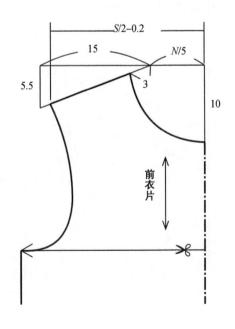

六、分体式荡领

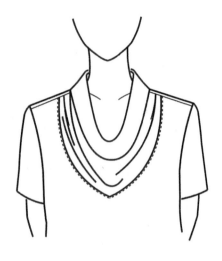

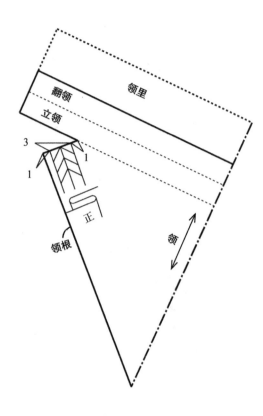

规格表	单位：cm
部位	规格
胸围（B）	100
领围（N）	38
肩宽（S）	41

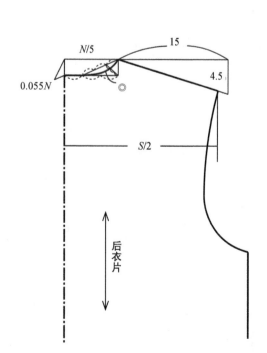

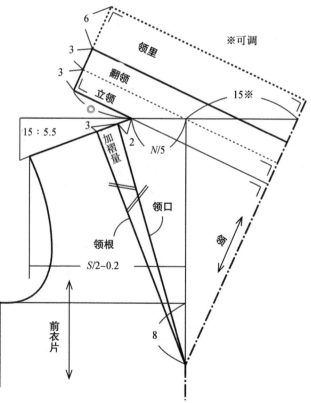

七、低领口荡领

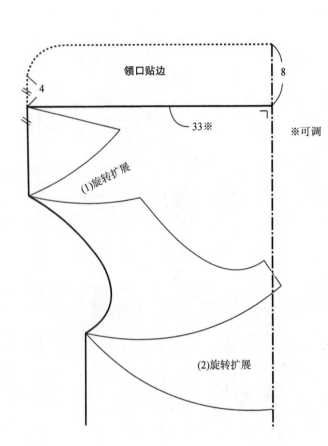

领口贴边

4

8

33※

※可调

(1)旋转扩展

(2)旋转扩展

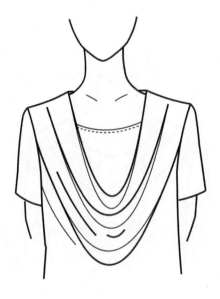

规格表	单位：cm
部位	规格
胸围（B）	100
领围（N）	38
肩宽（S）	41

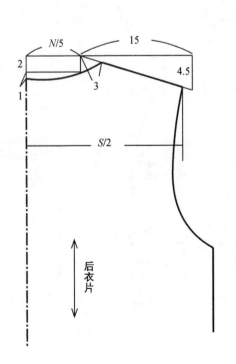

$N/5$

15

2

4.5

3

1

$S/2$

后衣片

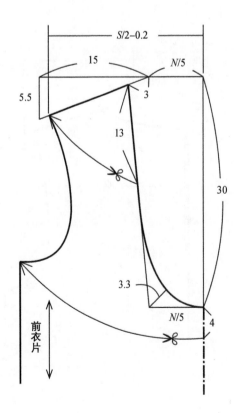

$S/2-0.2$

15

$N/5$

5.5

3

13

30

3.3

$N/5$

4

前衣片

八、连身式中荡领

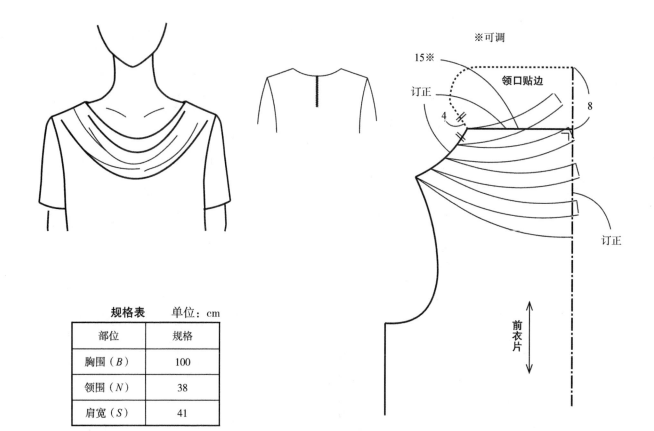

规格表	单位：cm
部位	规格
胸围（B）	100
领围（N）	38
肩宽（S）	41

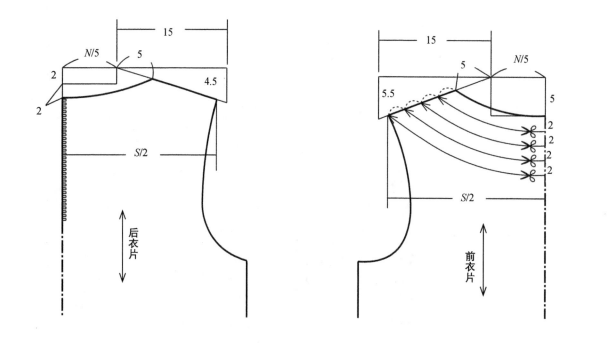

第八节　帽子

　　帽指衣带帽（风雪帽）。因其与领型接近，因而划为领型的一类。常见的帽子主要分两片式帽、三片式帽两大类。现代服装带帽子占的比例很高。帽的花样不断翻新，新款式层出不穷。

一、针织两片帽

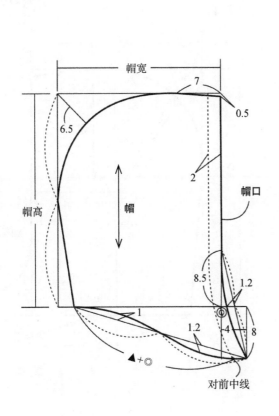

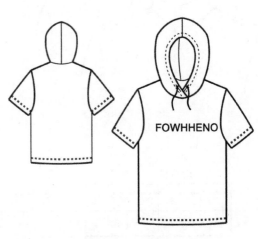

规格表	单位：cm
部位	规格
胸围（B）	116
领围（N）	60
帽高	33
帽宽	26

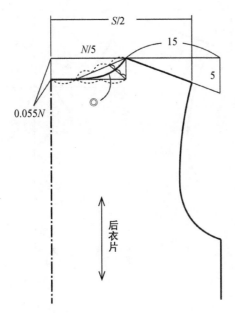

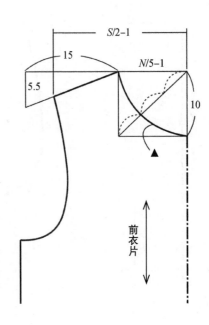

二、两片式帽

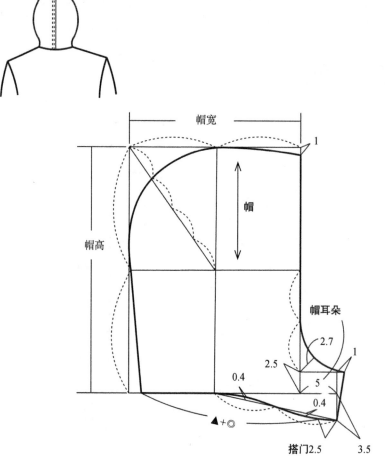

帽宽

帽高

帽

1

帽耳朵

2.7

2.5

1

5

0.4

0.4

▲+◎

搭门2.5

3.5

规格表	单位：cm
部位	规格
胸围（B）	110
领围（N）	45
帽高	32
帽宽	23

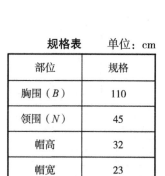

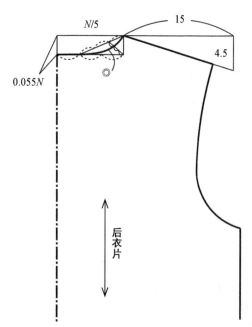

$N/5$

15

4.5

$0.055N$

◎

后衣片

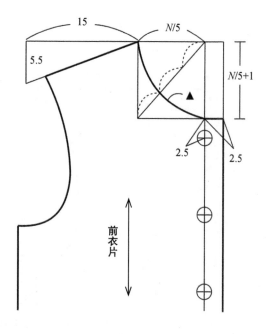

15

$N/5$

5.5

$N/5+1$

▲

2.5

2.5

前衣片

三、三片式帽

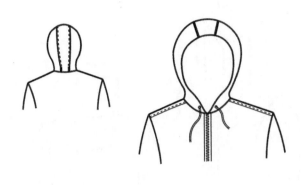

规格表	单位：cm
部位	规格
胸围（B）	110
领围（N）	45
帽高	33
帽宽	25

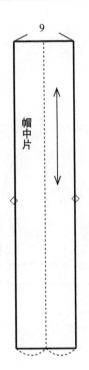

9

帽中片

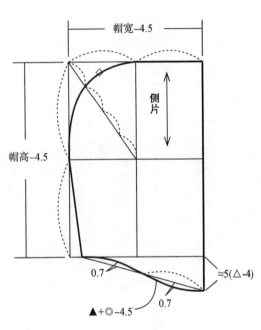

帽宽-4.5

帽高-4.5

侧片

0.7

≈5(△-4)

▲+◎-4.5

0.7

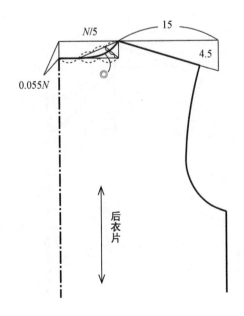

N/5

15

4.5

0.055N

◎

后衣片

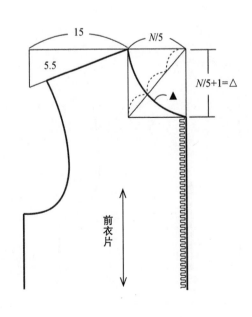

15

N/5

5.5

N/5+1=△

▲

前衣片

四、六片式帽

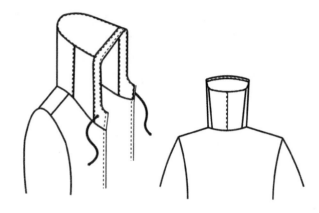

规格表	单位：cm
部位	规格
胸围（B）	120
领围（N）	54
帽高	36
帽宽	28

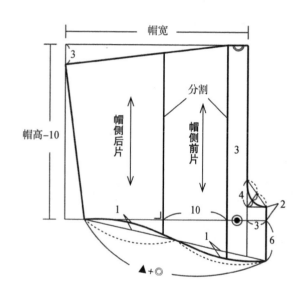

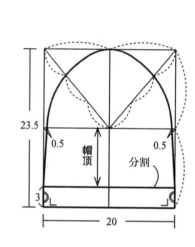

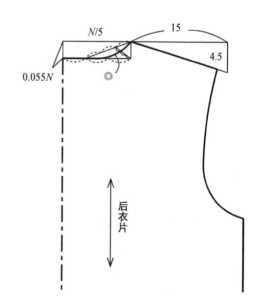

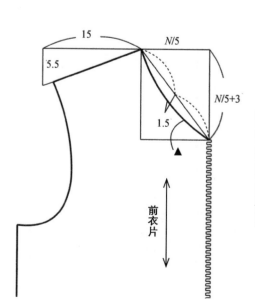

五、一片式帽

规格表	单位：cm
部位	规格
胸围（B）	120
领围（N）	50
帽高	33
帽宽	27

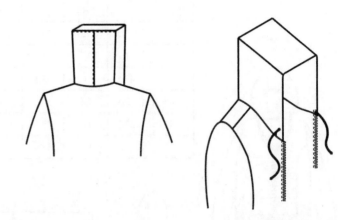

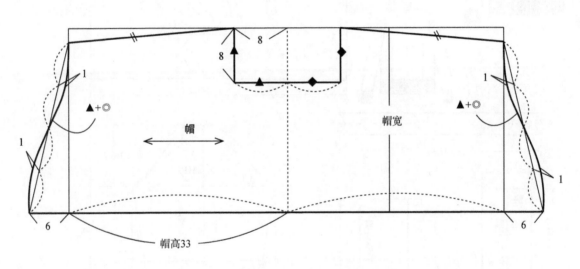

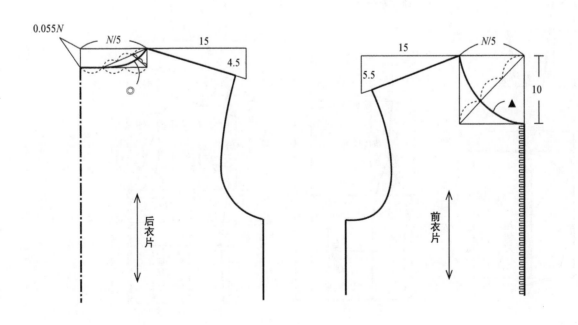

六、针织童装帽

规格表 单位：cm

规格 号型	衣长	胸围 （*B*）	肩宽 （*S*）	领围 （*N*）	袖长 （SL）	袖口宽	下摆	帽高	帽宽	拉链长
7	43.5	72	29.9	32	43	12.5	56	27	19.5	17.1
9*	46	76	31.7	33	46.5	13	60	28	20.2	19.2
11	48.5	80	33.5	34	50	13.5	64	29	20.9	21.3
13	51	84	35.3	35	53.5	14	68	30	21.6	23.4
15	53.5	88	37.1	36	57	14.5	72	31	22.3	25.5
17	56	92	38.9	37	60.5	15	76	32	23	27.6

第六章　各种袖型的结构设计

　　袖是服装的重要组件，在一件服装中占有非常重要的地位。袖的结构设计难度较大，特别是合体式的正装袖子，技术含量较高。常见袖的造型非常多。从结构上可分为圆装袖和异型袖两大类。圆装袖的概念是袖山为圆形，"装"在这里是动词，装上袖子。异型袖是圆装袖以外的各种袖型。

第一节　袖的分类

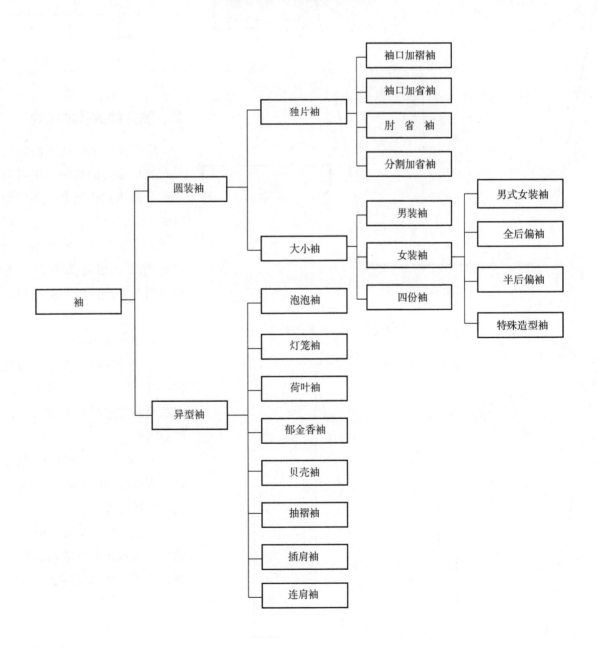

第二节 独片袖

独片袖是各种服装采用最多的一种袖型。特别是针织服装，绝大多数都采用独片袖。独片袖具有结构简单、便于操作、省料、轻便等优点。

一、独片袖各部位名称

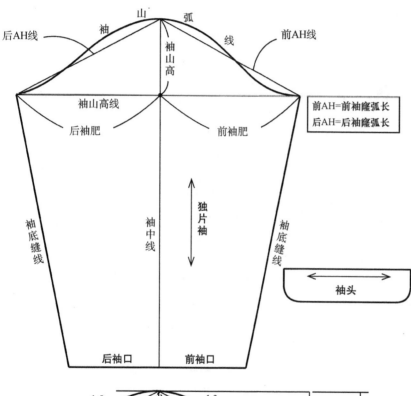

规格表	单位：cm
部位	规格
胸围（B）	100
袖长（SL）	54
前AH	24
后AH	25
袖口宽	13

前AH=前袖窿弧长
后AH=后袖窿弧长

二、独片袖的基本结构

绘制独片袖结构图的技巧主要在袖山弧线的绘制。决定内弧外弧量的因素很复杂，很微妙。内弧外弧的部位、弧量是决定袖质量的主要条件。画好袖山弧线非常重要，也是关系到袖山弧线能否与袖窿弧线匹配的重要因素。

主要有以下规律。

（1）袖山高与袖肥成反比。在一件服装中，袖山高越高，袖山就会越窄；袖山高越低，袖山就会越宽。

（2）袖肥与袖山高成反比。袖山越高，袖肥越小，袖山越低，袖肥越大。

（3）袖山弧线外弧、内弧的量，与袖山高成正比。袖山越高，外弧、内弧量越大，反之越小。

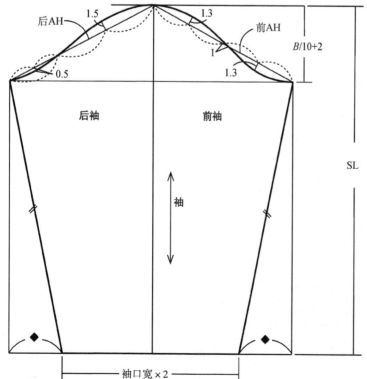

三、袖山制图（八点连线法）

独片袖的袖山弧线不容易画好。特别是没有经验的初学者，对外弧内弧的量把握不准，难以使袖山弧线达到理想的效果。

"八点连线法"好比是一块模板，用这种方法画袖山弧线，很容易画好。"八点连线法"专门给初学者提供一个"学步车"，一旦掌握袖山弧线的画法，这个"学步车"就可以扔掉。各种高度的袖山弧线画法都是一样。

规格表	单位：cm
部位	规格
胸围（B）	100
袖长（SL）	25
前AH	24
后AH	25

1. 高袖山

（1）袖山基础线。

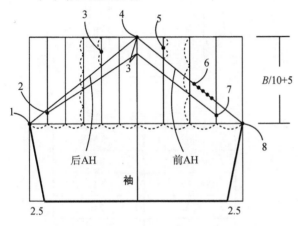

（2）袖山弧线。

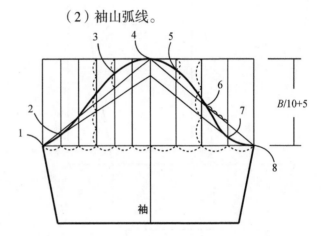

2. 超高袖山

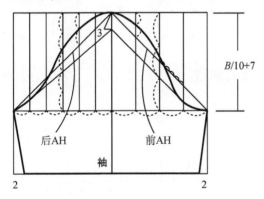

3. 中袖山

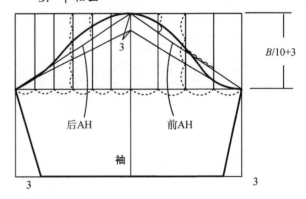

4. 低袖山

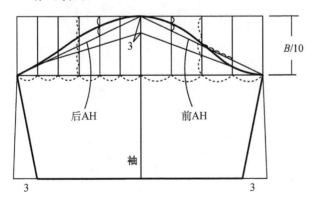

5. 超低袖山

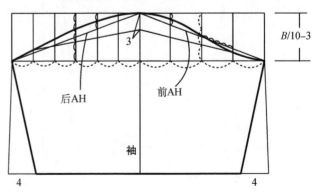

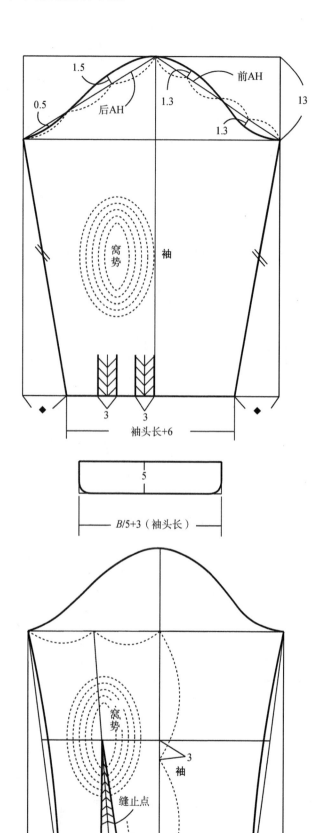

袖头长+6

5

B/5+3（袖头长）

缝止点

0.5

4

袖口宽×2+4

四、袖口加褶

通过袖口加褶、加省，使后袖肘弯处产生窝势，以满足上肢弯曲活动的需要。

规格表	单位：cm
部位	规格
胸围（*B*）	100
袖长（SL）	54
前AH	24
后AH	25
袖口宽	13

五、袖口加省

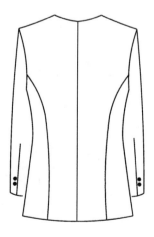

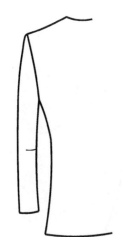

规格表	单位：cm
部位	规格
袖长（SL）	54
前AH	24
后AH	25
袖口宽	13

六、肘省袖

肘省袖是女装中经常采用的一种袖型。通过在肘弯处加省，产生窝势，增加后肘部活动量。肘省从原理上讲，是在基本结构袖的基础上，通过剪开、扩展加进去。此操作更具科学性，可获得优良的版型。

肘省袖结构原理

（1）原袖型。

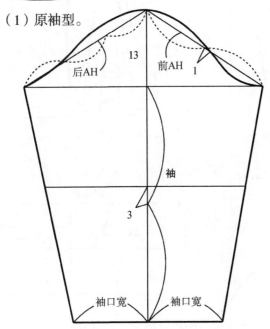

（2）剪开。

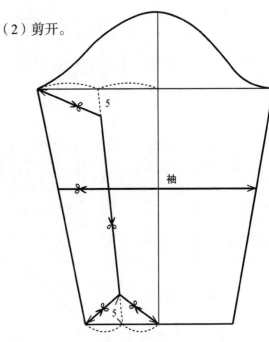

（3）扩展。

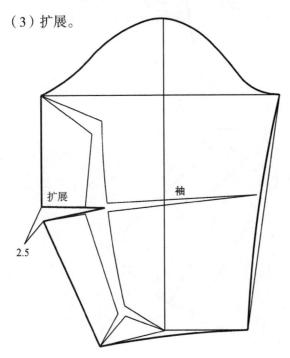

（4）完成。

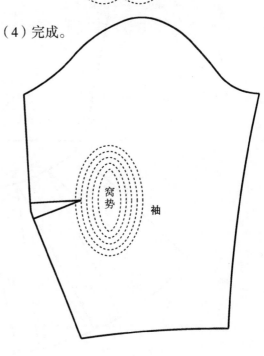

七、喇叭袖

（1）原袖型剪开。

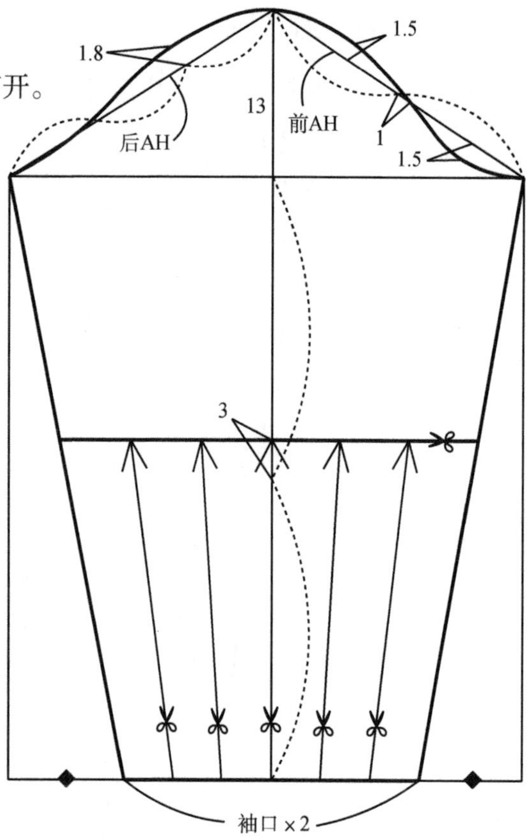

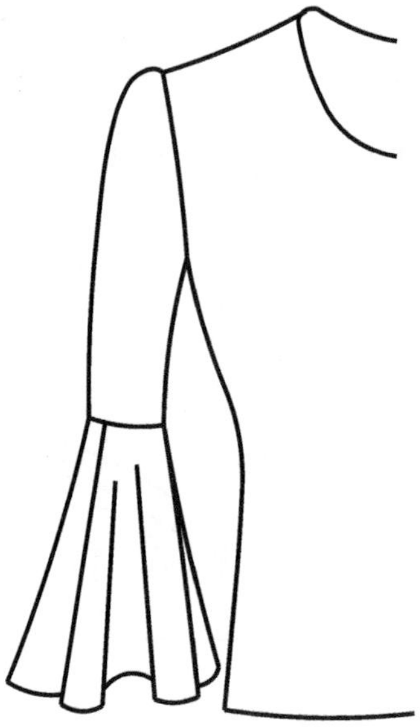

1.8

1.5

后AH

13

前AH

1

1.5

3

8

袖口×2

（2）袖口扩展。

上袖

下袖

10

10

10

10

10

10

订正

规格表	单位：cm
部位	规格
袖长（SL）	60
前AH	24
后AH	25

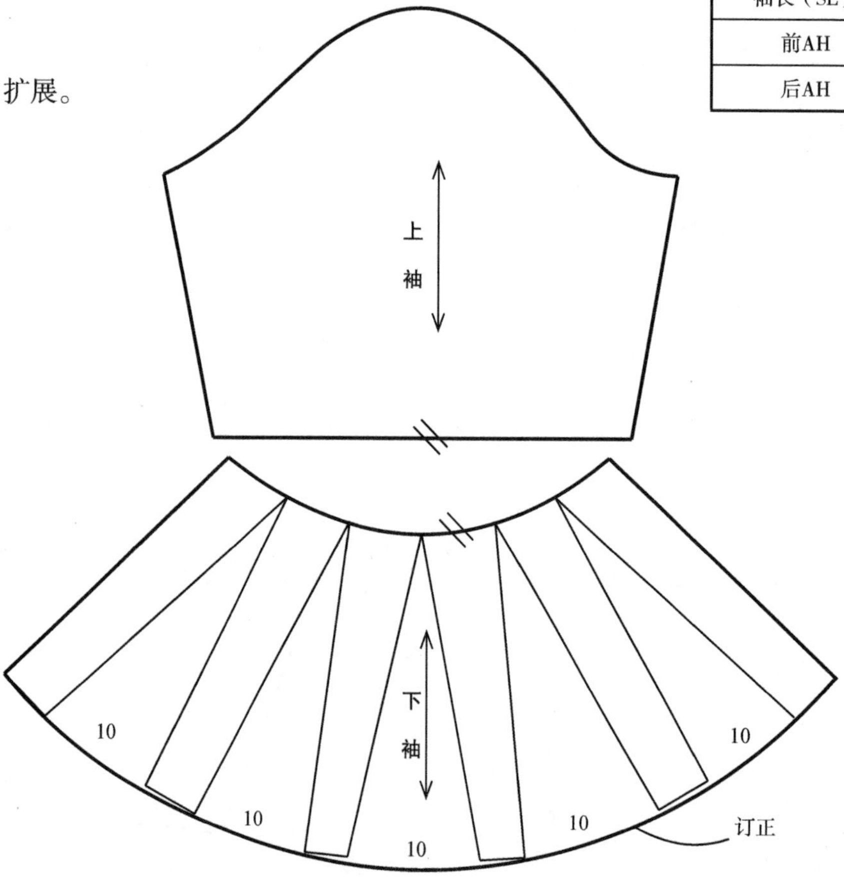

八、分割袖

在袖基本结构的基础上，通过各种分割、拼色、分节和加省等方法，使袖型产生新的变化，产生新的袖型。

1. 平面分割袖1

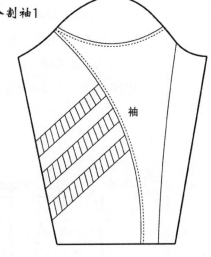

2. 平面分割袖2

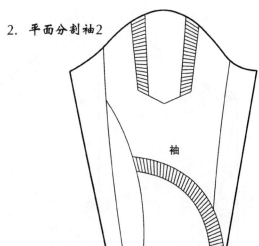

3. 分割加省袖1

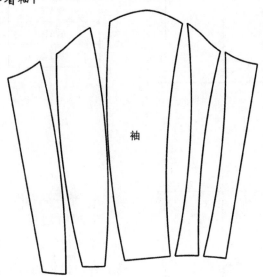

4. 分割加省袖2

5. 分割接片袖1

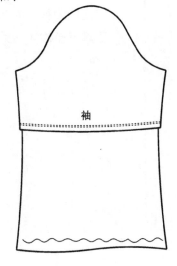

6. 分割接片袖2

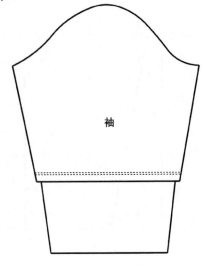

九、独片袖两种配袖法

在生产实践中，画袖结构图的方法有两种。

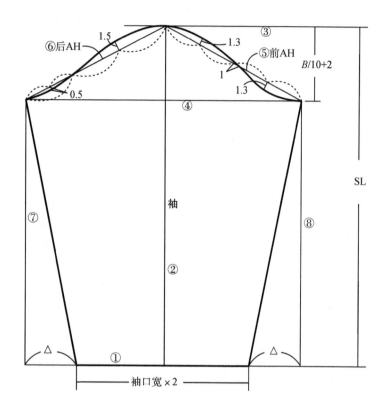

1. 袖山高在先法

一般结构图的设计采用袖山高在先法，根据款式需要，先确定袖山的高度，然后推算出袖肥。

规格表	单位：cm
部位	规格
胸围（B）	100
袖长（SL）	54
前AH	24
后AH	25
袖口宽	13

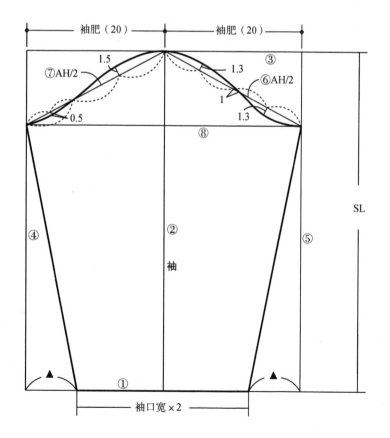

2. 袖肥在先法

生产中制板一般用袖肥在先法。先画出袖肥，然后推算出袖山高。客户提供的订单中多数规定袖肥的数据（一般不规定袖山高），这是因为袖肥在进行质量检查时，更具可操作性。

第三节　大小袖

大小袖一般用于正装、制服，要求很严格。特别是西服袖，从版型到制作工艺，技术含量都非常高。理想的成衣袖型应达到前靠、后圆、外侧面平挺，袖山饱满，有品位。

一、男装袖

规格表	单位：cm
部位	规格
胸围（B）	112
袖长（SL）	60
前AH	26
后AH	27
袖口宽	15

要点：画好大小袖的袖山弧线很重要，也是最基本的要求。验证的标准是大小袖前后袖缝对接后，形成的袖山弧线要连贯、圆顺。

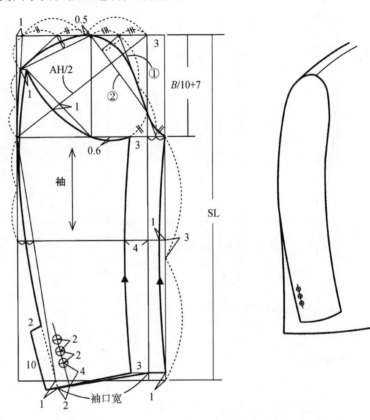

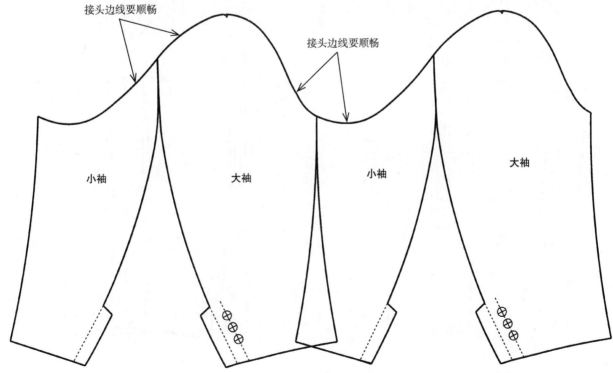

二、女装袖

1. 男式女装袖

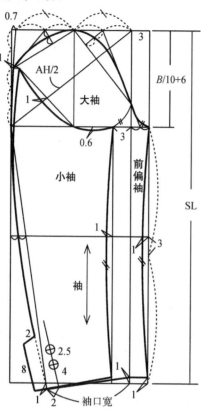

要点：常见女装的大小袖有三种类型。
（1）与男装袖近似的男式女装袖；
（2）全后偏袖；（3）半后偏袖。三种
袖子各有特点。后偏袖只有女装才有。

规格表	单位：cm
部位	规格
胸围（B）	100
袖长（SL）	56
前AH	24.5
后AH	25
袖口宽	13

2. 全后偏袖

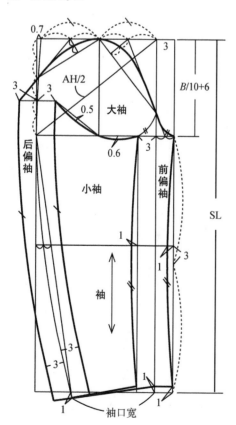

3. 半后偏袖

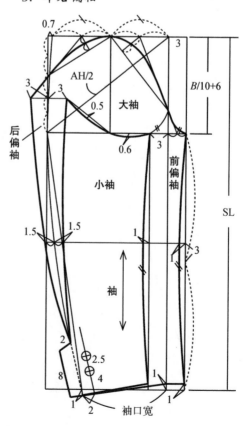

三、四分袖

四分袖结构介于独片袖和大小袖之间，其特点是既有大小袖的肘弯窝势，又使袖底缝与侧缝（四开身）相重合。绱袖的方法可以"片装"，与独片袖一样。四分袖一般都是低袖山高，多用于防寒服或宽松式、休闲式服装。

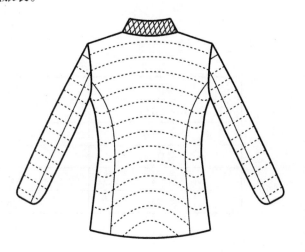

规格表	单位：cm
部位	规格
胸围（*B*）	116
袖长（SL）	60
前AH	27
后AH	27
袖口宽	15

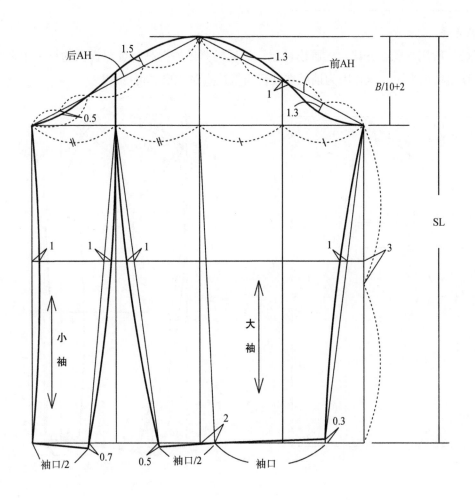

四、大小袖两种配袖法

1. 袖山高在先法

一般结构图的设计采用袖山高在先法，根据款式需要，先确定袖山的高度，然后推算出袖肥。

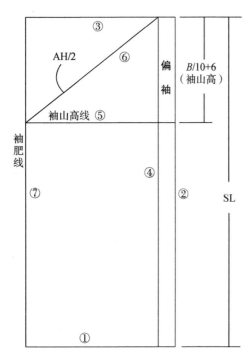

规格表	单位：cm
部位	规格
胸围（B）	112
袖长（SL）	60
前AH	26
后AH	27
袖口宽	15

2. 袖肥在先法

生产中制板一般用袖肥在先法。先画出袖肥，然后推算出袖山高。客户提供的订单中多数规定袖肥的数据（一般不规定袖山高），这是因为袖肥在进行质量检查时，更具可操作性。

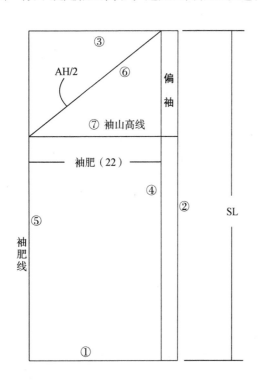

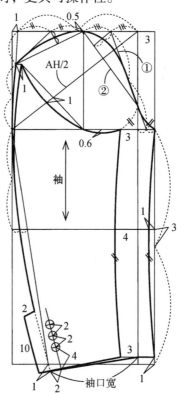

五、袖山高的设定与计算

袖山高是上衣袖结构设计的重要数据。在袖窿弧线长不变的情况下，袖肥与袖山高成反比。袖山高越高，袖肥越小，反之亦然。高袖山外观挺拔，精神，但袖较瘦，活动量较小，不适合大幅度的活动。低袖山袖肥较大，活动量大，但是肩袖部褶皱较多。一件服装袖山的高低，不仅影响服装的外观而且影响到服装的功能。因而设定和计算袖山高度时，要考虑服装的款式及其功能和用途。一般来说，正装及一些穿在外面的服装，袖山要高。内衣、工作服、运动装等袖山要低。袖山的高低与袖窿深也有密切的关系。

下表所列就是袖山高与袖窿之间的关系及计算方法，仅供参考。

女装袖山高的计算　　　　单位：cm

胸围	90	与B/10的差量	100	与B/10的差量	110	与B/10的差量	120	与B/10的差量	130	与B/10的差量
前后平均袖窿	19.5		20.5		21.5		22.5		23.5	
×0.4（超低袖山）	7.8	−1.2	8.2	−1.8	8.6	−2.4	9	−3	9.4	−3.6
×0.5（超低袖山）	9.8	+0.8	10.3	+0.3	10.8	−0.2	11.3	−0.7	11.8	−1.2
×0.6（低袖山）	11.7	+2.7	12.3	+2.3	12.9	+1.9	13.5	+1.5	14.1	+1.1
×0.7（中袖山）	13.7	+4.7	14.4	+4.4	15	+4	15.8	+3.8	16.5	+3.5
×0.8（高袖山）	15.6	+6.6	16.4	+6.4	17.2	+6.2	18	+6	18.8	+5.8
×0.86（超高袖山）	16.8	+7.8	17.6	+7.6	18.5	+7.5	19.4	+7.4	20.2	+7.2

男装袖山高的计算　　　　单位：cm

胸围	90	与B/10的差量	100	与B/10的差量	110	与B/10的差量	120	与B/10的差量	130	与B/10的差量
前后平均袖窿	20.5		21.5		22.5		23.5		24.5	
×0.4（超低袖山）	8.2	−0.8	8.6	−1.4	9	−2	9.4	−2.6	9.8	−3.2
×0.5（超低袖山）	10.3	+1.3	10.8	+0.8	11.3	+0.3	11.8	−0.2	12.5	−0.5
×0.6（低袖山）	12.3	+3.3	12.9	+2.9	13.5	+2.5	14.1	+2.1	14.7	+1.7
×0.7（中袖山）	14.4	+5.4	15	+5	15.8	+4.8	16.5	+4.5	17.2	+4.2
×0.8（高袖山）	16.4	+7.4	17.2	+7.2	18	+7	18.8	+6.8	19.6	+6.6
×0.86（超高袖山）	17.6	+8.6	18.5	+8.5	19.4	+8.4	20.2	+8.2	21.1	+8.1

六、袖山高、袖肥、袖窿、袖斜度的关系

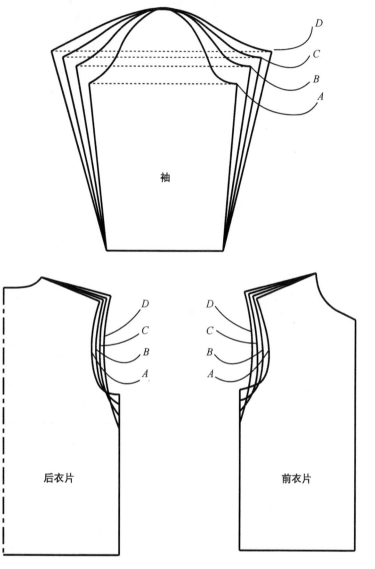

袖山高、袖肥、袖窿及袖斜度之间有密切的联系。与肩宽、胸宽、背宽、肩斜度也有一定的联系。

"A"为合体式服装的结构。袖山高最高，袖肥最小，胸宽、背宽最小，肩宽最小，袖窿最浅（袖窿底弧呈圆弧形），肩斜度最大，成衣袖斜度最大。

"D"为宽松式服装的结构。袖山高最低，袖肥最大，胸宽、背宽最大，肩宽最大，袖窿最深（袖窿底弧呈尖形），肩斜度最小，成衣袖斜度最小。

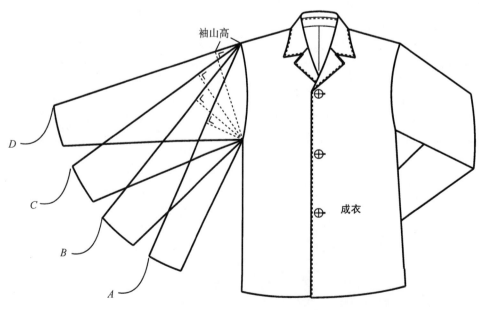

七、袖山吃量

一般圆装袖在绱袖子过程中，将袖山弧线的上部及两侧弧线抽缩，使袖山弧线缩短（工艺中叫作"吃"），袖山产生窝势。绱好的袖子才能达到圆挺饱满的效果。这样袖山弧长就要比袖窿弧长大一些，袖山弧长比袖窿弧长多出的部分叫作吃量。袖山弧线的吃量既不能过大也不能过小。吃量过大，袖山起褶；吃量过小，袖山发紧。袖的基本条件不同，要求吃量大小也不同。袖吃量的大小与以下条件有关。

（1）袖山的高低：袖山越高需要吃量越大，反之越小。

（2）面料的厚度和密度：面料越厚，密度越低，需要吃量越大，反之越小。

（3）垫肩的厚度：垫肩越厚，吃量越大，反之越小。

（4）绱袖子工艺：绱袖子缝份往袖方向倒，吃量要大；往衣片方向倒，吃量要小。

八、袖山吃量参考表

单位：cm

袖山高	吃量			备注
	较薄面料	中等厚度面料	较厚面料	
超高袖山高	2.5	3.5	4.5	袖的吃量需要反复实验（做样衣），修改样板，才能达到理想穿着效果。改变袖的吃量主要靠改变袖肥和袖山高来实现
高袖山高	2	3	4	
中袖山高	1.5	2.5	3.5	
低袖山高	0	0~1	0~2	
超低袖山高	0	−1~0	−2~0	

九、绱袖要领

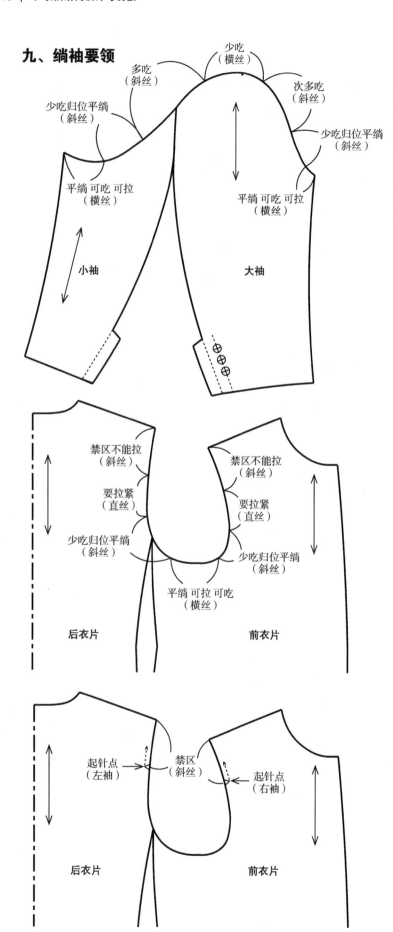

要点1：袖山弧线的吃量应合理分配。袖山头应少吃，吃多容易起褶皱。后袖山中部要多吃，才能把袖耸起来。前袖山吃量要少于后袖山吃量，否则容易起褶皱。"少吃归位"是因为面料的斜丝已经抻长变形。

要点2：要绱好袖，衣片袖窿的处理也很重要。"禁区"最怕面料抻长变形，一旦抻长，很难恢复原状，最好拉牵条进行固定。面料直丝处如不拉紧，就会起褶皱。袖窿底弧可吃可拉，可调整长度与袖山弧线相符。

要点3：绱袖子起针点要避开"禁区"，在面料直丝处起针，先把"禁区"固定好。由于缝纫操作顺手的原因，左右袖是有区别的。左袖在后袖窿起针；右袖在前袖窿起针。

第四节　异型袖

　　各式各样优美新奇袖型的出现，主导近几年时装设计的趋向。平肩袖、冒肩袖、翘肩袖等层出不穷，赏心悦目。结构的变化有力拉动款式设计。万变不离其宗。无论什么袖型，都离不开普通袖的基本结构。在基本结构的基础上，运用一定的方法，进行袖的转换、变化。

一、泡泡袖

规格表	单位：cm
部位	规格
胸围（B）	92
袖长（SL）	17
前AH	23
后AH	24

（1）原袖型。

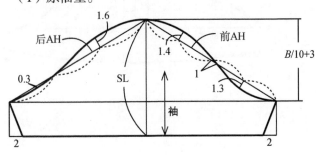

（2）剪开。

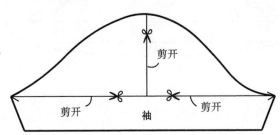

（3）扩展。

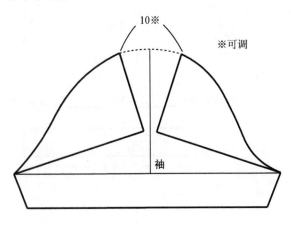

（4）褶位完成。

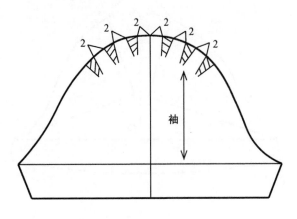

二、灯笼袖

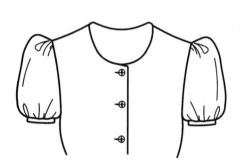

规格表	单位：cm
部位	规格
胸围（B）	92
袖长（SL）	17
前AH	23
后AH	24

（1）原袖型。

（2）剪开。

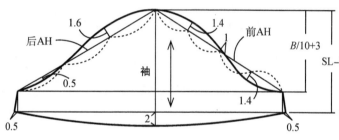

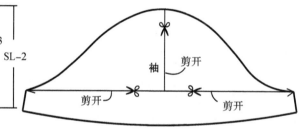

（3）扩展。

（4）褶位完成。

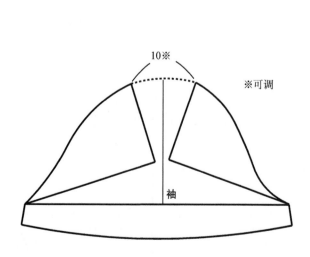

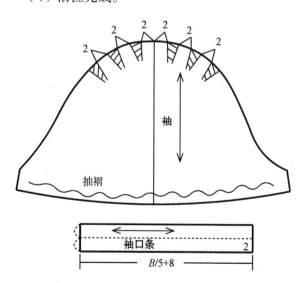

三、荷叶袖

（1）原袖型。

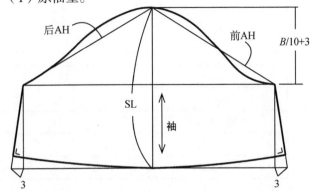

（2）剪开。

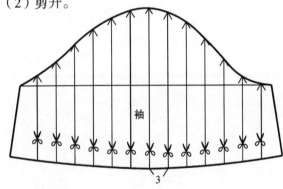

规格表	单位：cm
部位	规格
胸围（*B*）	92
袖长（SL）	25
前AH	23
后AH	24

（3）扩展。

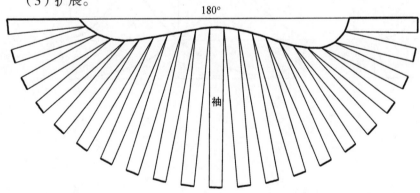

（4）完成。

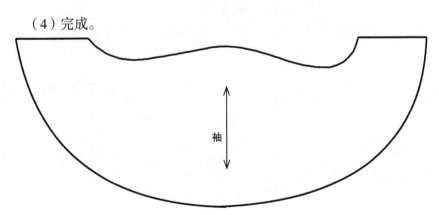

四、郁金香袖

规格表	单位：cm
部位	规格
胸围（B）	92
袖长（SL）	17
前AH	23
后AH	24

（1）原袖型。

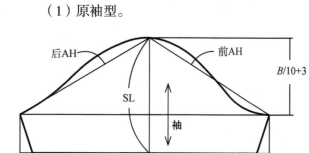

（2）剪开。

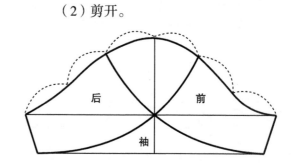

（3）扩展。

（4）完成。

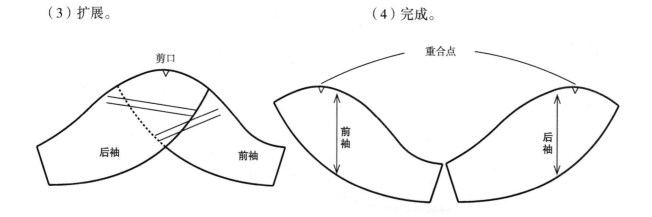

五、贝壳袖

规格表	单位：cm
部位	规格
胸围（B）	92
袖长（SL）	9
前AH	23
后AH	24

（1）在袖山上分割下一部分。

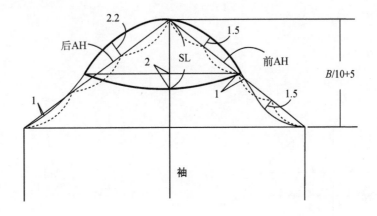

（2）完成。

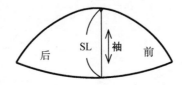

六、抽褶袖1

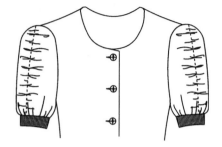

规格表	单位：cm
部位	规格
胸围（B）	92
袖长（SL）	19
前AH	23
后AH	24

（1）原袖型。

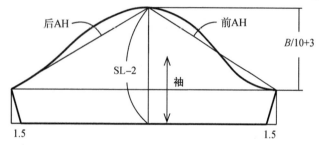

（2）剪开。

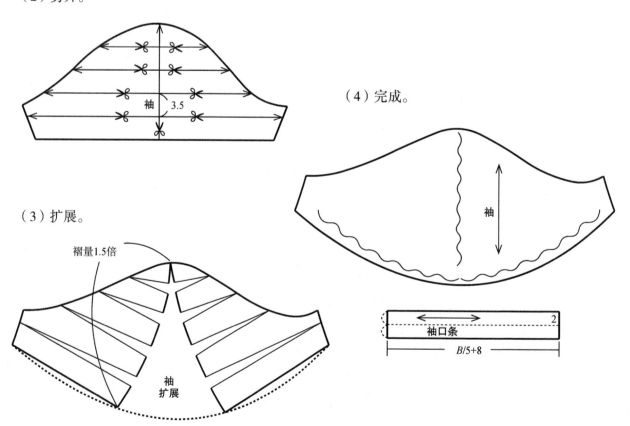

（4）完成。

（3）扩展。

七、抽褶袖2

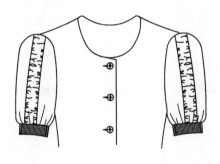

规格表	单位：cm
部位	规格
胸围（B）	92
袖长（SL）	19
前AH	23
后AH	24

（1）原袖型。

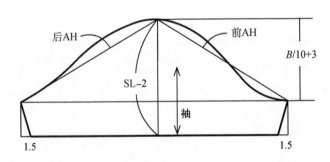

（2）剪开。

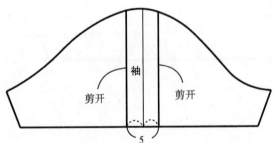

（3）扩展。

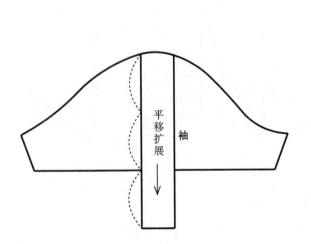

（4）完成。

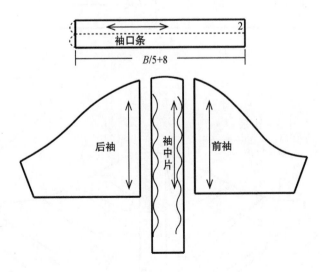

八、抽褶袖3

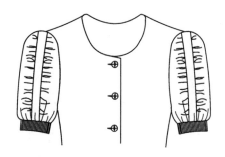

规格表	单位：cm
部位	规格
胸围（B）	92
袖长（SL）	19
前AH	23
后AH	24

（1）原袖型。

后AH　前AH

$B/10+3$

SL−2

袖

1.5　　　1.5

（2）剪开。

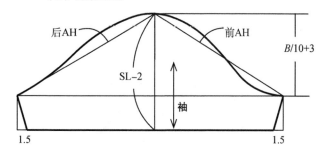

袖

3.5

4

（3）扩展。

褶量1.5倍

袖

（4）完成。

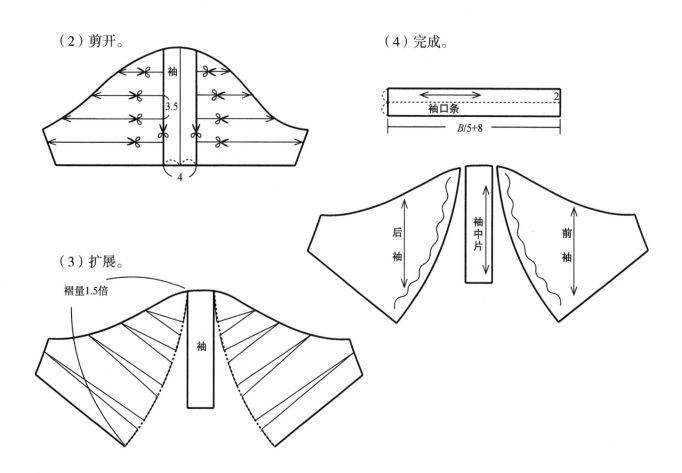

袖口条

2

$B/5+8$

后袖　袖中片　前袖

九、抽褶袖4

规格表	单位：cm
部位	规格
胸围（B）	92
袖长（SL）	19
前AH	23
后AH	24

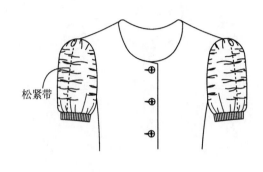

（1）原袖型。

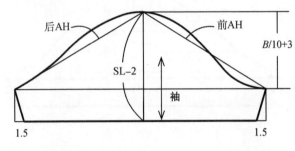

（2）剪开。

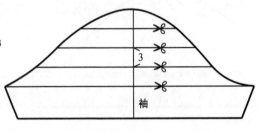

（3）扩展、剪开。

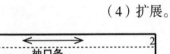

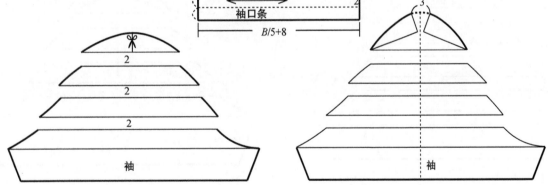

（4）扩展。

（5）订正。

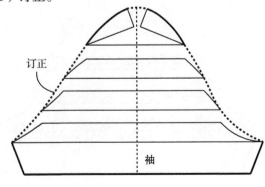

（6）完成。

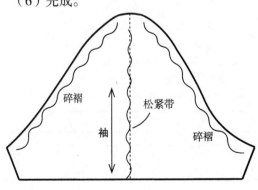

十、抽褶袖5

规格表	单位：cm
部位	规格
胸围（B）	92
袖长（SL）	17
前AH	23
后AH	24

（1）原袖型。

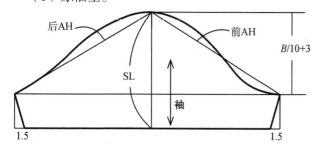

（2）剪开。

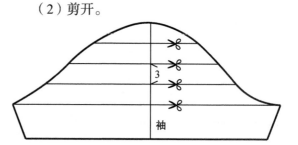

（3）扩展、剪开。

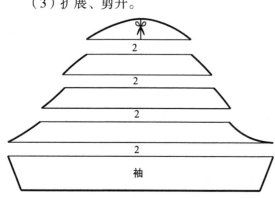

（4）扩展。

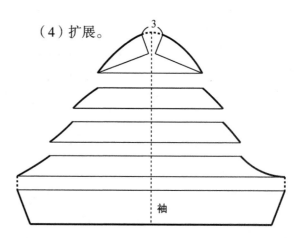

（5）订正。

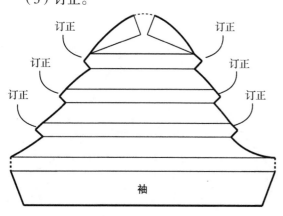

（6）完成。

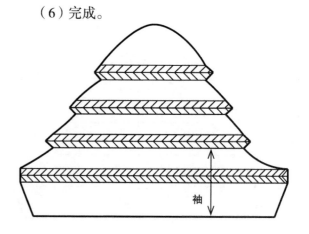

十一、芭蕉袖

（1）原袖型剪开。

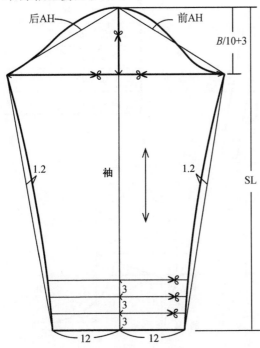

规格表	单位：cm
部位	规格
胸围（B）	92
袖长（SL）	54
前AH	23
后AH	24

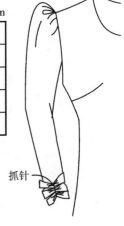

（2）扩展。

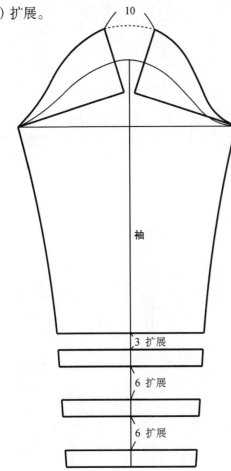

（3）褶位、完成。

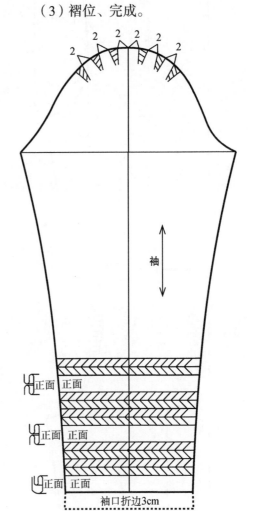

十二、平肩袖

规格表　　单位：cm

部位	规格
胸围（B）	100
领围（N）	38
肩宽（S）	40
袖长（SL）	60

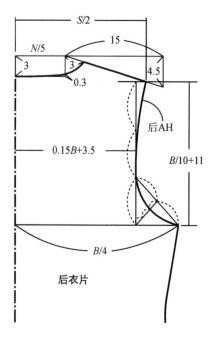

后衣片

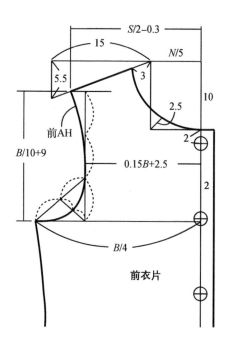

前衣片

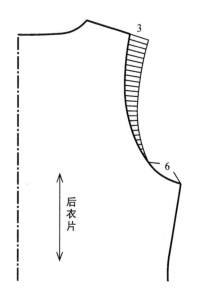

后衣片

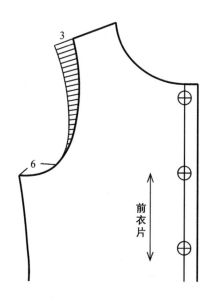

前衣片

（1）原袖型。

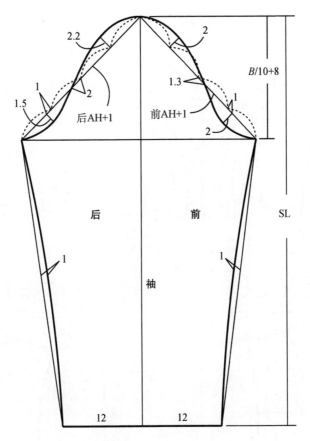

（2）变化完成。

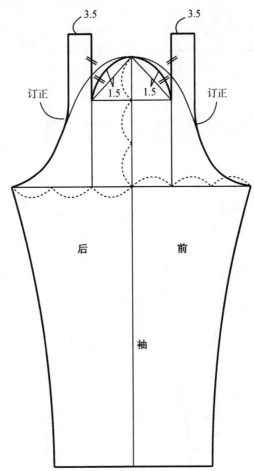

十三、翘肩袖

规格表　单位：cm

部位	规格
胸围（B）	100
领围（N）	38
肩宽（S）	40
袖长（SL）	60

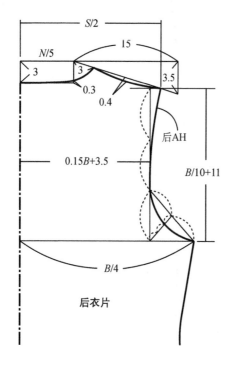

后衣片

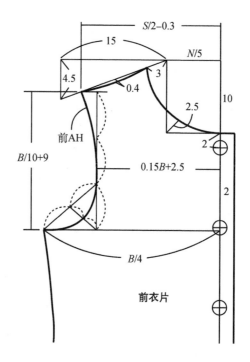

前衣片

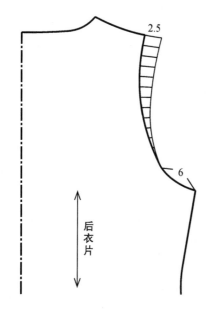

后衣片

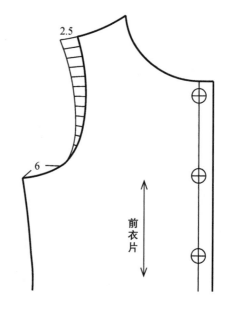

前衣片

（1）原袖型。

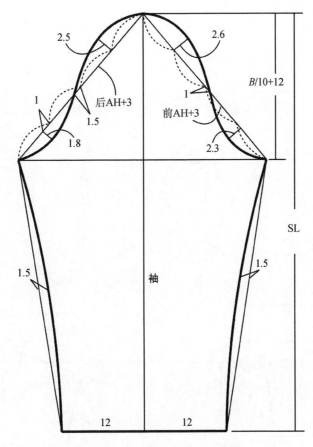

（2）变化完成。

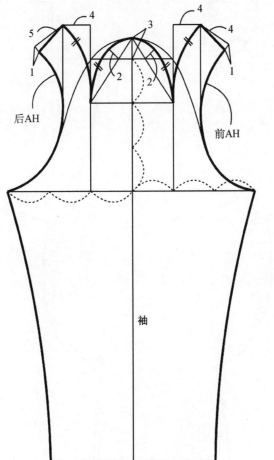

十四、方肩袖

1. 阴袖三角内折

2. 阳袖三角外折

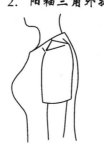

规格表	单位：cm
部位	规格
胸围（B）	100
领围（N）	38
肩宽（S）	40
袖长（SL）	20

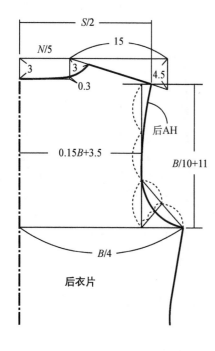

后衣片

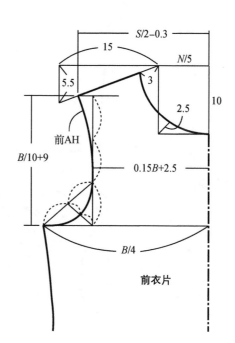

前衣片

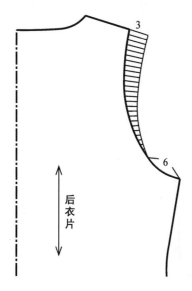

后衣片

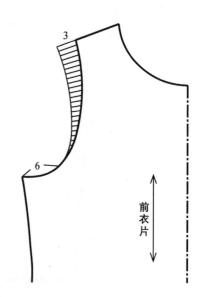

前衣片

（1）原袖型。

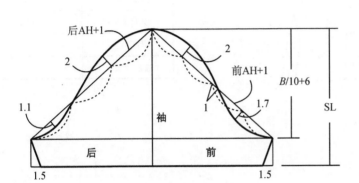

（2）剪开。

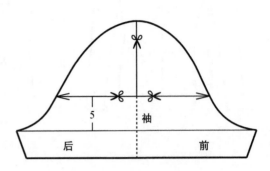

（3）扩展。

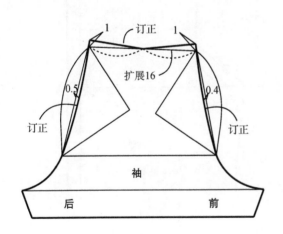

（4）完成。

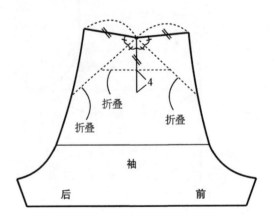

（5）折叠示意图。

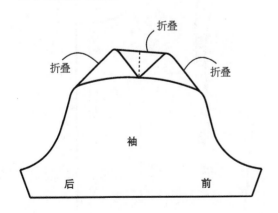

要点：三角形内折，就是"阴袖"；
三角形外折就是"阳袖"。

十五、牛鼻子袖

规格表　单位：cm

部位	规格
胸围（B）	100
领围（N）	38
肩宽（S）	40
袖长（SL）	60

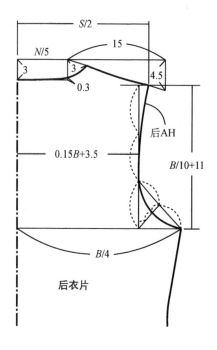

后衣片

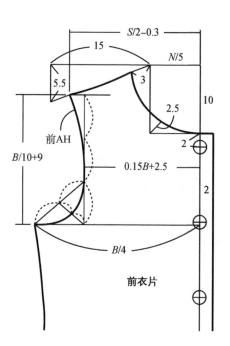

前衣片

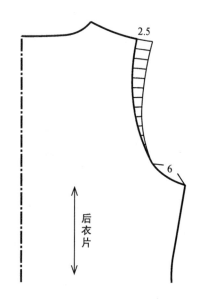

后衣片

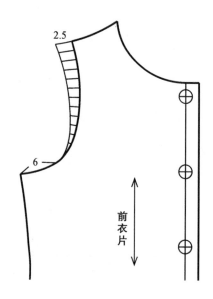

前衣片

（1）原袖型。　　　　　　　　　　（2）剪开。　　　　　　　　（3）平移扩展。

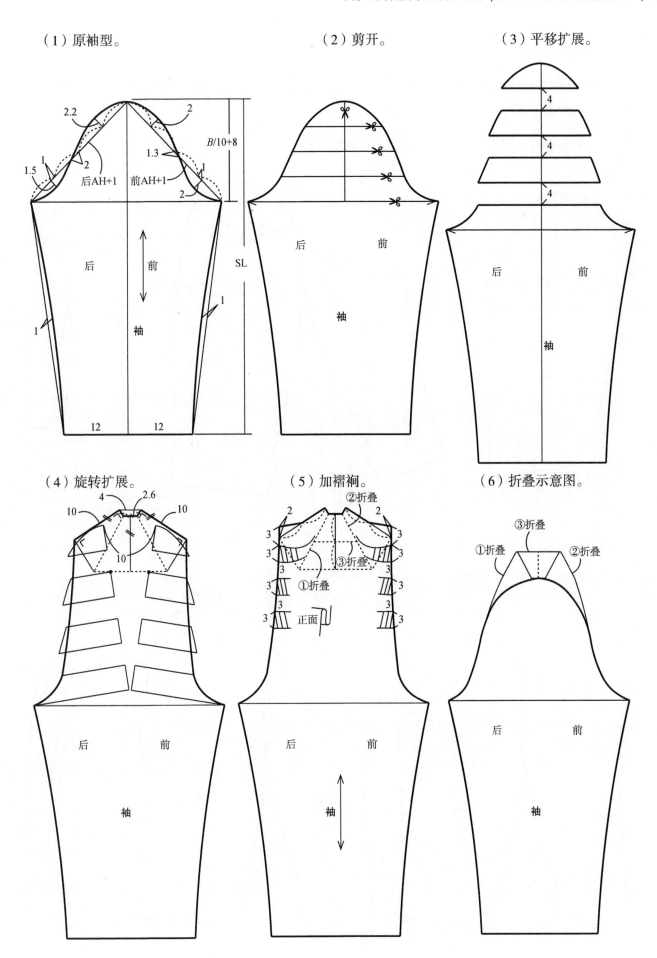

（4）旋转扩展。　　　　　　　　　（5）加褶裥。　　　　　　　　（6）折叠示意图。

十六、大小泡泡袖

大袖和小袖可变换大泡泡袖和小泡泡袖。大泡泡袖的大、小袖都要扩展，小泡泡袖只扩展大袖即可。

1. 小泡泡袖

（1）原袖型剪开大袖。　　　　（2）扩展大袖。

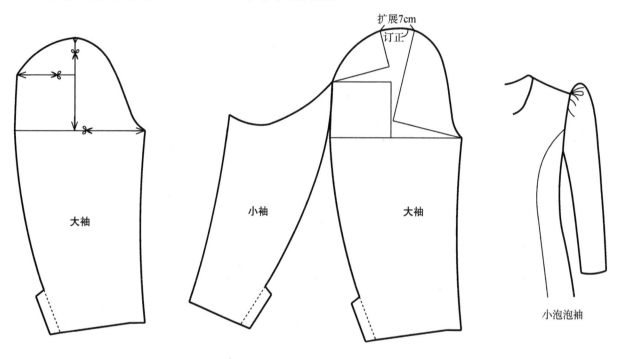

2. 大泡泡袖

（1）原袖型剪开大、小袖。　　　　（2）扩展大、小袖。

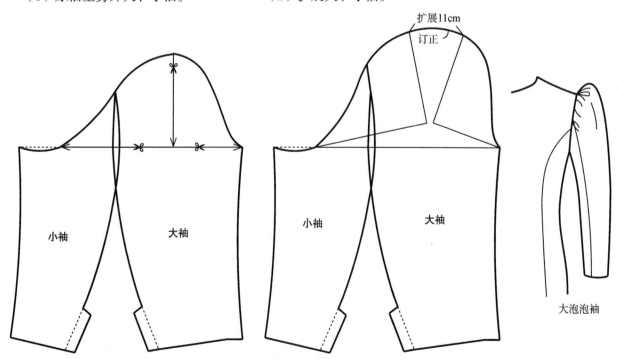

下篇　服装制板与系列知识

第七章　打板与推板

第一节　服装制板的基本知识

服装样板指根据服装的款式造型、规格尺寸，遵循结构原理和规律，把立体服装分解成平面衣片，制成的供裁剪和制作工艺使用的平面模板。是用较厚的牛皮纸、卡纸、塑料板或金属板等制成。制作样板的过程称作打板，因其主要用于工业生产，也称工业制板。工业制板是服装生产中一个非常重要的环节。

在服装企业中打板的方式主要有如下几种。

（1）照单打板（依照订单打板）。

（2）照衣打板（依照样衣打板或衣单结合打板）。

（3）照图打板（照款式图、效果图或图片打板）。

（4）照板推板（客户提供一个号的样板，推其他几个号的样板）。

推板后的板面各号型的衣片样板套在一起，称作"总板"。由于总板呈网状，也有叫做"网状图"，一般情况下，总板是不能直接使用。

把每个号型的样板各个衣片分别从总板中复制分离出来，这一过程叫作"分板"，也叫复制样板。不包括缝份的样板叫作"净板"；包括缝份的样板叫作"毛板"。

一、服装样板的分类

服装样板的使用几乎贯穿于服装生产的全过程。一套完整的工业生产样板应包括如下所示的各种类样板。

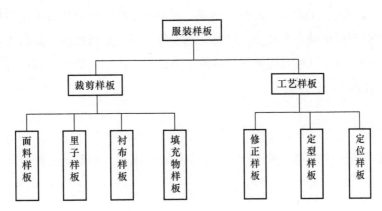

服装样板分为两大类，一类是裁剪样板，一类是工艺样板。裁剪样板多为毛板，工艺样板多数为净板。裁剪样板中的表面样板为主样板，其他样板均为辅助样板，基本上都由表面样板复制而成。

（一）裁剪样板

1. 表面样板

表面样板是最基本的样板，它包括各主要裁片和零部件的样板，多数都是含有缝份的毛板。其主要作用有：

（1）用于画板裁剪。

（2）用于排板计算单耗。

（3）用于复制其他样板。

2. 里子样板

里子样板一般是由表面样板复制而成，与表面样板不同的是里子各片的宽度应比表面大一点，成品里子比表面松一些，缝份也应放大一点。个别部位，如西服的后背、前胸，为有足够的松量，还要加褶裥，主要原因是一般面料弹性比里料强，当表面处于拉伸状态时，里子有足够的松量，不会受牵扯而影响效果。

3. 衬布样板

衬布分有纺和无纺，可缝和可黏之分。不同的面料，不同的部位和效果，选用不同的衬布。根据工艺需要，衬布样板有的用净板，有的用毛板。衬布样板一般是由表面样板复制而成。

4. 填充物样板

填充物夹在表面和里子之间，常见的有腈纶棉、太空棉、丝棉、鸭绒、毛皮、绒布等。许多填充物是绗缝在里子上，一般填充物样板比里子样板稍大一点即可。

（二）工艺样板

1. 修正样板

修正样板一般为净板，主要用于在中间工序中对衣片的订正，如西服的前衣片、驳头、领等，经高温黏衬后，衣片出现收缩、变形。有的服装衣片分割多而复杂，拼接组合后整体发生变化，用标准修正样板进行修正，才能保证整体不走样，同时可保证左右片的对称。

2. 定型样板

定型样板都是净板，用在缝制和中间烫熨的工序中，如口袋盖、口袋、领、手帕袋的袋板、带饰等。定型样板根据不同用途和用法，采取不同的材料制成，如缝纫工序中用的样板可用粗砂布制成，主要利用其不打滑的特性，使用时把样板铺在裁片上，沿边勾缉明线，不仅形状准确，同时省去画线的麻烦。如中山服的小口袋等明贴型的口袋，往往要先把周边缝份扣倒烫平，用于扣烫的样板最好用薄金属板制成，这样既耐磨耐折，更能保证其形状的准确性。

3. 定位样板

定位样板多数为净板，主要用于半成品的定位，如袋位、缲领点、缲袖点、锁眼、钉扣的位置等。

各种样板应根据其不同的用途和要求进行制作，不仅要求准确，还要从其便于操作的角度考虑，才能制出高质量的样板。

二、服装打板的方式

（一）手工打板

手工打板是传统的打板方式，使用的工具较为简单，基本都是一些常用工具。操作的过程是用尺和笔在样板纸上直接画线，构成样板图形，然后用剪刀或裁纸刀分离完成的样板。

近几年人们更习惯"用直尺画弧线"，用直尺来画各种形状的弧线，全靠手上的操作技巧。这种方法虽需要严格的基本功训练和长期的实践锻炼，但免去用弯尺和曲线板频繁的更换工具所带来的麻烦和浪费的时间。

（二）电脑制板

电脑制板是使用服装CAD打板系统在计算机上实现。该系统在计算机的界面上提供打板和推板所需要的各种各样的模拟工具。使用这些工具在绘图区绘制服装样板，然后进行推板、排料处理，由绘图仪输出1：1的样板。电脑制板充分发挥高科技手段的优势，比手工打板有明显的优势：

（1）用CAD打出的样板精确度高，形状规范。

（2）打好的样板存放于储存器中不仅不占物理空间，而且排列有序、调用方便。

（3）操作速度快，效率高，尤其是推板方面更明显。

（4）推板后需要哪个号的样板就直接输出，省去分板的麻烦。

（5）改变工作环境，同时降低劳动强度。

手工打板和电脑打板虽然使用的工具不同，但其原理相同。电脑打板是人机交流的过程，电脑是完全接受人的指令进行工作，其操作过程与手工打板的理念完全相同。因而学习电脑制板应该先学习手工制板，只有熟练掌握手工打板的方法和技巧，才能操作好CAD系统进行制板。电脑制板已经基本普及，也是将来发展的方向。

三、服装制板的方法

服装制板的方法分为平面构成法和立体构成法两类。平面构成法是在平面上按照一定的规律对各个衣片进行设计，平面构成法又分为比例分配法和原型构成法两种。

1. 比例分配法

比例分配法是把服装的基本尺寸按一定的比例分配在各衣片、各部位上，构成衣片的尺寸和形状，成为平面结构图。这种方法不受条件限制，简便易行，具有较强的可操作性，一般企业打板都采用这种方法。

2. 原型构成法

原型构成法主要源于日本，也有欧美原型。原型构成法的原理是根据不同人体测量有关部位的尺寸，加上基本放松量，制成的原型样板，然后根据原型进行缩放，变化出不同的服装款式。原型构成法有结构变化灵活合理等优点。日本原型主要有"文化式"和"登丽美"两大流派。

3. 立体构成法

立体构成法是用坯布或面料直接在人体模特（人台）上进行立体造型，然后复制成样板，具有直观、变化随意等优点。特别适宜柔软、悬垂性较强的面料及披挂式、缠绕式等特殊造型款式的裁剪。对合体、结构严谨的服装一般不用立体构成法。

四、用直尺划弧线

新一代服装打板师用直尺划弧线，比传统的用各种弯尺、曲线板划弧线，不仅速度快，效率高，而且弧度准，更具灵活性和可操作性。但是用直尺划弧线，操作起来难度高，需要扎实的基本功和熟练的操作技能。初学者须经过严格的训练，然后在实践中长期锻炼，逐步提高，操作起来就会得心应手。

下图为直尺划弧线的基本功练习。

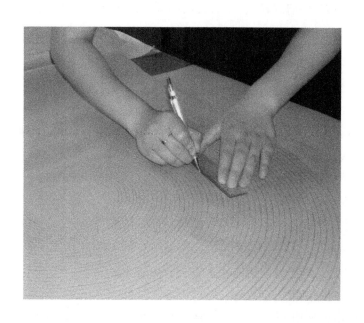

五、服装样板的标注

服装样板打好后，要在每片样板上先标上面料经向符号。经向符号一般为双箭头，有倒顺的面料为单箭头。然后标注上以经向符号为中心的相关信息。分四个区：左上区为货号、款式名称；右上区为号型、样板种类、净（毛）板等；左下区为衣片名称、片数；右下区为面料颜色、色号等。

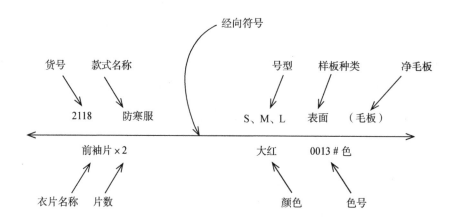

以上标注相当于样板的"名片"，是服装裁剪的主要依据。最重要的是经向符号，如果经向符号标错方向，用料的纱向也就错误，将造成严重的损失。

六、手工推板基本功训练

　　手工推板是一项难度较大的操作技能。要掌握这种技能，必须经过严格的打板、推板操作基本功训练。其中包括计算数据的练习、测量距离的练习、画各种直线、弧线的练习。没有数量就没有质量，经过艰苦的反复练习，水到渠成，就会逐渐掌握。

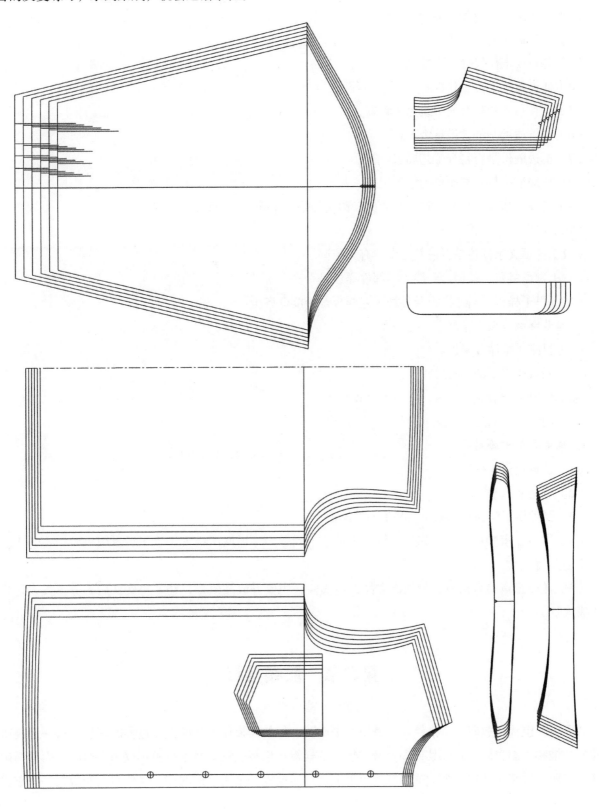

七、服装样板的审验

服装样板的审验，简称"验板"。样板打好后，制板人首先要进行仔细的检查，确认无误后，交验板人进行审验。

1. 服装样板审验（验板）的内容

（1）款式造型定位是否准确。

（2）号型规格是否有错。

（3）各重要部位尺寸是否准确。

（4）样板边线是否光滑顺直，弧线是否圆顺。

（5）衣片与衣片对合的边线是否顺直。

（6）对折线展开的效果是否理想。

（7）折边缝份是否符合工艺要求。

（8）预加缩率是否与面料的缩率相符。

（9）省缝、褶裥、袋饰、扣位、牙剪、钻孔等是否正确。

（10）经向符号是否正确。

（11）各项文字标注是否清楚无误，有无疏漏。

（12）领、袋盖、挂面、开线等零部件样板是否齐全。

（13）里子样板、衬布样板及各种工艺样板是否配套齐全。

2. 服装样板审验的步骤

（1）目测（整体效果）。

（2）测量（重要部位的尺寸）。

（3）比对（样板相互比对，观察组合效果）。

（4）确认没有问题后，盖审验章，即可使用。

3. 服装样板审验的要求

（1）款式定位要准确。

（2）版型要科学合理。

（3）要确切了解面料的缩率，并预加进样板。

（4）样板在审验过程中，如发现较严重的技术问题，应退回制板人，改正后重新审验。不经审验的样板不能使用。

（5）样板经审验合格后，先做出样品进行实验，主要看成品效果，经客户确认后，方可投入正式生产（投大货）。

第二节　服装推板

"推板"也称"放码""推档"，是用一个或两个号的样板作为基准板（也称底板），按一定规律进行缩放、推移，制出同一款式其他多个号型规格的样板。推板比逐个号型打板不仅节省时间，而且精确度也高，因而在服装企业中一个款式如有两个以上规格的样板，多用推板的方法。推板是制板的一个重要组成部分。

　　常用的推板方向有四向推、三向推、两向推、单向推、交叉推共五种。推的方向越多，画线越多。所以能用单向推，不用两向推；能用两向推，不用三向推；能用三向推，不用四向推。具体用几向推，主要看衣片的形状，适合几向推，就用几向推。交叉推一般用在档差较小的衣片，如衣领等。

一、推板的方法

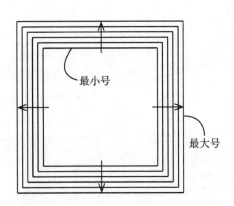

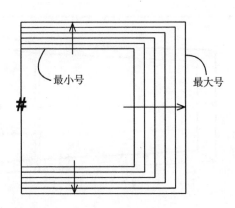

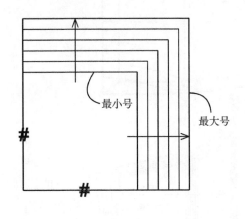

5. **交叉推**

　　交叉推的方法是，把最小号套在最大号的外边，相同点之间画直线，切段画其他号型的线。

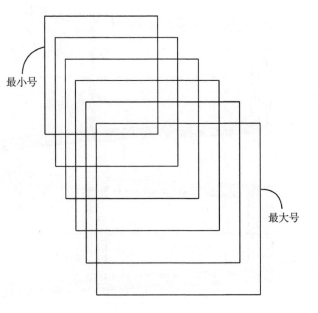

二、套切法推板

"套切法"推板简称"套推"。套切法推板指把一个最大号的样板和一个最小号的样板套起来，作为基准板，然后把大小号的差，平均切段，推出其他号的样板。这种方法操作简单，容易掌握，档差均匀。前提必须是等档差，适合多档。以下是以女西裤为例的套切法推板。其他款式参照女西裤。

规格表 单位：cm

部位/号型	S	M	L	XL	XXL
裤长	96	98	100	102	104
臀围（*H*）	96	100	104	108	112
腰围（*W*）	72	76	80	84	88
脚口宽	19	20	21	22	23

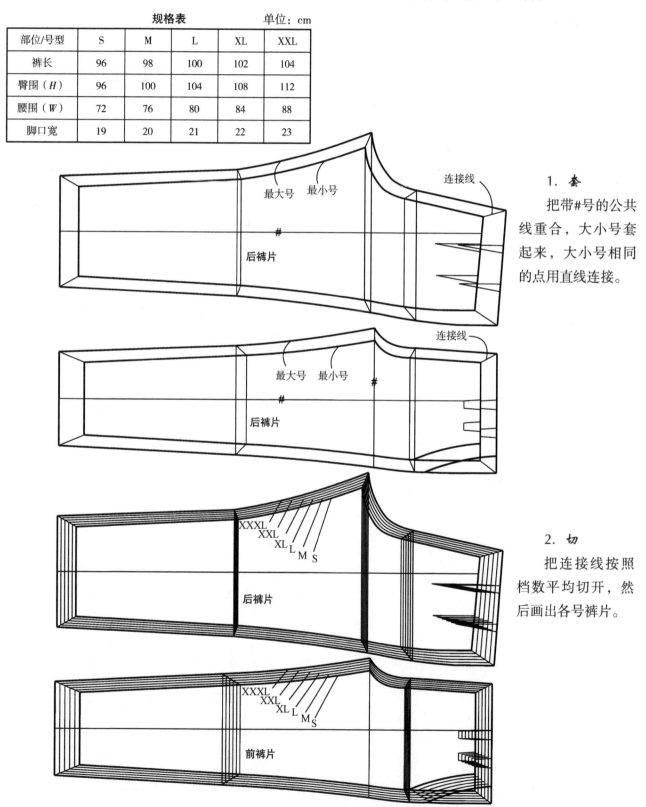

1. **套**

把带#号的公共线重合，大小号套起来，大小号相同的点用直线连接。

2. **切**

把连接线按照档数平均切开，然后画出各号裤片。

三、比例分配法推板

"比例分配法"推板也称"缩放"法推板，是实践中使用比较普遍的一种方法。其优点：一是不必等档差，二是既适合少档，也适合多档。如果用剪下的样板推另一个号的样板，再剪下来，再推另一个号，就可以不要总板，省去分板的麻烦。CAD推板多数都采用"比例分配法"。

1. 西服裙推板

要点：
(1) 带#的线为公共线（基准线）不推。
(2) 推板横向所有数值均指水平方向，沿箭头方向推。
(3) 推板竖向所有数值均指垂直方向，沿箭头方向推。
(4) 所有推板公式更适合CAD操作。

5.4系列档差	单位：cm
部位	档差
裙长	5
臀围（H）	4
腰围（W）	4

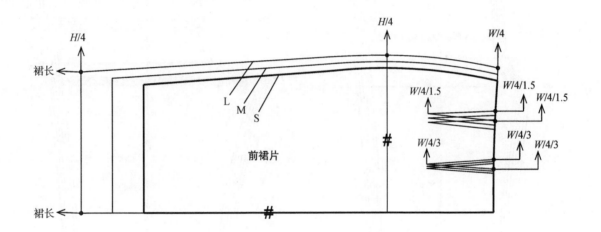

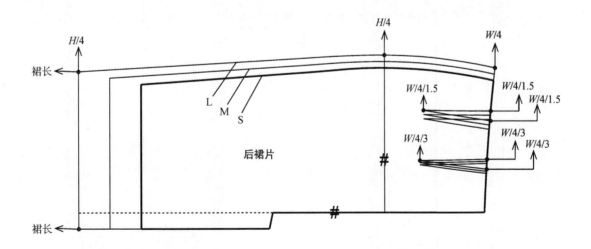

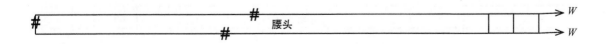

2. 女西裤推板

要点:
(1) 带#的线为公共线(基准线)不推。
(2) 推板横向所有数值均指水平方向,沿箭头方向推。
(3) 推板竖向所有数值均指垂直方向,沿箭头方向推。
(4) 所有推板公式更适合CAD操作。

5.4系列档差 单位:cm

部位	档差
裤长	3
臀围(H)	4
腰围(W)	4
脚口宽	0.8

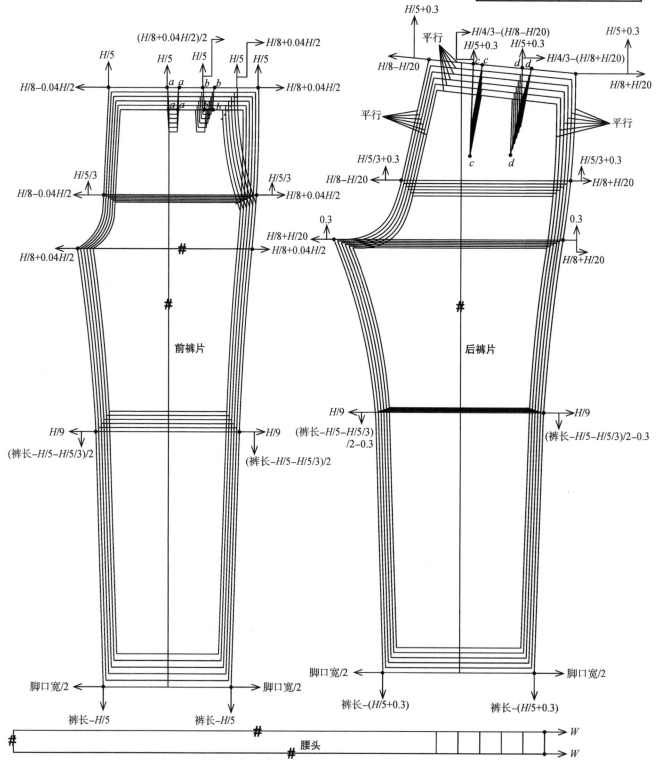

3．男西裤推板

要点：

(1) 带#的线为公共线（基准线）不推。

(2) 推板横向所有数值均指水平方向，沿箭头方向推。

(3) 推板竖向所有数值均指垂直方向，沿箭头方向推。

(4) 所有推板公式更适合CAD操作。

5.4系列档差　　单位：cm

部位	档差
裤长	3
臀围（H）	4
腰围（W）	4
脚口宽	0.8

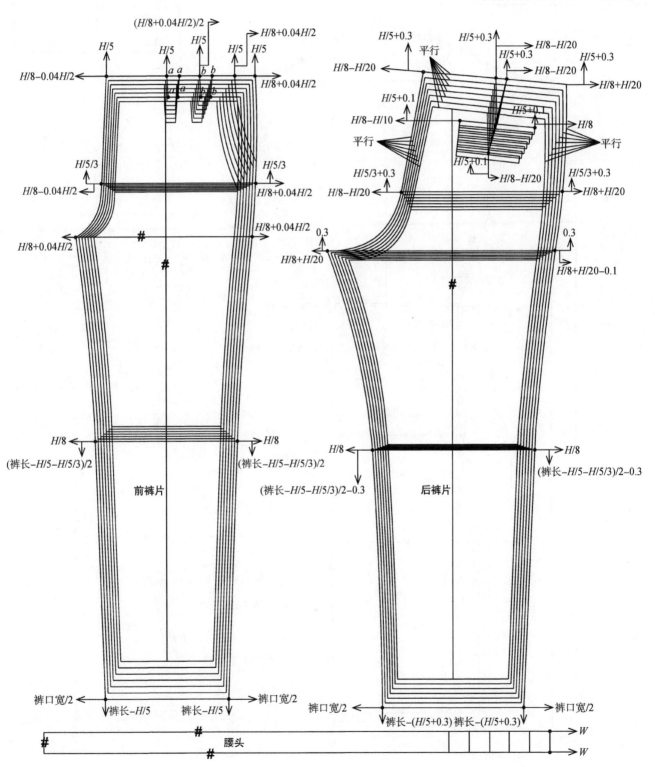

4. 夹克衫推板

要点：
(1) 带#的线为公共线（基准线）不推。
(2) 推板横向所有数值均指水平方向，沿箭头方向推。
(3) 推板竖向所有数值均指垂直方向，沿箭头方向推。
(4) 调整袖肥，使袖山弧线与袖窿弧线匹配。
(5) 所有推板公式更适合CAD操作。

5.4系列档差	单位：cm
部位	档差
衣长	2
胸围（B）	4
领围（N）	1
肩宽（S）	1.2
袖长（SL）	1.5

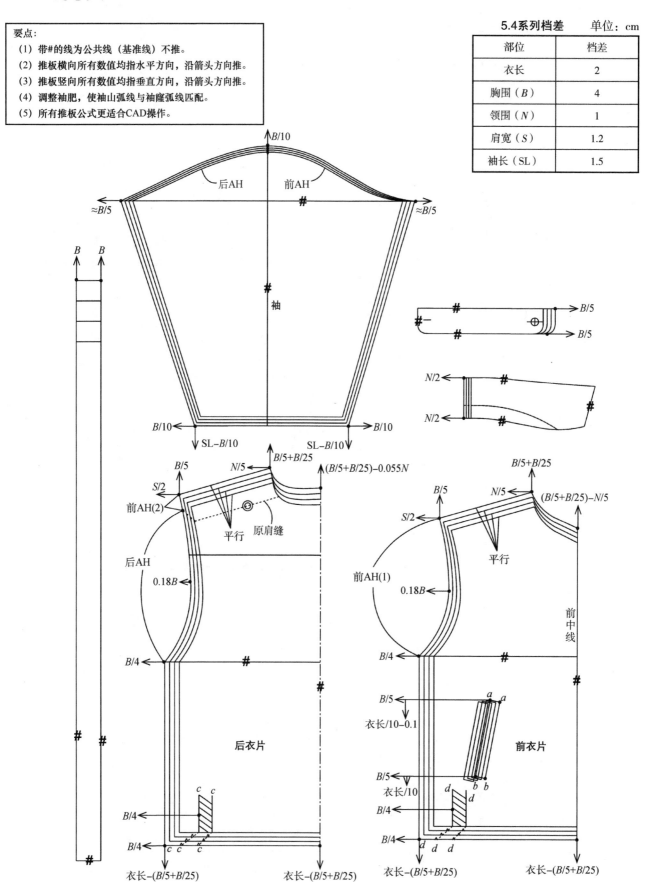

5. 男衬衫推板

要点：
(1) 带#的线为公共线（基准线）不推。
(2) 推板横向所有数值均指水平方向，沿箭头方向推。
(3) 推板竖向所有数值均指垂直方向，沿箭头方向推。
(4) 所有推板公式更适合CAD操作。

5.4系列档差　单位：cm

部位	档差
衣长	2
胸围（B）	4
领围（N）	1
肩宽（S）	1.2
袖长（SL）	1.5
袖口宽	0.4

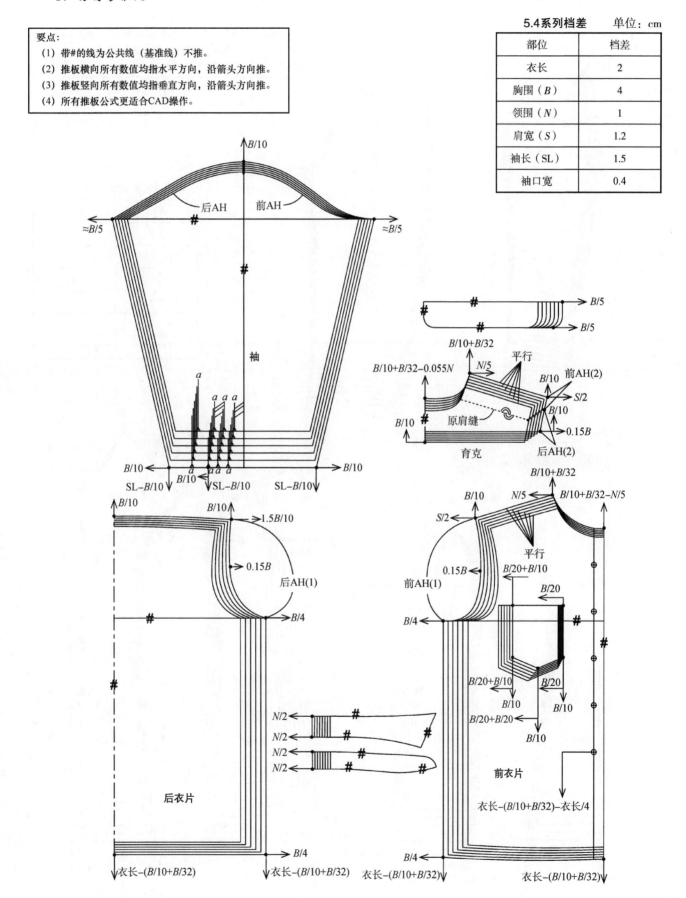

6. 女八片上衣推板

要点：
(1) 带#的线为公共线（基准线）不推。
(2) 推板横向所有数值均指水平方向，沿箭头方向推。
(3) 推板竖向所有数值均指垂直方向，沿箭头方向推。
(4) 所有推板公式更适合CAD操作。

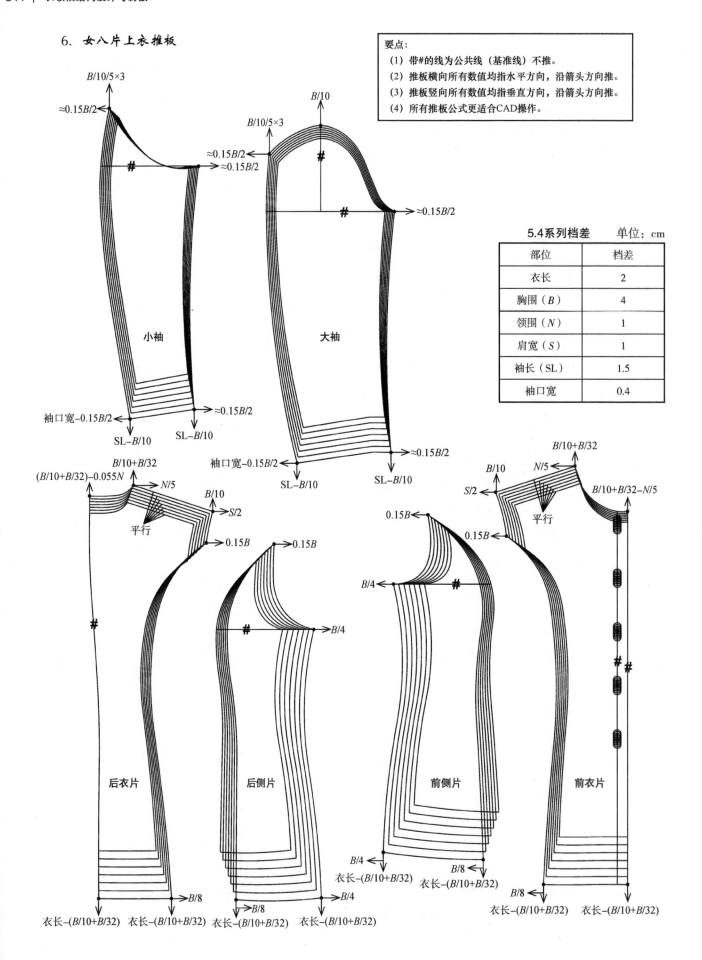

5.4系列档差　单位：cm

部位	档差
衣长	2
胸围（B）	4
领围（N）	1
肩宽（S）	1
袖长（SL）	1.5
袖口宽	0.4

7. 中山服推板

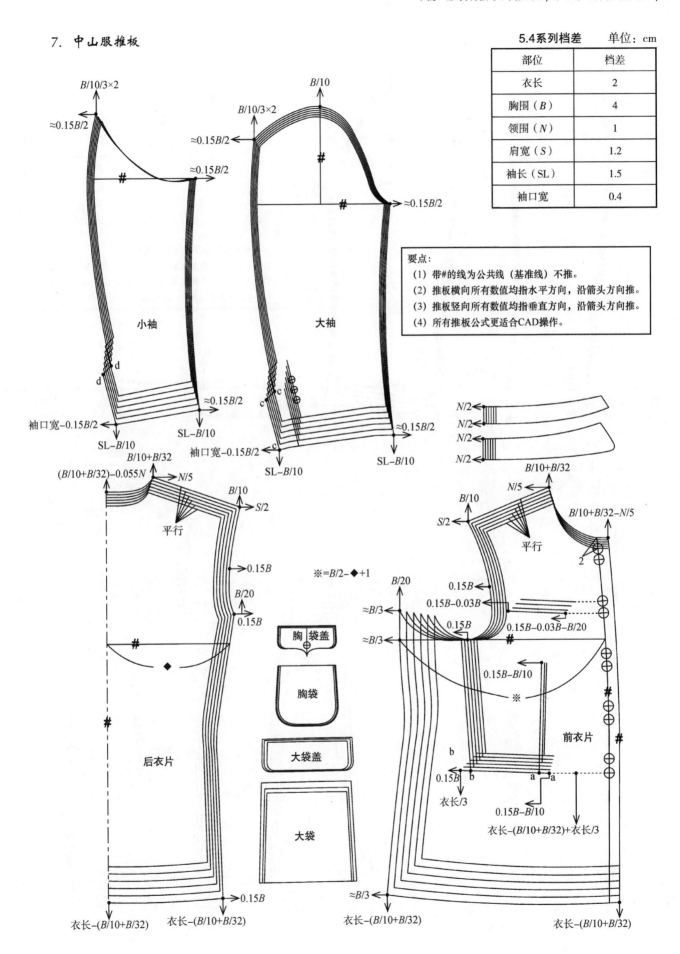

5.4系列档差　　单位：cm

部位	档差
衣长	2
胸围（*B*）	4
领围（*N*）	1
肩宽（*S*）	1.2
袖长（SL）	1.5
袖口宽	0.4

要点：
(1) 带#的线为公共线（基准线）不推。
(2) 推板横向所有数值均指水平方向，沿箭头方向推。
(3) 推板竖向所有数值均指垂直方向，沿箭头方向推。
(4) 所有推板公式更适合CAD操作。

8. 男西服推板

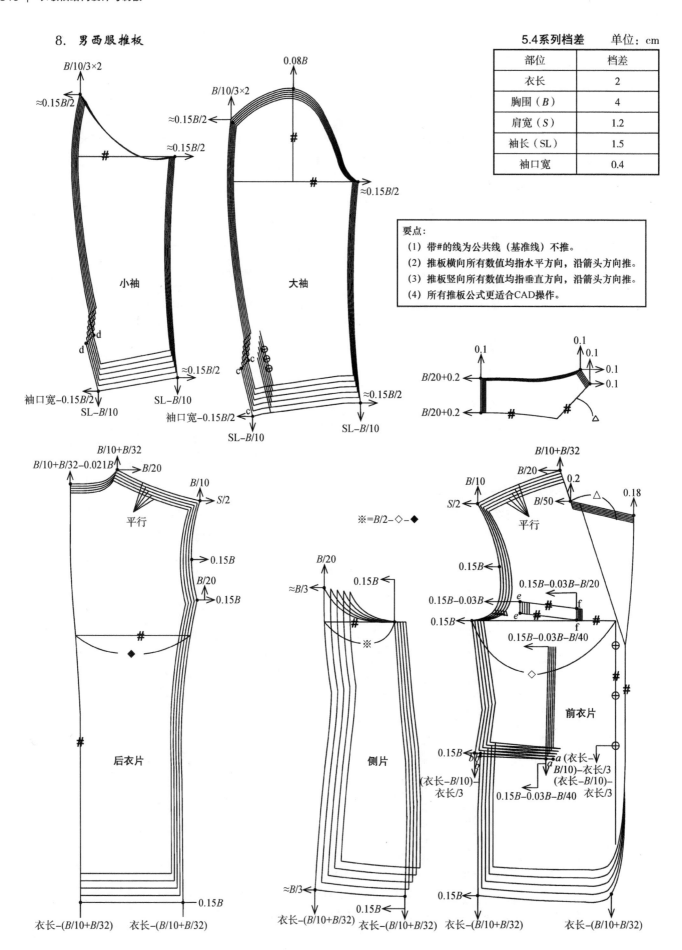

部位	档差
衣长	2
胸围（B）	4
肩宽（S）	1.2
袖长（SL）	1.5
袖口宽	0.4

要点：
(1) 带#的线为公共线（基准线）不推。
(2) 推板横向所有数值均指水平方向，沿箭头方向推。
(3) 推板竖向所有数值均指垂直方向，沿箭头方向推。
(4) 所有推板公式更适合CAD操作。

9. 插肩连袖推板

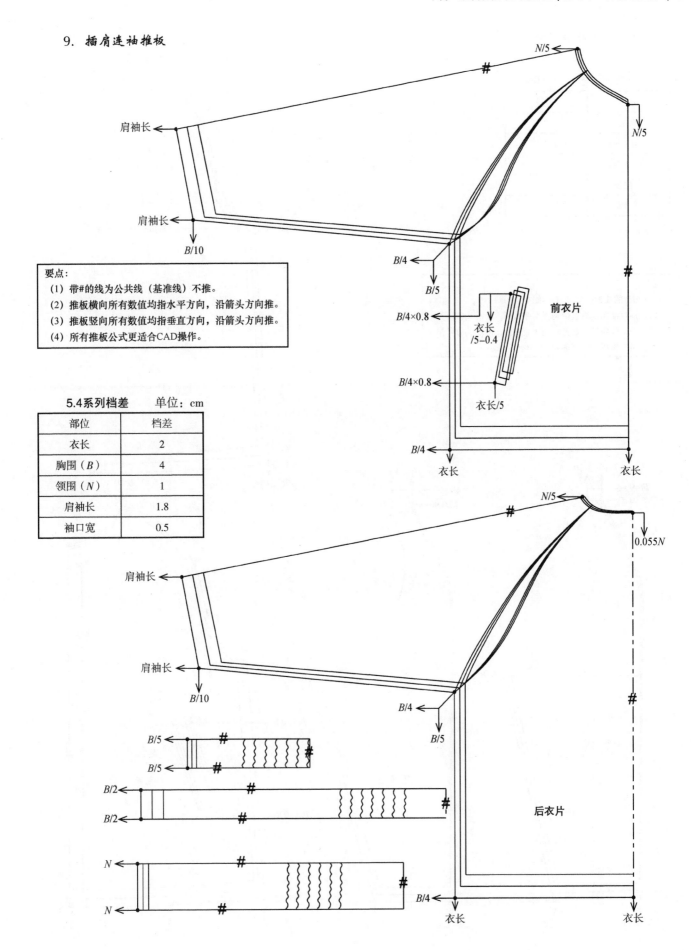

要点：
(1) 带#的线为公共线（基准线）不推。
(2) 推板横向所有数值均指水平方向，沿箭头方向推。
(3) 推板竖向所有数值均指垂直方向，沿箭头方向推。
(4) 所有推板公式更适合CAD操作。

5.4系列档差　单位：cm

部位	档差
衣长	2
胸围（B）	4
领围（N）	1
肩袖长	1.8
袖口宽	0.5

10. 插肩分片推板

5.4系列档差　　单位：cm

部位	档差
衣长	2
胸围（B）	4
领围（N）	1
肩袖长	1.8
袖口宽	0.5

要点：
(1) 带#的线为公共线（基准线）不推。
(2) 推板横向所有数值均指水平方向，沿箭头方向推。
(3) 推板竖向所有数值均指垂直方向，沿箭头方向推。
(4) 所有推板公式更适合CAD操作。

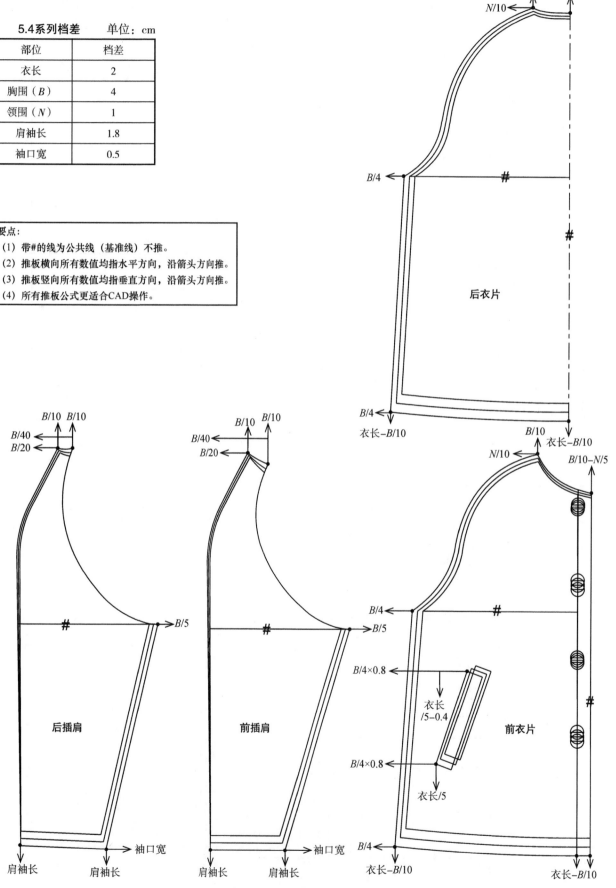

第八章　综合应用案例

第一节　照单打板

工艺单就是打板的主要依据，依照工艺单打板，简称"照单打板"。

一、照单打板的步骤

（1）仔细阅读工艺单中的所有内容，对该产品有一个整体印象。

（2）对该产品的款式进行具体分析和研究，各部位的形态定位要准。

（3）对规格表进行具体分析和比较。

（4）确认面料、里料的缩率，按照要求把缩率预加到样板中。

（5）进行打板、推板操作。

二、照单打板的规则

（1）以结构图为基础：各衣片的平面结构一定要符合结构图的规则，也是版型的规则。

（2）以订单为依据：订单是技术标准，款式、面辅料、制作工艺均应按订单要求操作。

（3）以规格表为标准：每个衣片各部位尺寸都要与规格表相符。成品要与规格表相符。

三、照单打板的技巧

（1）局部调整：不合适的部位要进行适当调整。

（2）多方兼顾：进行调整时要兼顾其他部位，不要顾此失彼。

（3）相互印证：各部位数据要相互印证，不要相互矛盾。

（4）整体协调：最后要达到整体协调，保证版型。

四、照单打板的要求

（1）由于订单来源不同，制单人的习惯和思路不同，订单中的部位名称、专业术语不一定规范，必须进行认真分析，正确判断各部位的尺寸，还要相互印证，符合规律，最后得出可靠的数据。

（2）一般订单上提供的尺寸只是该产品的基本规格，具体到每个部位的尺寸及形状，不一定都有具体的数据。这些订单上没提供的数据，而且打板中必须要用，就要有制板人根据经验和规律去推测、判断和确定。这种推测和判断一定要符合结构规则，与款式相吻合，才能保证版型的质量。无法确定的重要问题，要与客户沟通。

（3）订单上规格表中的尺寸是成品质量检查的主要标准。打板前要充分考虑在生产过程中对尺寸有所影响的因素，如面料的缩率，填充物的厚度以及各种工序的损耗，都要考虑进去，以达到成品尺寸符合要求。要知道客户一般不看过程，主要看结果。

五、照单打板案例

1. 照单打板案例1

这是一个日本订单。图表比较清楚，款式为分割式牛仔裤，共两个号。

縫製仕様書（下物）

工場名		品番 263892X34	品名 パンツ	ブランド 000	デザイナー 名和由紀
A3		レーベン F.S	MADY II	梅套 F.S	

〈デザイン画〉

〈シャツコール〉

名称	マスターサイズ 64	仕上がり 61	仕上がり 64	指示寸法 (cm)
総丈　总长	98.0	98.0	98.0	
ベルト巾　腰宽	3.5	3.5	3.5	
股上　上裆	21.0	21.0	21.0	
股下　下裆	78.0	78.0	78.0	
ウエスト実寸　腰	70.0	67.0	70.0	
ヒップ　臀	93.0	90.0	93.0	
裾口巾　裤脚宽	38.0	37.0	38.0	
ヘム巾　折份宽	2.5	2.5	2.5	
後ポケット口　后斗口	13.5	13.5	13.5	
後ポケット開き　后斗深	13.5	13.5	13.5	
脇フラップ口　侧斗盖口	15.5	15.5	15.5	
脇フラップ巾　侧斗盖宽	6.0	6.0	6.0	
脇ポケット巾　侧斗口	15.0	15.0	15.0	
脇ポケット開き　侧斗深	17.0	17.0	17.0	
ひざ巾　膝宽	38.0	37.0	38.0	
わたり　横裆	59.0	57.0	59.0	

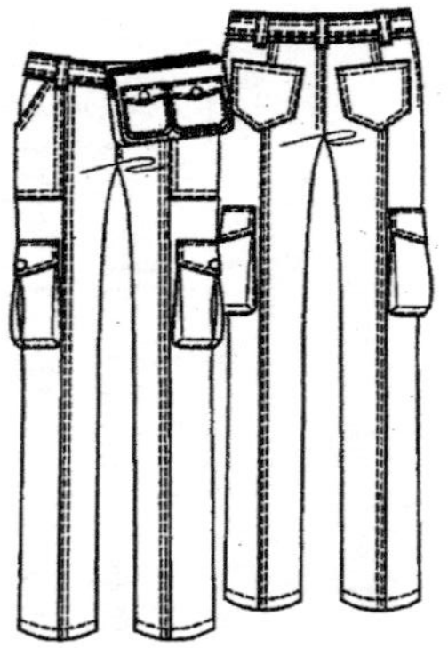

備考
◎ 成品水洗，按图示尺寸完成
◎ 即付は2重糸で1つの穴に2回以上通し、生地の厚みを考えて提巻は3回以上行う

＊ 製品洗い をかけて、指示寸法になる様に!!
＊ 裁断方法　逆毛同前裁
　　表地→逆毛一方向
＊ 納品方法　按图挂好腰带及后小包后装箱
　　デザイン画の様に、ベルトとバックを付ける
　　（詳しくは、別紙＜梱包指示＞にて）
　　（详情请参见包装指示）

岐阜市××××
Tel 058-278-××××
Fax 058-272-××××
品質·洗濯表示　綿 100%

縫製仕様

名称	縫製仕様		
側縫（表）脇（表）	本縫い ハートロック	平縫＋包縫	
内档（表）內股（表）	本縫い ハートロック	平縫＋包縫	
裤脚（表）褄（表）	三つ折り1.5cst	2折り1.5c明線	
脇身（裏）			
内股（裏）			
褄（裏）			
後档 尻ぐり	本縫い ハートロック	平縫＋包縫	
開又 明き	C・Fファスナー 見返し	前中拉鏈貼边	
貼边 見返し	ロック	包縫	
腰処理 ウエスト始末	ベルトに挟み込み	夹入腰	
裏地スリット			
裏地糸ループ止め			
スラックス器			
その他			

縫份割向	縫代巾
縫代割向	割缝巾
割缝向	1.2
单向側	2.5
单向側	
单向側	1.2
片倒し	1.0
——	1.0
——	1.0

（1）结构图。

要点：该裤型弯腰头，前后裤片裤中线分别向外2cm、1.6cm分割，前后裤片均在内片上缉双明线。后片腰口处加1.5cm左右隐藏省。"折份宽"指脚口折边宽。

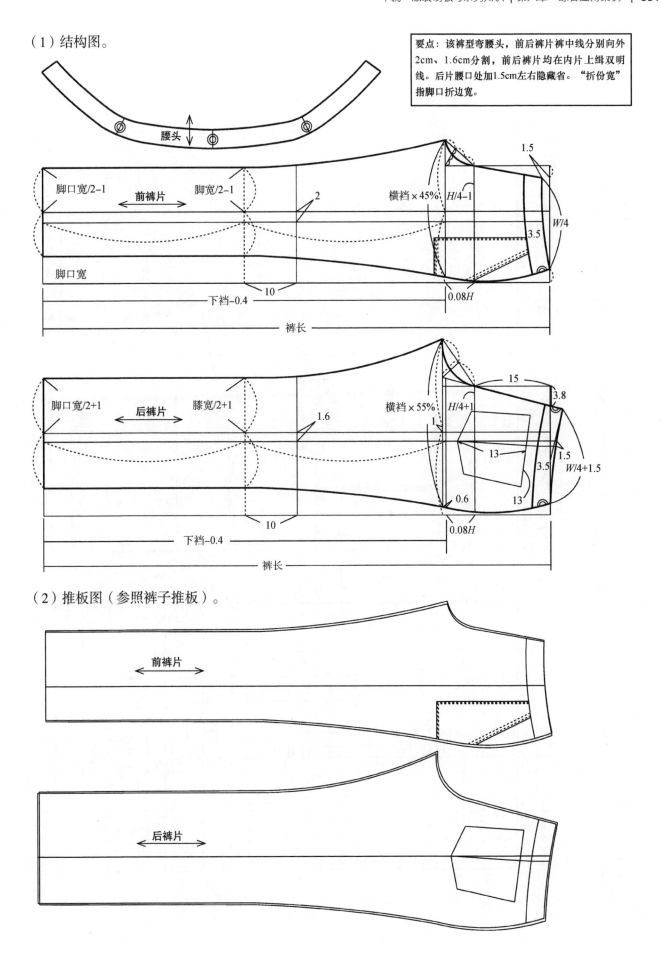

（2）推板图（参照裤子推板）。

2. 照单打板案例2

该款为针织衫，"V"型领口，领口和前门门用斜纹布包边（包边处不用放缝份）。前后片上的口袋合并成一体，骑在侧缝上。

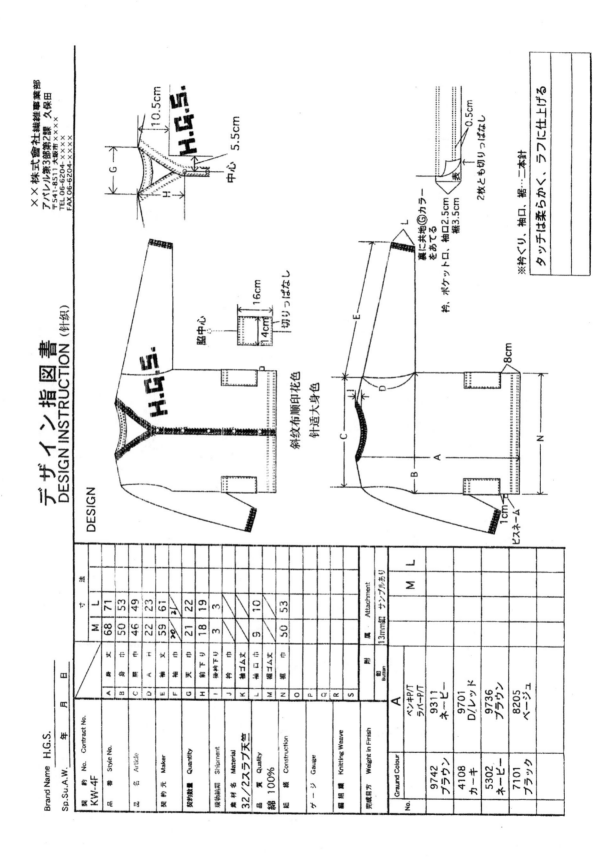

デザイン指図書
DESIGN INSTRUCTION（针织）

××株式會社维维事業部
アパレル第3部第2課 久保田
〒541-8511 大阪市××××
TEL 06-6204-××××
FAX 06-6204-××××

Brand Name H.G.S.
Sp.Su.A.W.　　年　月　日

DESIGN

10.5cm
G
H
中心 5.5cm

脇中心
16cm
4cm
切りっぱなし

斜纹布顺印花色
针适大身色

C
D
B
A
E
N
8cm
1cm
ピスネーム
L
裏に共地Ⓖカラー をあてる
衿、ポケット口、袖口2.5cm、裾3.5cm
2枚とも切りっぱなし
0.5cm
裏

※衿は共地Ⓖカラー
タッチは柔らかく、ラフに仕上げる

※衿くり、袖口、裾、ラフに仕上げる
タッチは柔らかく、ラフに仕上げる

契約No. Contract No. KW-4F						M	L
品番 Style No.							
品名 Article				身丈	A 身丈	68	71
				身巾	B 身巾	50	53
契約元 Maker				肩巾	C 肩巾	46	49
				A	D 巾	22	23
契約数量 Quantity				袖丈	E 袖丈	59	61
				袖巾	F 袖巾	20	21
现物钢剥 Shipment				天巾	G 天巾	21	22
				前下リ	H 前下リ	18	19
素材名 Material 32/2スラブ天竺				後袖下リ	J 衿巾	3	3
				衿巾	K 袖口A丈	9	10
品质 Quality 綿 100%				袖口巾	L 袖口巾	9	10
				袖口A丈	M 袖口A丈		
组织 Construction				裾巾	N 裾巾	50	53
					O		
ゲージ Gauge					P		
					Q		
编组织 Knitting Weave					R		
					S		
完成目寸 Weight in Finish			附 Attachment				
				钮 Button	13mm黑 サンプル売リ		

No.	Ground Colour		A ペンキP/T ラバーP/T	M	L
	9742 ブラウン		9311 ネービー		
	4108 カーキ		9701 D/レッド		
	5302 ネービー		9736 ブラウン		
	7101 ブラック		8205 ベージュ		

（1）结构图。

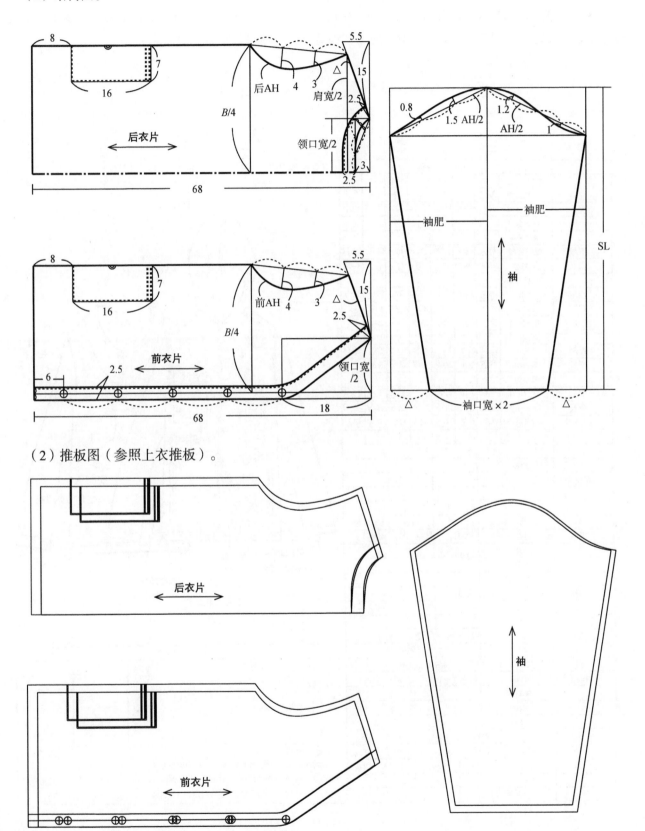

（2）推板图（参照上衣推板）。

3. 照单打板案例3

这是一件带帽的童装。四开身结构，前门拉链，三个开线口袋，两片帽。该订单为手工制单，字迹比较潦草，表述也不是很清楚，如"领宽"应为"帽宽"，"挂肩"应为"袖窿"。

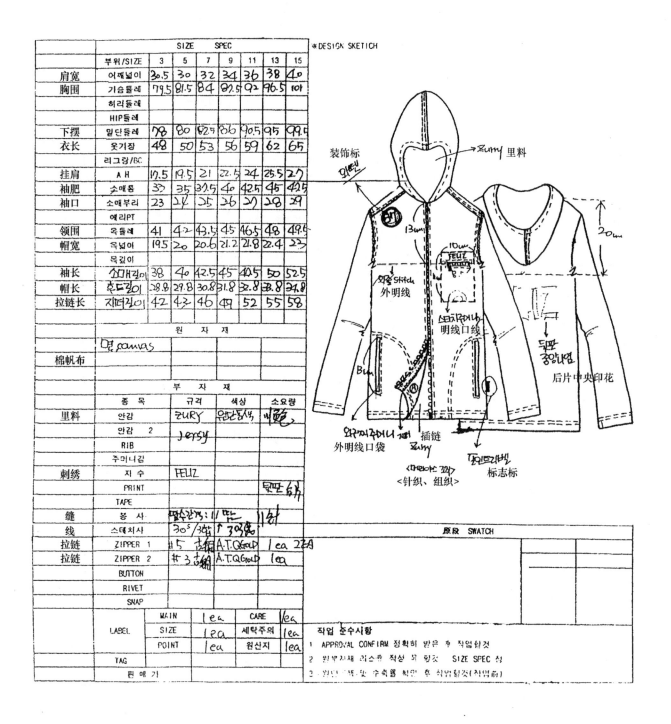

（1）结构图

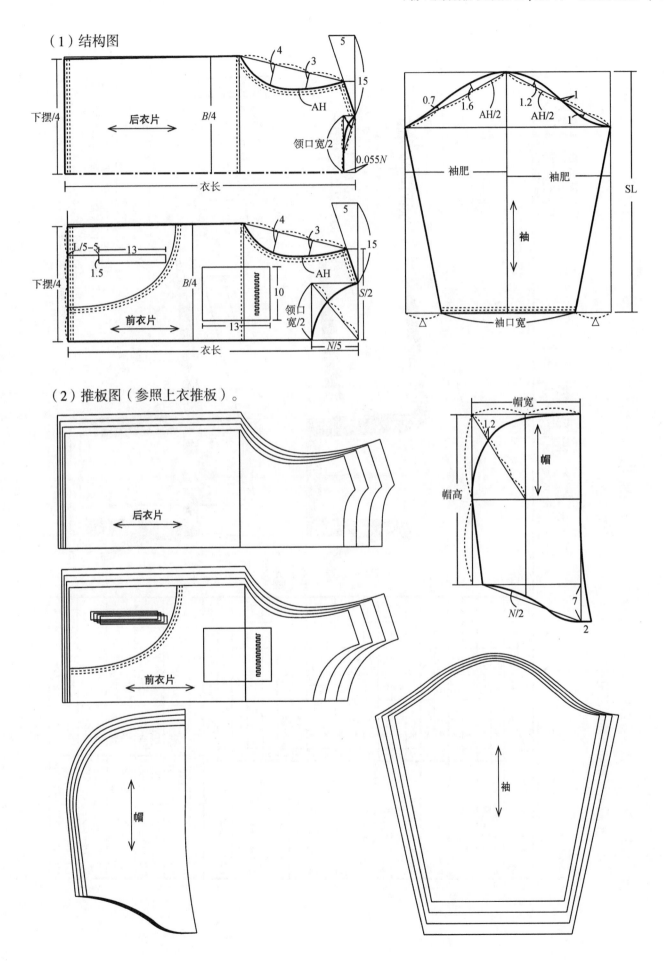

（2）推板图（参照上衣推板）。

4. 照单打板案例4

该款为女式针织衫。四开身结构，独片袖，站翻领。袖口、下摆抽松紧带。衣片和袖跨片分割，拼色。前后衣长相等，袖窿深相等，胸宽和背宽相等。袖窿直量。

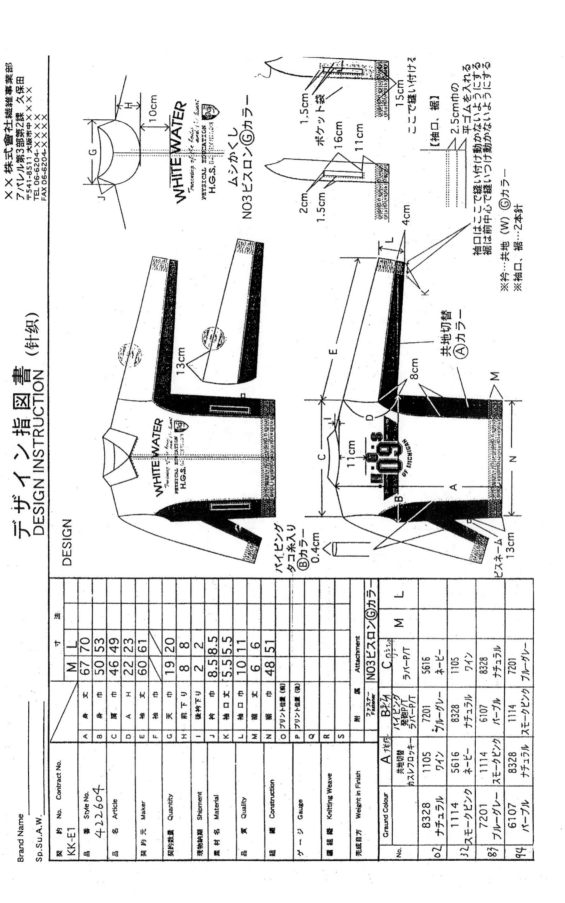

（1）结构图。

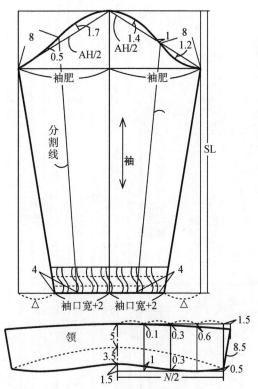

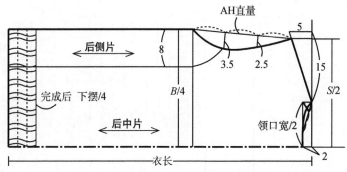

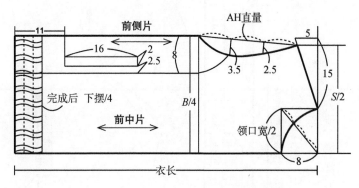

（2）推板图（参照上衣推板）。

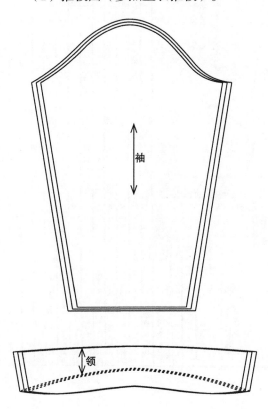

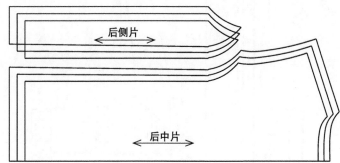

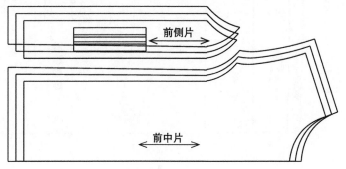

5. 照单打板案例5

该款为女式针织装。袖头、下摆均为针织罗纹。无侧缝，跨片分割给该订单增加了难度。

PROCEEDING INSTRUCTIO
量 產 指 図 書 A

STYLE NO. **TR-3A2396JJ**

SAMPLE STYLE NO. **TGL-22**

MAKER

BRAND NAME

	S	M	L	O
宽急	9.5	10	10.5	11
FC-b	6.5	7	7.5	8

＜製品上リ寸法＞	S	M	L	O	作成者 t-tom
a 身丈(BNP〜)	58	60	62	64	
b 身巾	49.5	51	52.5	54	
c 肩巾					
d 袖丈					
e A H					
f 袖巾	20	21	22	23	
g 袖口巾	12.5	13	13.5	14	
h 袖ロリア					
i 衿丈	77.5	80	82.5	85	
j 天巾	14.6	15	15.4	15.8	
k 前下がり(BNP〜)	7.8	8	8.2	8.4	
l 後下がり	2	2	2	2	
m 衿(先) 巾	6.5	6.5	6.5	6.5	
n 衿後巾	6.5	6.5	6.5	6.5	
o 裾巾	46.5	48	49.5	51	
p 裾リブ丈	6.5	6.5	6.5	6.5	
q 前立て巾					
r 前立て丈					
s ウエスト巾					
t 123止位置(NP〜)					
u 肩下がり					
v フード巾					
w フード丈					
x パイインダー巾					
y 裾リブ上がり巾					
z 裾リブ丈(完成)	39.5	41	42.5	44	
フロントファスナー	58	60	62	64	

腰扎长（完成），
拉链长

生産 1

カラー	A	B	C	D	E
カラー素番					

糸 地縫い	ステッチ	直針	飾	カラー
地縫い			/small	A /small
				A /small

転印六

3本针竖编

丝头口袋

无侧缝

缝针迹

3本针竖编

洗标分类索引标

素材 付属標

ITEM	品番	CO	PARTS	規格	マシ	男注先	品番	ITEM	CO	PARTS	マシ	民注先
表地	F-ZM008	A	身頃			黑レ	ウォッシングラベル TRWL		信表	志部後身頃裾中央裾底から10cm		ブラウス
メッシュ(里前天xf490SP	CFOR-456CA(C5)	★	左右米ポケット		1	丸喜	セキュリティーピン TRP-P		脇レ		1	ブラウス
ファスナー		A	前中心	2×1		丸喜	機能タグ(DRY) TRFT-DR					ブラウス
リブ		A	衿/袖口/裾口		2	ナウシカ	機能タグ(UVカット) TRFT-UV				1	ブラウス
転写マーク	TRTP-L	★	左胸/後右		1	ナウシカ	コピーガード TRCG					小箱底引っ
転写マーク(ブランドネーム) TRTP-2/WH		★	肯耳中心		1	丸喜	プライスカード		信号引			ジャンパー
引き手	TGR-1S		前中心						作指定			
芯地			長返し/ポケット口 絶対伸びど止									

要点：这是一个难度非常大的订单。其基本结构是插肩式，在袖片和衣片接缝处加
一负省（去掉一个量），可减少前胸后背多余的量。衣片跨片分割，成品无侧缝。

（1）结构图。

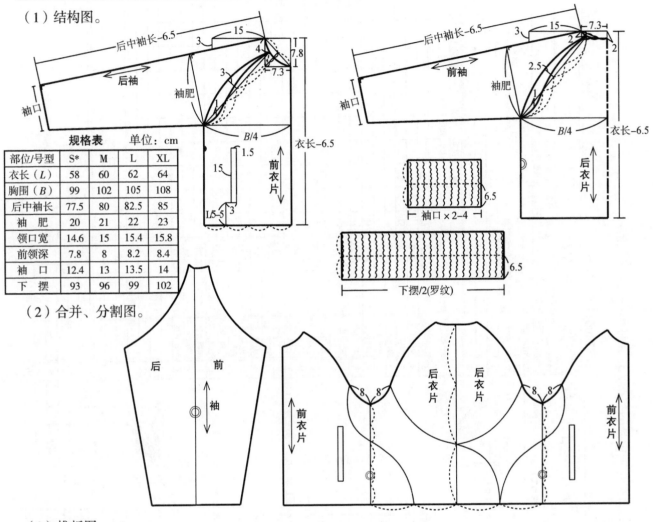

部位/号型	S*	M	L	XL
衣长（L）	58	60	62	64
胸围（B）	99	102	105	108
后中袖长	77.5	80	82.5	85
袖肥	20	21	22	23
领口宽	14.6	15	15.4	15.8
前领深	7.8	8	8.2	8.4
袖口	12.4	13	13.5	14
下摆	93	96	99	102

规格表　单位：cm

（2）合并、分割图。

（3）推板图。

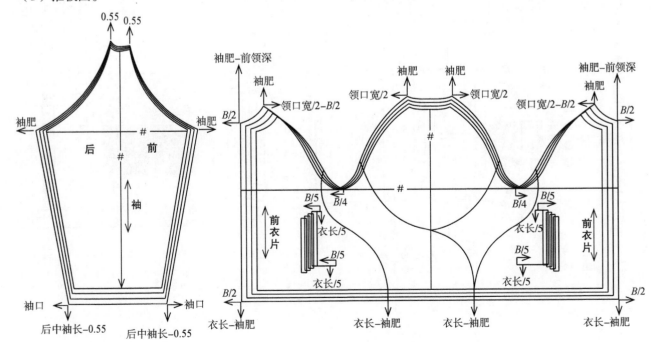

6. 照单打板案例6

这是一件男式T恤衫。该订单既提供袖肥的数据，又提供袖山高的数据，这在订单中是不多见的。

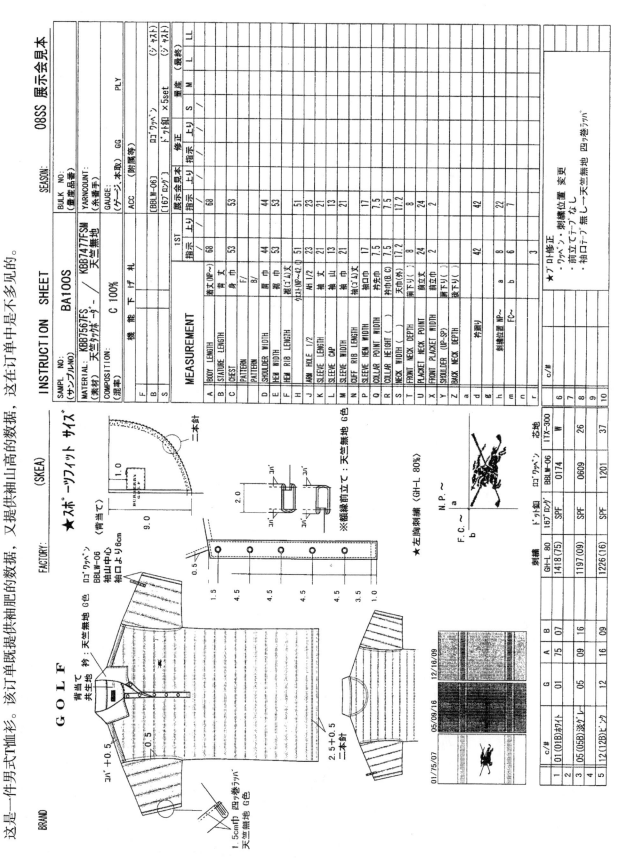

要点：后衣片要加长1cm，同时前袖窿深减掉0.5cm，
后袖窿深加上0.5cm。这是为满足男性前后袖窿差。下
图采用"袖肥在先法"，袖山可以忽略。

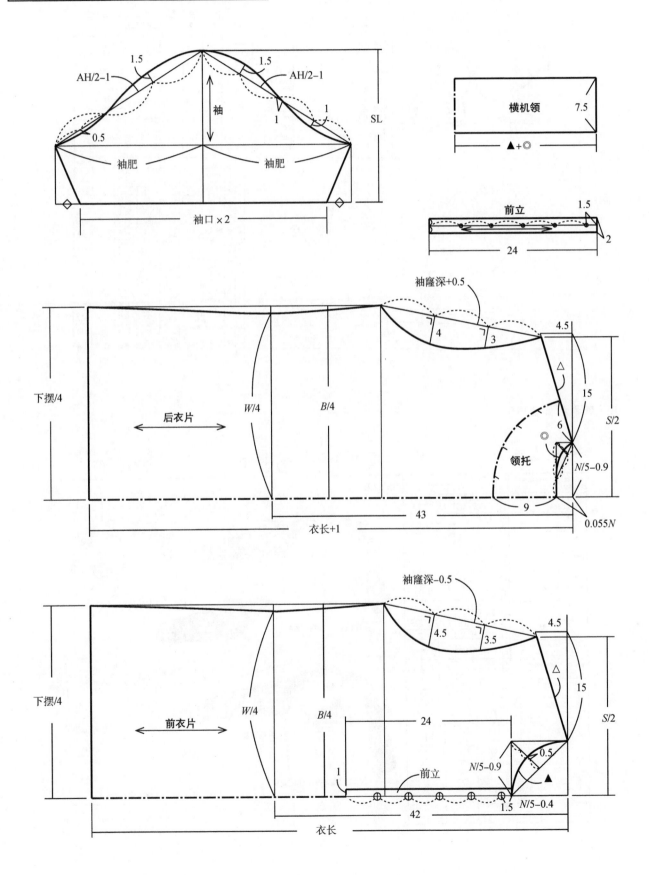

7. 照单打板案例7

《资材·寸法规格书》　**仕様書：**　　作成　　　　　　　　　　　　株式会社　　　　商品部 企画

（各种日文规格表格，素材指示、仕上り寸法等）

8. 照单打板案例8

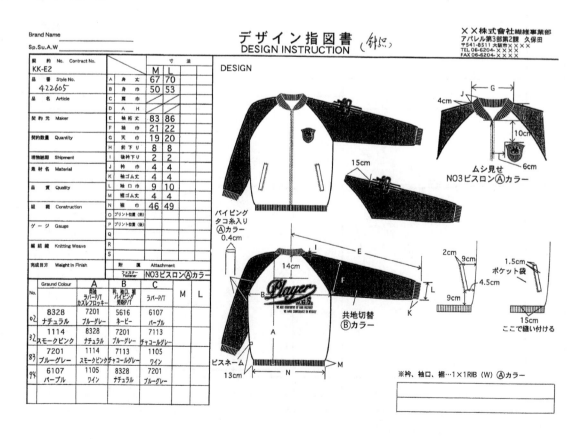

デザイン指図書（針織）
DESIGN INSTRUCTION

××株式会社繊維事業部
アパレル第3部第2課　久保田
〒541-8511 大阪市×××
TEL 06-6204-××××
FAX 06-6204-××××

第二节 照衣打板

客户只提供样衣而没有订单，一般出现在初步探讨阶段或内销产品中。样衣就是打板的唯一依据，依照样衣打板，简称"照衣打板"。

一、照衣打板的步骤

1. 款式分析

仔细观察和分析样衣的款式、结构，对各部位的造型要有正确的定位。通过观察分析，对该产品有一个整体印象。

2. 材料分析

对样衣所用材料进行具体分析，包括面料、里料的成分、组织结构、后整理工艺、缩率等性能，推测出其经向缩率和纬向缩率。

3. 测量

对样衣有关部位进行逐一测量。测量的顺序应先测量基本部位，如衣长、裤长、胸围、臀围、袖长、肩宽等，然后测量打板必需的各个具体部位的尺寸。

4. 设计号型规格表

通过对样衣各部位的测量，编制出基本尺寸表，然后根据面、里料的缩率，分别在各部位上追加经向缩率和纬向缩率。

5. 构思打板方案

构思出打板方案，包括打板的内容、片数和顺序。

6. 进行打板推板操作

按照打板方案，进行打板，然后推板。

二、照衣打板的规则和技巧

1. 照衣打板的规则

（1）以结构图为基础：各衣片的平面结构一定要符合结构图的规则，也是版型的规则。

（2）以样衣为依据：要尊重原服装的款式造型。

2. 照衣打板的技巧

画出样板后，难免有的部位尺寸或形状不符合要求，顾此失彼，相互矛盾是常见的。以下技巧可有效解决这些问题。

（1）局部调整：不合适的部位要进行适当调整。

（2）多方兼顾：进行调整时要兼顾其他部位，不要顾此失彼。

（3）相互印证：各部位数据要相互印证，不要相互矛盾。

（4）整体协调：最后要达到整体协调，保证版型。

三、照衣打板的要求

对样衣款式分析和定位要准确，特别是样衣的个别部位在制作过程中生产正常和不正常的变形，从外观上不易分清，给判断带来一定困难。例如，有的样衣的领型，本来是领外口大于领根长度的关门领，由于绱领时拉伸了领根，致使外领口出现倒弯；有的口袋本来是个正方形，由于制作走样变成梯形。这些表面现象都要仔细辨别。

样衣的测量要具体部位具体对待，经过制作和烫熨的衣片各部位有不同程度的变形，由于面料辅料的性能不同，制作工艺和掌握技巧不同，这些部位的变形程度也有较大差异。有的部位拉抻变长了，有的部位归吃缩短了。如裤子后裆长，成品要比原样板长的多。要知道，样衣尺寸和衣片的形状不等与原样板的尺寸和形状。从某种意义上讲，照衣打板的过程是成品样衣还原成样板的过程。

四、照衣打板案例

1. 照衣打板案例1

该款爬爬装为连体式，插件式短袖，短裤。袖口、脚口用锁边机密锁0.2cm宽的边，锁边时把脚口和袖口拉长，锁完后即形成飞边的效果。图中标出需要测量的部位，在测量过程中要注意观察，注意松紧，尽量取得比较合理的数据。

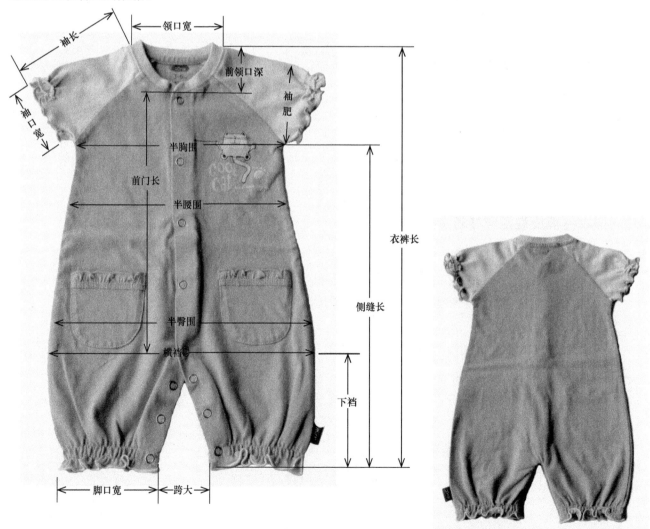

规格表　　　　　　单位：cm

部位	规格	部位	规格
衣裤长	46	臀围（H，档上5）	58
胸围（B）	48	下档	9
领口宽	12	脚口宽1	14
前领口深	5.5	脚口宽2	12
后领口深	1.5	腰围（W）	54
肩袖长	12	领围（N）	33
袖口宽1	10	领高	1.2
袖口宽2	9	横档	30.5
袖肥	10.5	跨大	4

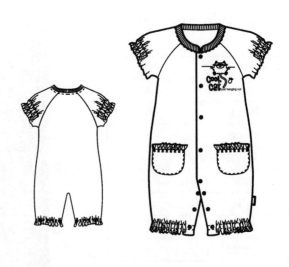

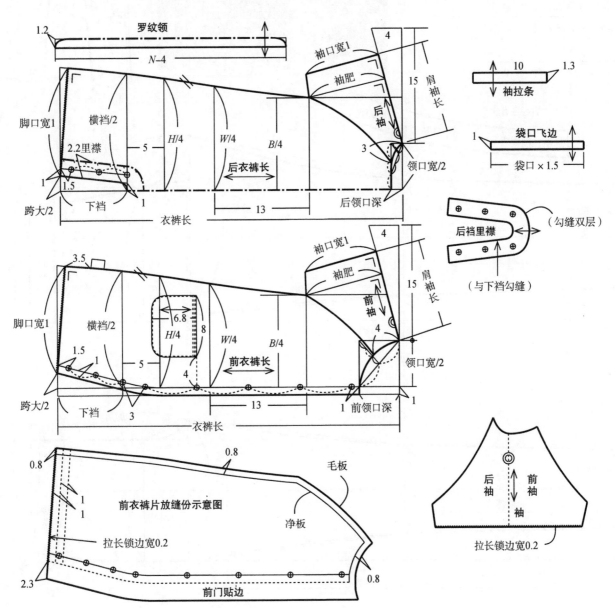

2. 照衣打板案例2

该款式是一条针织弹力女裤。

<table>
<tr><th colspan="2">规格表　单位：cm</th></tr>
<tr><th>部位/号型</th><th>均码*</th></tr>
<tr><td>裤长</td><td>95</td></tr>
<tr><td>臀围（H）</td><td>80</td></tr>
<tr><td>腰围（W）</td><td>70</td></tr>
<tr><td>脚口宽</td><td>14</td></tr>
<tr><td>膝宽</td><td>16</td></tr>
<tr><td>下裆</td><td>70</td></tr>
<tr><td>前横裆</td><td>22</td></tr>
<tr><td>后横裆</td><td>28</td></tr>
<tr><td>前浪（不含腰）</td><td>21</td></tr>
<tr><td>后浪（不含腰）</td><td>27.7</td></tr>
<tr><td>腰头宽</td><td>4</td></tr>
</table>

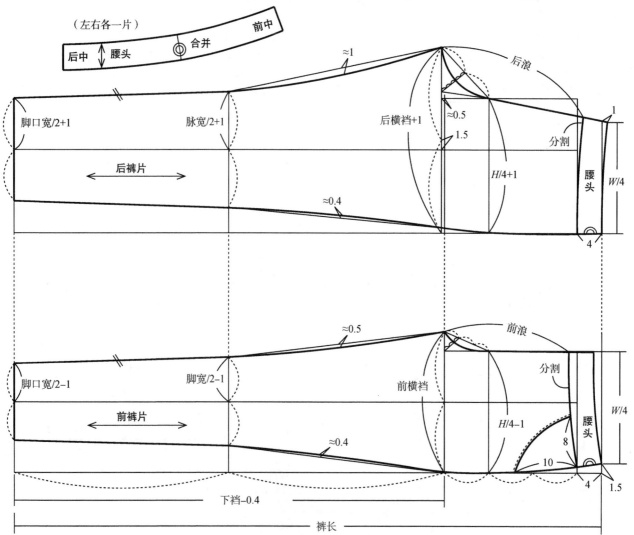

第三节　照图打板

照图打板指客户只提供款式图、效果图或照片，该图就是打板的唯一依据。单凭一张图片作为打板的依据，显然太单薄。这种打板形式难度较大。不仅需要打板者有丰富的实践经验，同时需要打板者具备较强的观察分析能力、想象能力和推理判断能力。

一、照图打板的步骤

1. 观察、分析、定位

首先对客供图片进行认真地观察分析，对各部位的造型要准确定位。例如图片是一件连衣裙，首先要对其整体造型定位，是A型？还是H型？或是X型？或是V型？然后对裙子的造型进行定位，是长裙？还是短裙？是紧身式，还是宽松式？是两片？还是四片？或者是更多片等。再看上衣前后衣片的结构属于哪种类型？是何种分割？有几种颜色拼成？袖和领各属于何种结构类型？定位一定要准确，否则就像写作文写走了题一样。

2. 制定规格尺寸

如果客户没提供规格尺寸，还要根据具体条件制定出一系列规格尺寸。这种条件包括：

（1）销售方向：是国内？还是欧美？是东南亚？还是非洲？

（2）消费对象：是男？还是女？是成人？还是儿童？是青年？还是中老年？

（3）穿着季节：是春秋装？还是夏装？还是冬装？

（4）穿着形式：是内衣？还是外套？是正装？还是休闲装、运动装等。

以上各种条件都是制定规格尺寸要考虑的因素，只有从客观上符合各种因素的规律，才算是理想的规格尺寸。共分几个号型，每个号型各部位的具体尺寸构成一系列的规格表。如果是直接与消费者见面的产品，还要考虑各种号型的配比，各种号型销售的数量及比例，是对制定的号型规格的是否合理的、最公平的评判。

3. 确定各部位的造型及尺寸

号型规格是该产品的基本尺寸，基本尺寸很重要。各部位的具体尺寸和形状也不能忽视。例如，裙子的长度，袖口、脚口的大小，领口的高低，袖山高的高低，前后领的尺寸等，对服装的款式均有较大的影响。如何才能合理的确定这些部位的尺寸及形状，主要靠观察和分析能力，同时靠全面的专业知识、扎实的基本功和丰富的实践经验。

4. 进行打板推板操作

以上几项工作都是为打板做准备的前期工作。前期工作做好就可以实施打板。照图打板相当于二次创作。图片上的款式仅仅提供的是外观形态，而打板则需要从其外观形态延伸至结构形态，这一过程也是一个解析过程。照衣打板的解析过程是通过实物的观察和测量，而照图打板只能通过对图片的观察，对其结构进行虚拟和想象，因而说照图打板带有很大的主观性。版型是否达到高水平主要取决于打板人的水平和能力。毕竟是二次创作，二次创作的原则应该是在尊重原款式造型的前提下，发挥打板人的智慧和才能，对每个细节进行结构设计，使该产品更完美，达到更高的品位。

二、照图打板的规则和技巧

1. 照图打板的规则

（1）以结构图为基础：各衣片的平面结构一定要符合结构图的规则，也是版型的规则。

（2）以图片为依据：要尊重原图片的款式造型。

2. 照图打板的技巧

画出样板后，难免有的部位尺寸或形状不符合要求，顾此失彼，相互矛盾是常见。以下技巧可有效解决这些问题。

（1）局部调整：不合适的部位要进行适当调整。

（2）多方兼顾：进行调整时要兼顾其他部位，不要顾此失彼。

（3）相互印证：各部位数据要相互印证，不要相互矛盾。

（4）整体协调：最后要达到整体协调，保证版型。

三、照图打板的网格定位法

在图片上放等距网格，可以帮助对各部位进行定位。

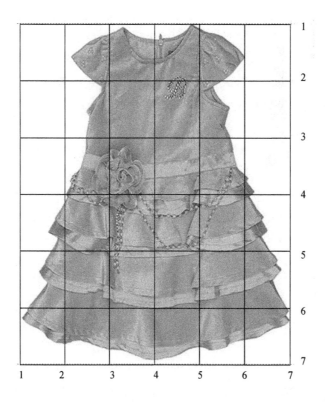

第四节 服装样板放缝份

服装制板一般都是先打净板，在净板上根据工艺需要加上缝份及折边即为毛板。样板放缝份的大小与款式、裁片的形状、部位、面料的质地和制作工艺等因素均有一定关系。

一、放缝份的一般规律及要求

一般情况缝份为1cm左右，但在下列情况下应区别对待：

（1）衣片的边线为明显弧形时（主要指正装），如上衣的袖山弧线、袖窿弧线等（包括内弧和外弧）缝份要减小，一般0.7～0.8cm即可。特别外弧与内弧缝合的边线，外弧缝份边线大于净板线，缝合后边线松弛；内弧缝份的边线短于净板线，缝合后边线拉紧，一层松弛，一层拉紧，出现皱褶，不服帖，加的缝份越宽这种现象越严重，因而不宜过宽。

（2）制作工艺及缝纫方法：各种缝纫方法所需缝份是不相同的。

（3）面料质地及厚度：较厚的面料应把缝份放宽一点；薄面料应把缝份减窄一些。

（4）特殊部位特殊要求：如男女西裤的后裆缝，应放缝份由窄到宽。

二、放缝份案例

1. 放缝份案例1

针织服装缝制多数接缝都是用四线或五线包缝机。一般缝份0.6～0.7cm即可。

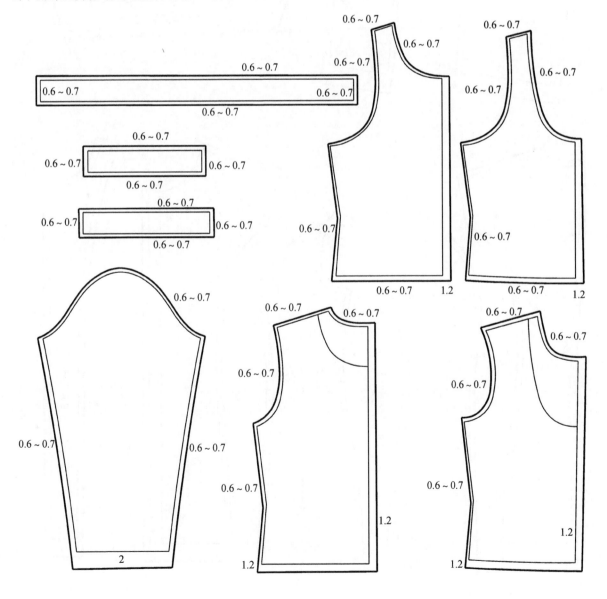

2. 放缝份案例2

图中细实线样板为净板，粗实线样板为毛板。

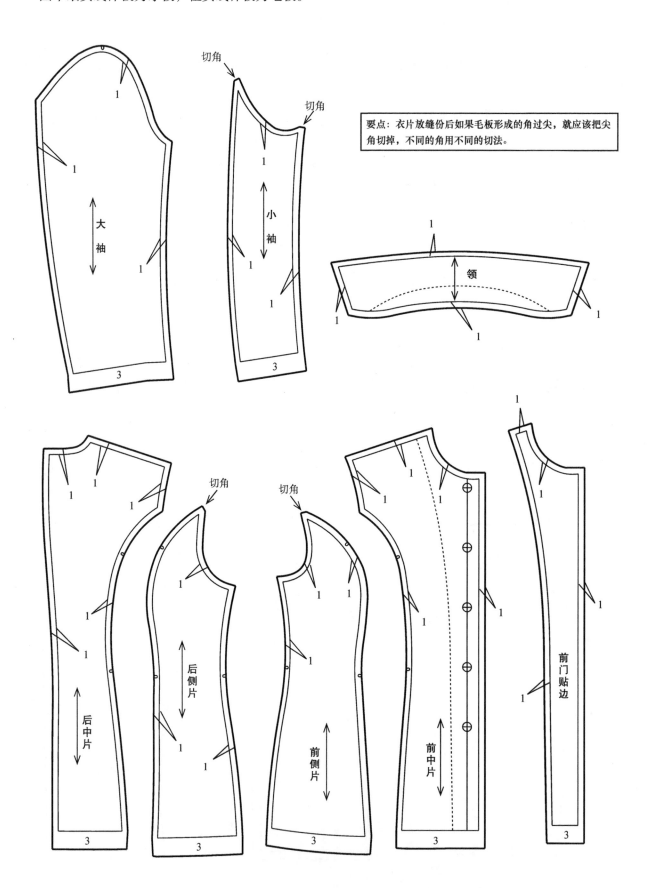

第九章　样板师系列知识

　　打板师在服装企业中属最高层的技术人员。有一定的主导性和权威性。其担负的职责不仅是制作样板，还包括裁剪、制作、后整理、包装等，甚至包括接单、放单、质检、发货。其身影几乎遍及企业生产的每道工序，每个环节。尤其是中小型服装企业，更是集各种功能于一身。是一个综合性的技术工种。因而要求打板师不仅要精通样板制作，而且同时掌握服装生产方方面面的知识和技术。以下列举几项比较重要的知识，供读者参考。

第一节　服装里子样板

　　里子在一件衣服中占从属和辅助地位，最重要的是，里子的存在不能影响表面的穿着效果，因而里子应比表面宽松一点。各类服装的里子有不同的配制。里子样板一般用表面裁剪样板复制即可。

一、西裤护膝（膝绸）

　　西裤"护膝"指在膝盖上下加里子。因其用比较光滑的绸料制成，所以也称作"膝绸"。膝绸的主要作用是保护裤子膝盖部位穿久不变形，因而也叫"护膝"。

　　裤片的纱向是直料，护膝的纱向是横料。护膝的下口用布边。护膝要用没有弹性的绸类面料制作，这样才能起到保护膝部不变形的作用。下图实线样板为表面毛板，虚线样板为里子毛板。

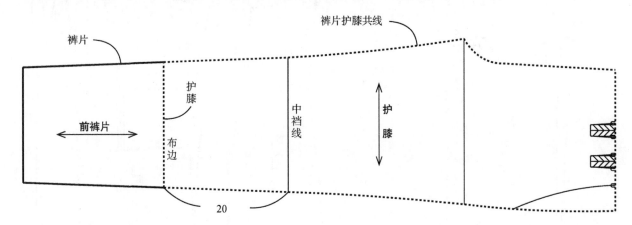

二、西服里子

　　西服的里子要求最为严格。

　　下图实线样板为表面毛板，虚线样板为里子毛板。

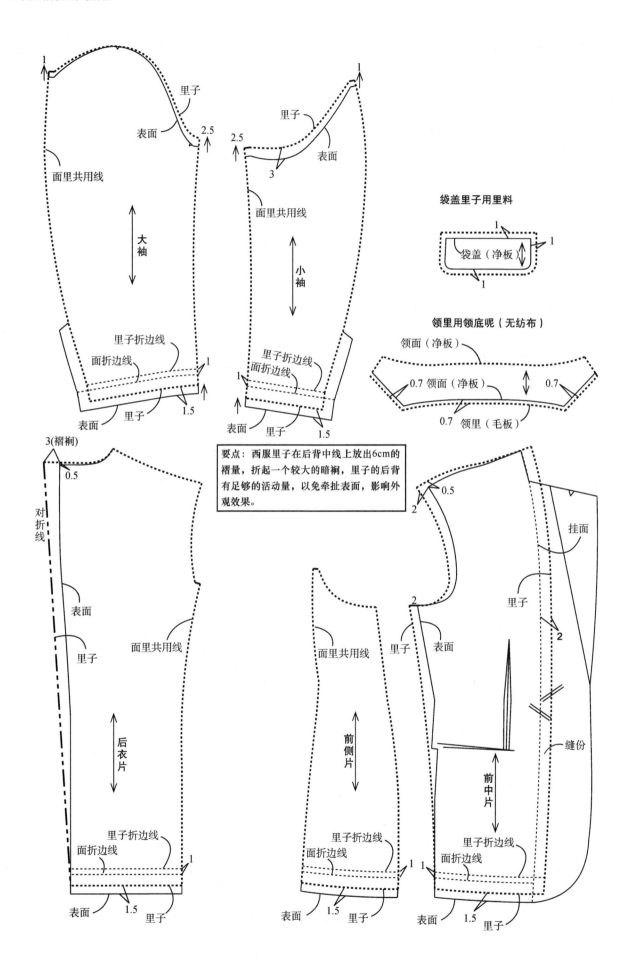

1

里子

表面

2.5

面里共用线

大袖

里子折边线
面折边线

1

表面　里子　1.5

2.5

里子

3

表面

面里共用线

小袖

里子折边线
面折边线

1

表面　里子　1.5

袋盖里子用里料

1
1
袋盖（净板）
1

领里用领底呢（无纺布）

领面（净板）

0.7　领面（净板）　0.7

0.7　领里（毛板）

3(褶裥)

0.5

对折线

表面

里子

面里共用线

后衣片

里子折边线
面折边线

1

表面　1.5　里子

要点：西服里子在后背中线上放出6cm的褶量，折起一个较大的暗裥，里子的后背有足够的活动量，以免牵扯表面，影响外观效果。

0.5
2

面里共用线

里子　表面

前侧片

里子折边线
面折边线

表面　1.5　里子　1

0.5
2

里子　表面

2

挂面

里子

缝份

前中片

里子折边线
面折边线

表面　1.5　里子

三、夹克衫里子

夹克衫的里子比较简单，除在必要的部位放出一定的量之外，主要在袖山的两头要放出2cm，这是因为袖里子在袖窿下边，有个转折。下图实线样板为表面毛板，虚线样板为里子毛板。

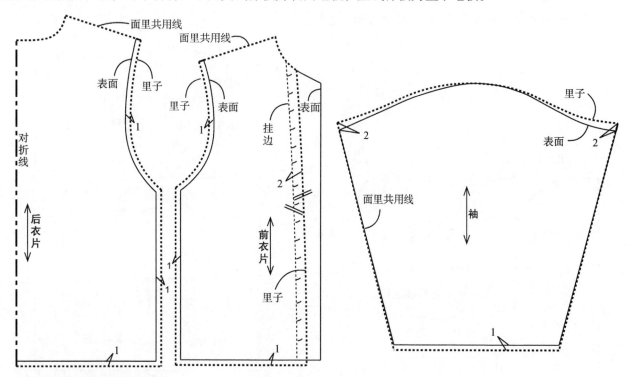

四、复杂分割式服装里子

复杂分割结构可"表里不一"。不管表面如何分割，里子可不分割。如表面开刀加省，里子也应在相应的部位加上省缝。下图实线样板为表面毛板，虚线样板为里子毛板。

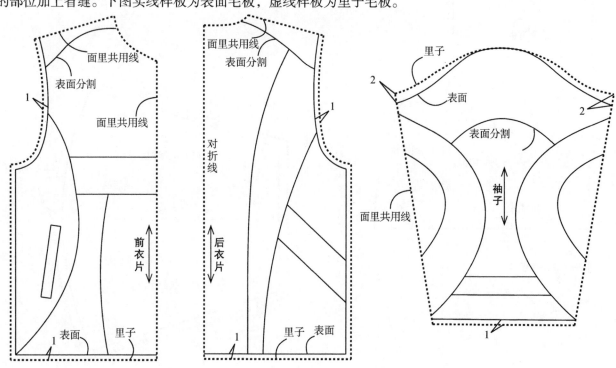

五、插肩式服装里子

插肩式结构的服装可"表里不一"。表面是插肩式结构，里子是圆装袖结构，可使表面和里子的缝份错开（不重叠），既增加服装的平服度和牢固度，还可以节省里料。

下图实线样板为表面毛板，虚线样板为里子毛板。

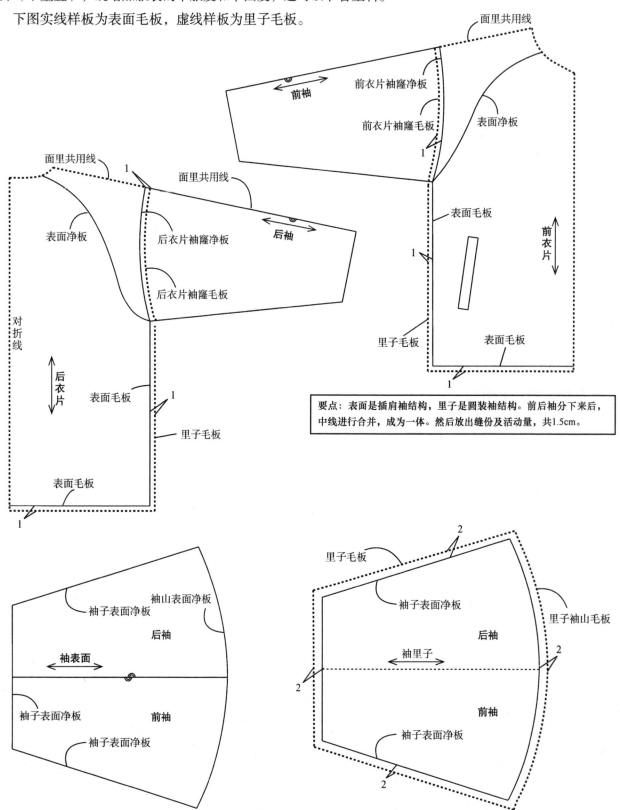

要点： 表面是插肩袖结构，里子是圆装袖结构。前后袖分下来后，中线进行合并，成为一体。然后放出缝份及活动量，共1.5cm。

第二节 衣片用料的纱向

几乎所有服装对衣片用料的纱向，都有严格的要求。哪怕是一个口袋的开线，如果要求用直料，你用横料，那肯定就是不合格产品。衣片的纱向分三种。一是直料，二是横料，三是斜料。沿布料经纱方向量衣片长度为直料；沿布料纬纱方向量衣片长度为横料；既不是直料，也不是横料为斜料。斜料应为45°正斜，否则就是偏斜，偏斜是不合理的。

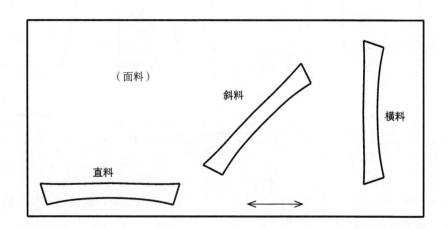

一、不同纱向的性能

直料：稳定性好，抗拉力强。

斜料：可塑性好，抗拉力差。

横料：介于直料和斜料之间。

二、纱向的一般要求和规律

一件服装各个衣片用料纱向是否合理，对服装的整体效果和质量有直接影响。各衣片的纱向与该衣片所处的部位、外观效果、制作工艺等有关。其一般要求和规律如下：

（1）主衣片：如前后裤片、前后衣片、袖子等，用直料。穿上后经纱为上下竖直方向。

（2）腰头、下摆、袖头、袋口开线、过肩：一般用直料，有的袖头用斜料。

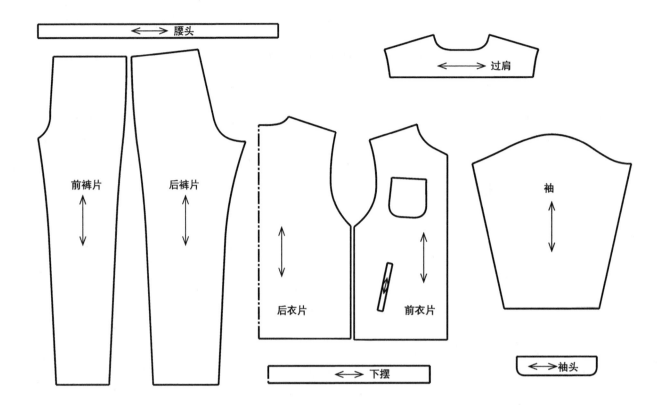

（3）男衬衫领：底领和翻领一般都用直料，特殊情况（如方格）翻领也可用斜料。

（4）中山服领：翻领用横料，底领用直料。

（5）西服领：翻领领面用横料，领里用领底呢（无纺布），或用斜料（用斜料必须两片纱向相同，拼接）。做到两边对称。

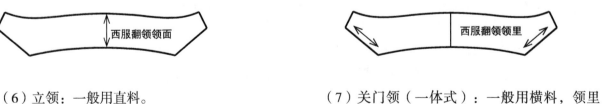

（6）立领：一般用直料。

（7）关门领（一体式）：一般用横料，领里也可用斜料（用斜料必须两片纱向相同，拼接）。

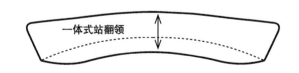

（8）关门领（分体式）：翻领用横料，底领用直料。

（9）帽：用直料。

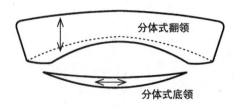

（10）硬板袋：与衣片对条对格。

（11）西服挂面：翻出部分外止口直线与经纱平行。

（12）男西服大袋盖：与衣片对条对格，对前不对后，对下不对上。

（13）贴袋：与衣片对条对格（纱向与衣片相吻合）。

（14）滚条：必须用斜料。

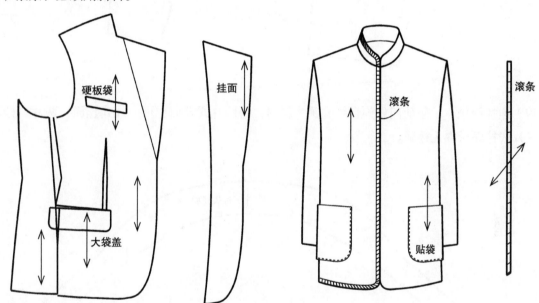

（15）特殊情况：特殊情况下，特殊对待，用料的纱向可以打破常规。如开刀分割、拼色，为了追求视觉效果，纱向可以随着视觉效果而改变。

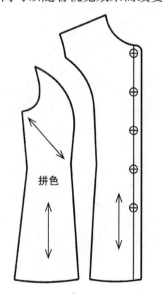
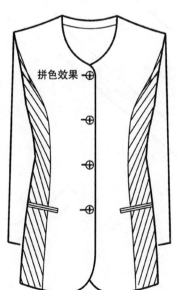

（16）大小袖：大小袖要用直料，而且丝缕要正。大袖的经纱要与袖中线平行。

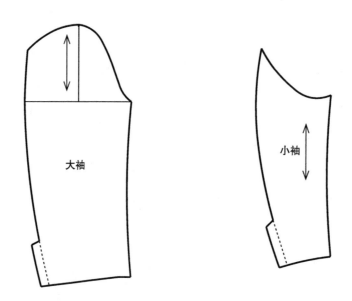

（17）连挂面领：一般前门处为直纱，领为斜料，可两片式挂面也可三片式挂面。两片式挂面后中有接缝，三片式挂面后中无接缝。

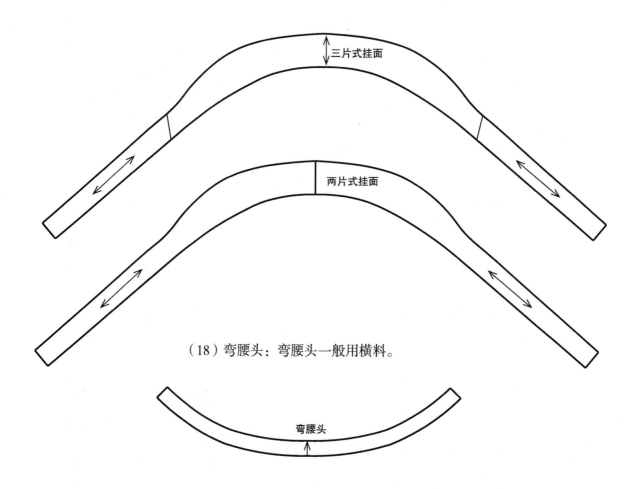

（18）弯腰头：弯腰头一般用横料。

第三节　排板的方法及规则

　　"排板"也称"排料"。分手工排板和CAD排板两种。CAD排板可以输出单片样板，也可以输出整个板面。大中型规模服装公司，多数采用输出整板的方法。即根据所使用面料的幅宽，将所有单个样板在板面内合理排列，根据拉布的长度，确定板面的长度，打印出纸板。根据纸板的长度在案台上进行裁剪拉布。拉布结束后，把纸板粘在最上面的一层面料上。最后按照纸板上的衣片图样，进行裁剪（割刀）。无论手工排板，还是CAD排板，规则基本都是一样。CAD排板也分自动排板、手动排板、人机互动排板等多种操作方法。

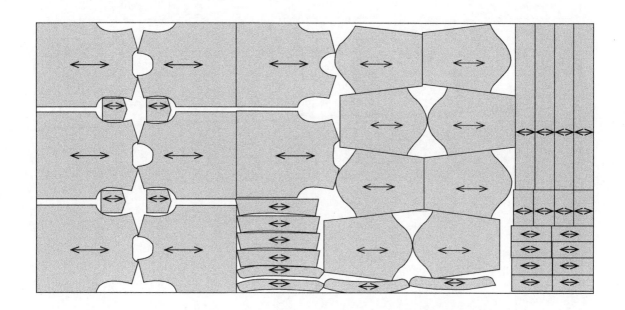

一、排板的步骤

　　（1）先排大片，后排小片。

　　（2）垂直边靠头，靠角。

　　（3）直边靠边排。

　　（4）直边靠直边。

　　（5）斜边对斜边。

　　（6）凹边对凸边。

　　（7）大头配小头。

　　（8）尽可能对称排板，可避免一顺撇。

二、排板的规则

　　（1）衣片的丝缕纱向要正（按照样板上所标的经向排列），以保证衣片及成衣的质量。

　　（2）物尽其用，见缝插针，最大限度地提高布料的利用率，降低生产成本。

（3）有倒顺毛（光）的面料，衣片要向一个方向顺排，不得颠倒。灯芯绒和平绒、金丝绒宜戗毛（倒毛）裁，长毛呢、裘皮等应顺毛裁。相同的样板，有倒顺的面料比一般面料用料要多一些。

（4）有条格的布料要根据要求对条对格。

（5）排板结束后一定要认真清点校对，有无漏排，有无重排，有无颠倒。

①面料无倒顺

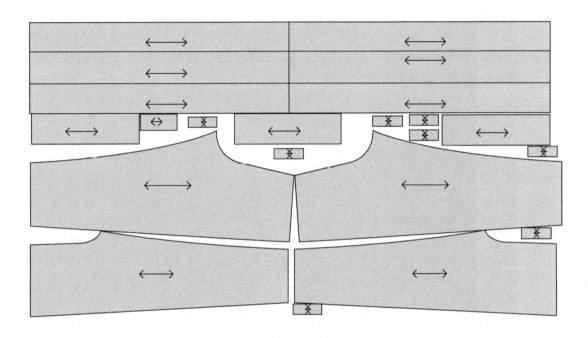

②面料有倒顺

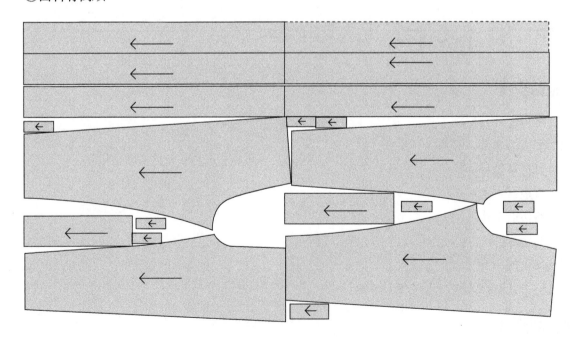

第四节　计算单耗

单件或单套服装用料的数量称作"单耗"。预算单耗是接单前期的重要工作，也是成本核算的重要依据。"单耗"的预算方法有如下几种：

一、试排法（用样板）

用打好的样板在规定的幅宽范围内进行试排，测量计算出"单耗"。一共排三两件服装，板面很难排齐。如排不齐的话，可测量一下剩余部分的面积（kxe，见下图），从总面积中减掉即可。

案例1：

幅宽=150cm　用料长=236cm　k=100cm　e=50cm

150cm × 236cm$-k$ × e=35400cm²−5000cm²=30400cm²

30400cm² ÷ 150cm（幅宽）÷ 4（件）≈2.02m ÷ 4≈0.50m

答：每件用料（单耗）0.50m。

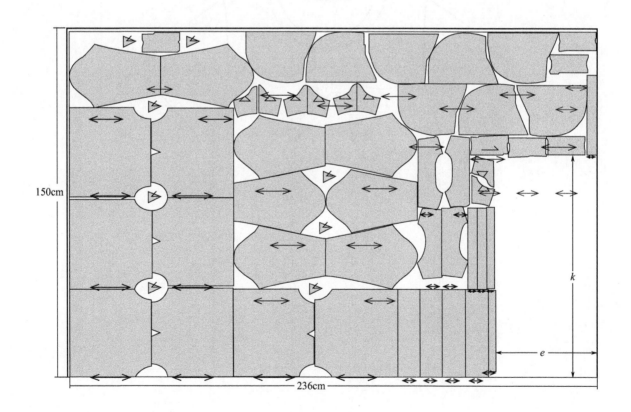

二、面积计算法（用样衣）

测量样衣，计算出该件服装用料的面积（按cm²计算），便可预算出用料的重量。

1. 案例1

$a \times b \times 2$（层）$+ c \times d \times 4$（层）=用料面积　用料面积×克重=用料重量（单耗）

衣片：a=60cm　b=50cm　　袖：c=20cm　d=22cm

衣片用料面积：60cm × 50cm × 2（层）=6000cm²

袖子用料面积：20cm × 22cm × 4（层）=1760cm²

6000cm²＋1760cm²=7760cm²=0.776m²

10000cm²（1m²）的重量是230g

230g/m² × 0.776m²=178g

答：每件用料（单耗）178g（没加裁耗，裁耗15% ～ 20%也可按10000cm²÷面料幅宽cm=用料长度cm）。

2. 案例2

a=64cm　　b=50cm　　c=58cm　　d=13cm

衣片用料面积：64cm×50cm×2（层）=6400cm²

袖子用料面积：58cm×13cm×4（层）=3016cm²

6400cm²+3016cm²=9416cm²=0.9416m²

10000cm²（/m²）的重量是230g

230g/m²×0.9416m²=216g

答：这件衣服用料（单耗）216g。

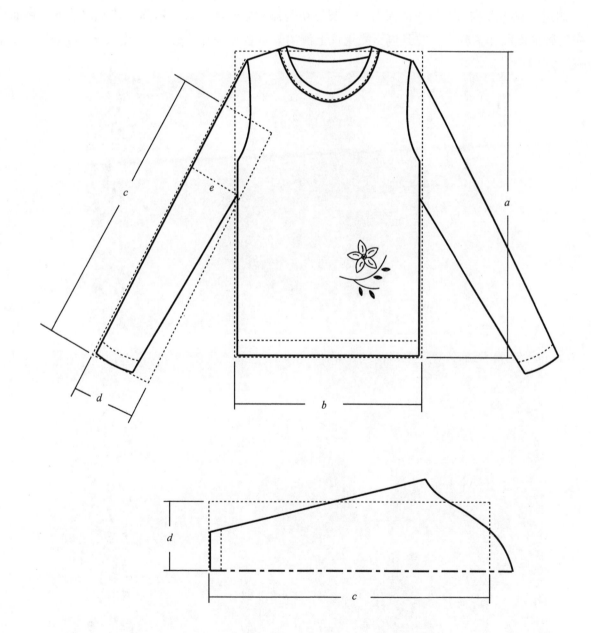

三、称重法

直接称一称样衣的重量，再加上15%～20%的裁耗，就是单耗（仅用于针织服装，而且面料的克重要和样衣克重相同）。

预算单耗难度较大，受许多不确定因素影响，很难准确掌握。更是初学者的难题。主要应该在实践中不断总结经验，摸索规律，逐步掌握。

四、测定面料"克重"

测定面料单位面积的重量，可间接地反映出面料的厚度和密度。针织面料每m²的重量，俗称"克重"。测定"克重"有一套简单的仪器——圆形切割器和电子测重仪。用圆形切割器切下一块面积为0.01m²的圆形面料作为样本，放到电子测重仪上测出其重量——克（g）数。克数×100cm²="克重"（g/m²）。

圆形切割器

电子测重仪

第五节　在样板中加缩率

一、缩率定义

　　服装面料经水洗或高温处理后，有一定的收缩，经水洗收缩称为"缩水"，经高温处理收缩称为"缩火"。由于面料的原材料的性能不同，有的面料缩水，有的面料缩火，有的面料既缩水又缩火。一般以棉、麻、丝等天然纤维为原料的纺织物缩水量大；涤纶、腈纶、维纶等化学纤维缩火量大。收缩量占面料的百分比称为缩率。例如100m布料经处理后缩短5m（剩下95m），它的缩率就是5%。沿经向收缩称作经向缩率，沿纬向收缩称作纬向缩率。有的面料经过各道生产工序后经向或纬向不仅不收缩，反而变长，出现负缩率（俗称倒涨）。

二、测定缩率

　　取一块与生产用面料相同的面料，在上面用平缝机缝出长1m，宽1m的正方形（0.5m也可以），高温反复熨烫（需要水洗工艺的，应以相同的方法水洗处理），让其收缩，然后分别测算出其经向缩率、纬向缩率。

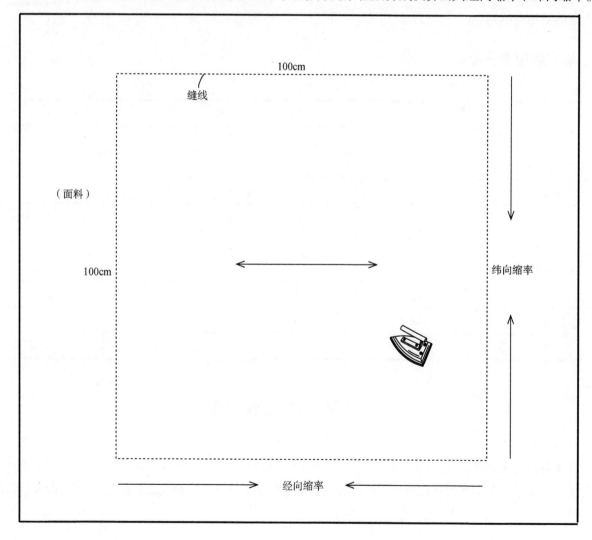

三、在打板中预加缩率

要想使成品服装的规格与设定规格相符，打板前必须充分考虑面料的缩率。手工打板，打板前把缩率预加到样板中。一般情况下，把缩率加到规格表中有关部位即可。如经向缩率，预加到裙长、裤长、衣长、袖长等长度中；纬向缩率预加到胸围、臀围、腰围、袖口等宽度中。肩宽、前浪、后浪、袖窿弧长等部位，因其边线为斜丝，这些部位多出现伸长的现象，因而要进行适当控制。使用CAD制板时，结构图不需要加缩率，排板时再统一设置相应缩率即可。

在样板中预加缩率包括三个方面（不包括自然缩率）。

（1）缝制缩率：服装在缝制过程中，多数衣片要有一个折转量，会使衣服的长度、宽度变小，这就是缝制缩率，也称缝耗。缝耗虽然不大，但是打样板时也应适当考虑这一因素。面料越厚，缝耗越大。缝耗对较小的衣片影响较大。如中山服领、男衬衫领等，一定要予以重视。

（2）水洗熨烫缩率（缩水、缩火）：水洗熨烫缩率是面料缩率中的主要组成部分。

（3）填充物缩量：加填充物的服装应预加缩量。有填充物（棉花、腈纶棉、羽绒、毛皮等）的服装，由于厚度较大，对各部位尺寸有一定影响，因而应根据填充物的厚度及其对各部位的影响程度，打板时应预加相应的量。

（4）自然缩率：滚卷式包装的面料，一定要提前展放开，让其自然回缩，24h后再拉布、画板。在样板中不需要加自然缩率。

四、填充物缩量参考表

单位：cm

部位	预加量			
	较薄型	中等厚度	较厚型	绗缝
裤长	2	2.5	3	4~5
衣长	1.5	2	2.5	3~4
袖长	1	1.5	2	2.5~3.5
臀围	2	4	6	8
胸围	2	4	6	8
领围	1	1.5	2	2~3
肩宽	0.5	0.7	1	2
袖口	1	1.5	2	2~3

第六节　原板放缩率

客供样板一般是不含缩率的，使用前需按照所使用的面料的缩率，加放相应的缩率。用CAD放缩率相对简单，但是手工放缩率就比较麻烦。操作方法基本上和推板差不多。假设面料的经向缩率是5%，纬向缩率是3%。

一、裤原板放缩率

　　下图中带#号的线为基准线，不需要动。实线样板为原样板，虚线样板为放缩率的新样板。按箭头方向往外放，5%是经向缩率，3%是纬向缩率。

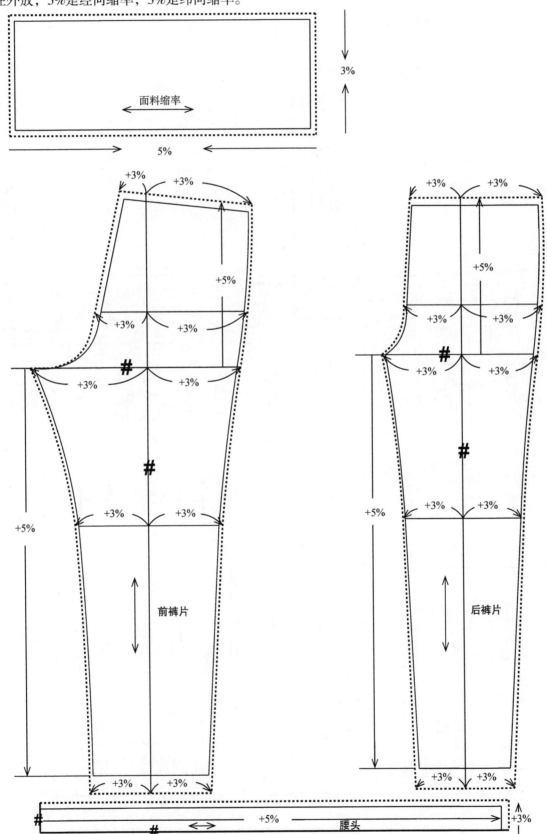

二、上衣原板放缩率

下图中带#号的线为基准线，不需要动。实线样板为原样板，虚线样板为放缩率的新样板。按箭头方向往外放，5%是经向缩率，3%是纬向缩率。

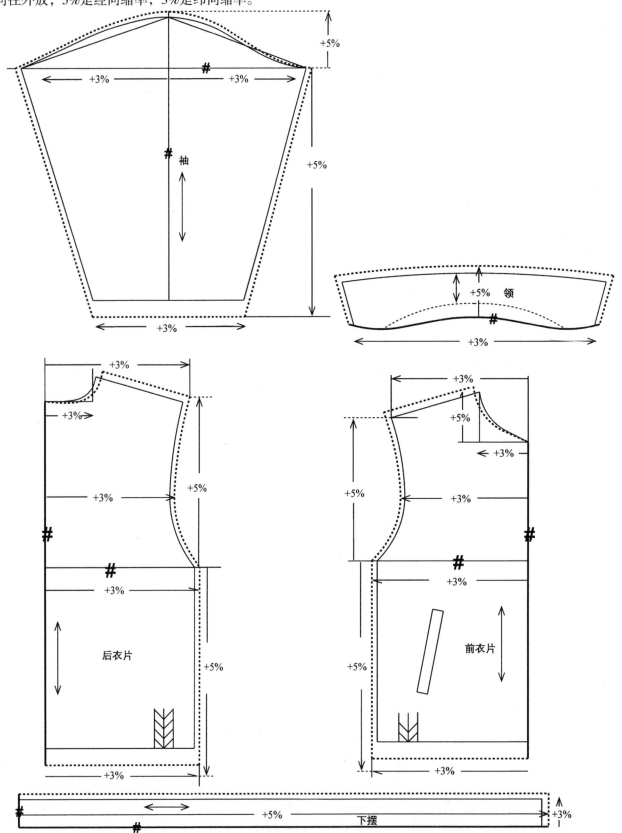

第七节　服装工艺制单

服装工艺单亦称"生产任务单""生产指示单""工艺单""订单""工艺书""指示书""示样书"等。是对产品全部技术要求进行分析研究，经样品或小批量试制，在通过鉴定并确定投入生产后，由企业技术部制定编写的生产技术性文件。它有成品规格，数量分配和用料说明、该款服装原辅料总用量预算，颜色搭配和成品款式图，制作工艺要求等内容。包括与该项生产任务有关的各方面资料、数据和要求，且针对企业实际，具有完整性、准确性和适用性。掌握不同类型服装的生产制单，加深对所学的服装知识的理解和对服装企业实际生产过程的了解，使学生初步掌握该项目的实际操作技能，提高学生的全面素质和职业能力，为走向社会、进入岗位奠定基础。

一、名词解释

（1）单："单""订单"也称"工艺单""作业指导书""服装生产示样书"等。"单"的派生含义是计量单位的代名词。如，干了几"单"，比上季度多几"单"等。

（2）放单：经营单位或厂家向生产单位厂家签订生产合同。

（3）接单：生产厂家接受订单。

（4）跟单：放单者对放出的产品生产准备及过程进行技术指导、质量监督及生产进度的跟踪。

（5）跟单员：放单者派出的跟单人员。

（6）返单：再次生产原生产过的产品。

（7）撤单：放单者撤销原定生产计划，或部分撤销。

（8）制单：服装生产技术性文件（非生产合同）的编写。

（9）工艺单："工艺单"也称"订单""工艺书""指示书""示样书"等。是放单者向接单者提供的生产计划、质量标准、产品规格、工艺要求等综合型的技术性文件（非生产合同），是生产该产品的主要技术依据，也是样板师制样板的主要依据。

二、设计"工艺单"的首页

工艺单的首页主要应包括总表、款式图、规格表、号型颜色配比表、使用面料、辅料的料样等。总表应显示该订单的生产计划等基本信息。

三、服装工艺指导及标准

（1）针距：如3cm/12针，1″/12～13针。

（2）缝制方法：如先缝合，后缉明线0.1cm。

（3）某些局部要求：如口袋两端封结0.6cm。

（4）某些细部要求：如嵌线袋的嵌线宽1cm、长15cm，前省长16cm、后省长11cm。

（5）对商标、洗涤唛、吊牌的要求：商标钉在后腰中心，顺色线四边缉明线，洗涤标夹在前裤片左腰里中心，吊牌挂在前腰左边（穿上后）距前腰10cm。

（6）刺绣、印花应提供1∶1实样，（带色）标清楚该图案在衣片上的位置。

XX服饰公司服装生产工艺单

总表

款式名	针织衫
货号	Z—290
数量	3060件
放单人	X X X
接单人	X X X
接单时间	2014.5.19
交货时间	2014.5.30

配比表　　　　　单位：件

号型\颜色	S	M	L	合计
天蓝色	260	300	260	820
水蓝色	200	300	260	760
桃红色	200	300	200	700
大红色	260	260	260	780
总数	920	1160	980	3060件

规格表　　　　　单位：cm

号型\部位	S	M	L
衣长	61	63	65
胸围（B）	41	43	45
下摆	42	44	46
袖肥	19	20	21
袖长（SL）	17	18	19
袖口宽	17	17.5	18
前领口宽	15	16	17
前领口深	10	10.5	11
后领口深	2.5	2.5	2.5
领高	6	6	6

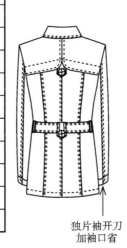

独片袖开刀
加袖口省

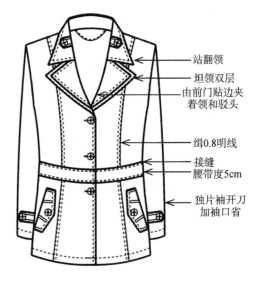

站翻领

坦领双层
由前门贴边夹
着领和驳头

缉0.8明线

接缝
腰带度5cm

独片袖开刀
加袖口省

面料小样

辅料

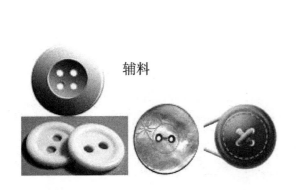

（7）纽扣扣眼：用何种纽扣（树脂四孔），多大规格，锁多大扣眼，平头，圆头，用何种线锁眼，用什么机器锁眼，均应标写明确，纽扣要求"X""="，每孔三根线等。

（8）交代制作工艺除规定方法外，一些比较关键部位应单独强调，应打倒回针、不准反吐、不准差色等。

（9）整烫要求：用汽喷或电熨，折叠几层，平服整齐，不起极光等。

（10）允许各部位公差：如衣长±1cm，胸围±2cm，袖口宽±1cm等。

（11）平车先调试好，车的线路不可有松紧、跳线、油渍。

（12）做领以实样为准，领型不能变，领上绣花左右对称。

（13）拼前后主缝，对准剪口位，均匀平顺.止口一致。

四、包装规定及原则

（1）所有品牌的产品以叠装为主。

（2）礼服类产品和皮革（包括仿皮）皮草类均应挂装。

（3）产品工艺特殊，经叠装测试后无法正常叠装的，可以挂装（如珠片料叠装可能勾丝或折叠后死痕无法恢复）。

五、服装制单要求

（1）首先是全面系统地了解分析产品的款式规格、版型工艺及所采用的面料、辅料的性能，如有客户，可与客户沟通、协商、无疑点，方可操作。

（2）制作工艺单要认真、细致、有条有理。每个细部都应交待清楚，没漏洞。数据要互相关联，互相印证，不要似是而非，模棱两可，让人猜测。

（3）制单要用专业术语，要按国家规定使用法定计量单位。

（4）绘制款式图要细致到位，把每个细部画清楚，必要时添加文字说明。

（5）工艺单的篇幅及总页数不限，有话则长，无话则短，以能够表述清楚为原则。

第八节　服装跟单员职责

跟单员是放单单位，随订单派到接单单位的管理人员。应协助接单单位开展工作。

一、跟单员的三大主要任务

（1）技术指导。

（2）质量监督。

（3）生产进度的监控。

二、跟单员的基本职责

（1）面、辅料到厂后，督促工厂最短时间内根据发货单详细盘点，并由工厂签收。若出现短码、少尺现象要亲自参与清点并确认。

（2）如工厂前期未打过样品，须安排其速打出投产前样品进行确认，并将检验结果书面通知工厂负责人和工厂技术科，特殊情况下，须交至公司或客户确认，整改无误后方可投产。

（3）校对工厂裁剪样板后方可对其进行板长确认，单耗确认书由工厂负责人签名确认，并通知其开裁。

（4）根据双方确认后的单耗要与工厂共同核对面、辅料的溢缺情况，并将具体数据以书面形式通知公司。如有欠料，须及时落实补料事宜并告知接单工厂。如有溢余，则要告知工厂大货结束后如数退还。裁剪中要指导其节约用料，杜绝浪费现象。

（5）投产初期必须每个车间、每道工序高标准地进行半成品检验，如有问题，要及时反映给工厂负责人和相关管理人员，并监督、协助工厂落实整改。

（6）每个车间下机首件成品后，要对其款式、尺寸、做法、工艺进行全面细致地检验。出具检验报告书（大货生产初期、中期、末期）及整改意见，经工厂负责人签字确认后，留工厂一份，自留一份并传真到公司。

（7）每天要对工作进行总结、记录，制订明日工作方案。根据大货交期事先列出生产计划表，每日详实记录工厂裁剪进度、投产进度、产成品情况、投产机台数量，并按生产计划落实进度。生产进度要随时汇报公司。

（8）针对客户跟单员或公司巡检所提出的制作、质量要求，监督、协助工厂落实到位，并把落实情况及时汇报公司。

（9）成品进入后整理车间，需随时检查整烫、包装等质量，并不定期抽验包装好的成品，要做到有问题早发现，早处理。确保大货质量。

（10）大货包装完毕后，要将裁剪明细与装箱单进行核对，检查每色、每号是否相符。如有问题必须查明原因，及时纠正解决。

（11）生产结束后，详细清理并收回所有剩余面料、辅料。

（12）对生产过程中各环节的协同配合情况及出现的问题，对问题的反应处理过程以及整个订单操作情况进行总结，以书面形式报告公司主管领导。

第九节　裤子版型解析及归拔

一、裤子版型解析

裤子穿着涉及人体的腿部、腰部、臀部、裆部和胯部等多个部位。这些部位外形比较复杂，而且有多个活动关节，因而平面结构非常复杂。裤子版型主要与以下几方面有关。

1. 整体重心（胯大）

裤子的重心正不正对裤子的版型有直接影响。重心正不正在成品外观上主要体现在胯的大小上。胯大指两条裤腿平铺开，左右脚口之间的距离。粗略的可分为大胯、中胯和小胯。

大胯的裤子裆处活动量较大，穿着比较舒服，但是，站立时裤裆中有一定褶皱。适合于宽松式、休闲式和运动式裤子（此类裤子没有烫迹线）。

小胯的裤子裆处活动量较小，左右胯部外侧有多余的量，穿着不舒服，是裤子版型中最致命的弱点，任何裤型都不应该出现的版型。

中胯介于大胯与小胯之间，活动量分布合理，合体程度高，适合于男女西裤。

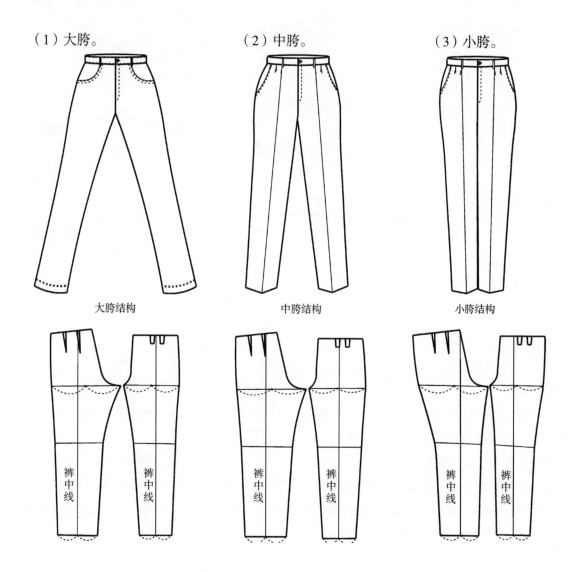

（1）大胯。　　　　　（2）中胯。　　　　　（3）小胯。

大胯结构　　　　　　中胯结构　　　　　　小胯结构

　　裤子的胯大在结构上主要取决于裤中线在前后裤片中的位置。裤中线在前后裤片中的位置，决定了内裆线及侧缝线的斜度，内裆线及侧缝线的斜度决定了胯的大小。

　　（1）大胯：裤中线偏向侧缝一边，侧缝线斜度小，内裆线斜度大，活动量集中在裆部，因而穿着舒服，但是由于活动量集中在裆部，站立时裆部出现褶皱较多。该版型一般无烫迹线，对着折叠。

　　（2）中胯：裤中线基本在中心，稍偏向侧缝一边，侧缝线斜度与内裆线斜度差不多，两侧近似于对称，合体程度较高。该版型有烫迹线，并着折叠。

　　（3）小胯：裤中线偏向内裆一边，侧缝线斜度大，内裆线斜度小，活动量集中在侧缝，因而穿着裆部发紧，不舒服。是裤子中的劣质版型，一般不采用。

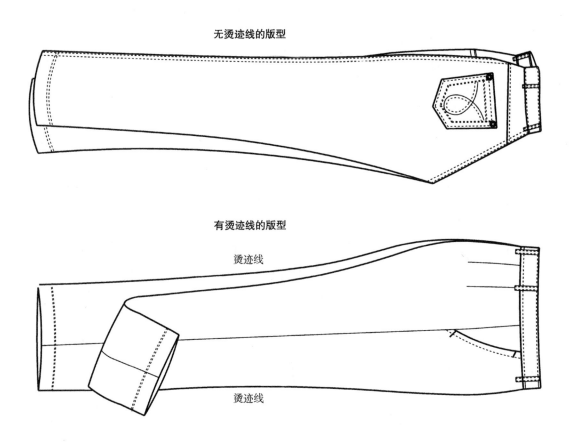

2. 臀腰差

　　什么叫臀腰差？人的腰围比臀围要小，两者的差量称为臀腰差。如臀围90cm-腰围70cm= 20cm。20cm就是臀腰差。男人的臀腰差小于女人的臀腰差。

　　正常体型裤子的臀腰差　女西裤：25～30cm；男西裤：22～27cm；牛仔裤17～20cm；低腰牛仔裤：15～18cm。这是因为西裤的腰围在腰部最细处，牛仔裤的腰围在人体的胯部，胯部的围度大于腰部最细处很多，同时牛仔裤一般都是卡体的，臀围比西裤小得多，所以牛仔裤的臀腰差比西裤的臀腰差要小得多，裤子的臀腰差要通过加省缝的办法来解决。

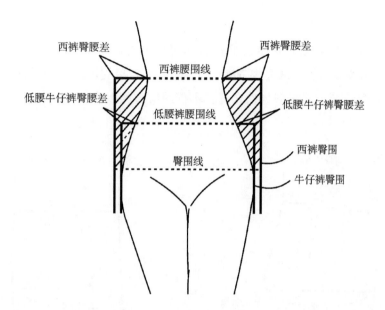

（1）西裤臀腰差：西裤的臀腰差比较大，需要设的省量就大，省缝的个数也需要多，一般情况要在腰口的一周设计12个省缝。12个省缝中有4个隐藏在裤片的侧缝中为暗省，其余8个在前后4个裤片中，每个裤片各两个省缝（或褶裥）。

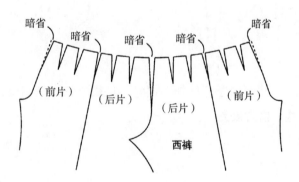

（2）低腰牛仔裤臀腰差：低腰牛仔裤由于其臀腰差较小，因此在四个裤片的腰口侧缝处劈掉一定的量，也就是暗省，来调整臀腰差。前裆的暗省不宜过大。

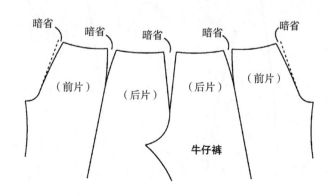

3. 省量的计算方法

前后裤片通过计算来确定省量、褶量，要比省褶定量的方法科学。简单讲，就是把现有的腰口大（前片用○表示，后片用●表示），减去腰围/4，剩下的就是省褶的量。实践证明，这种方法由于其较合理地解决了臀腰差的分配问题，其版型更趋合理，不仅适应臀腰差中等的条件，对臀腰差过大或过小，同样适应。

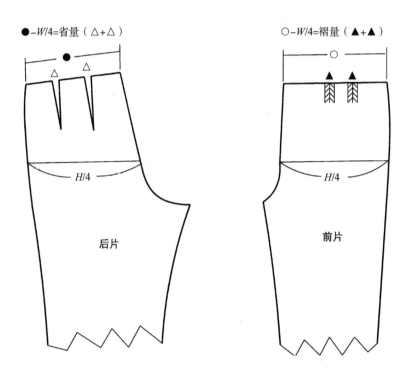

4. 牛仔裤加横省

为了减小后裆的斜度，可在后片腰口断开处加一横省。加横省的方法需要先在腰口画一竖省（1cm左右），然后进行转移（竖省合并，横省展开）。

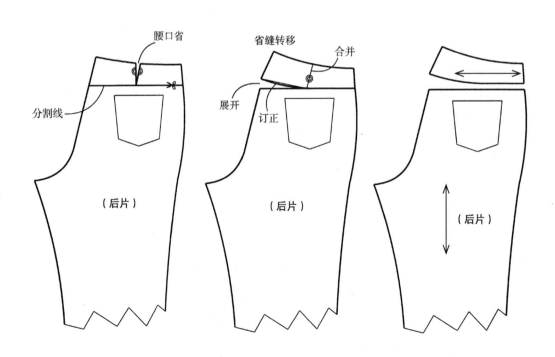

5. 牛仔裤省量的分配

臀腰差的合理处理，是保证裤子版型质量的关键因素。臀腰差处理的合理，臀腰之间的造型才能合体有形。腰口处省缝的大小决定了臀围处窝势的大小，窝势越大，活动量越大，窝势越小，活动量越小。

6. 牛仔裤腰口和腰头的关系

前后裤片腰口大各为腰围/4，四个暗省，不要求把臀腰差平均分配，应合理调整。通过 4 个省量的调整、腰口弧线的调整，使每个裤片腰口的两个角，接近直角。四个裤片对合后，形成的边线应该是圆顺的。低腰牛仔裤的弧形腰头应该和腰口相吻合，均为弓形。

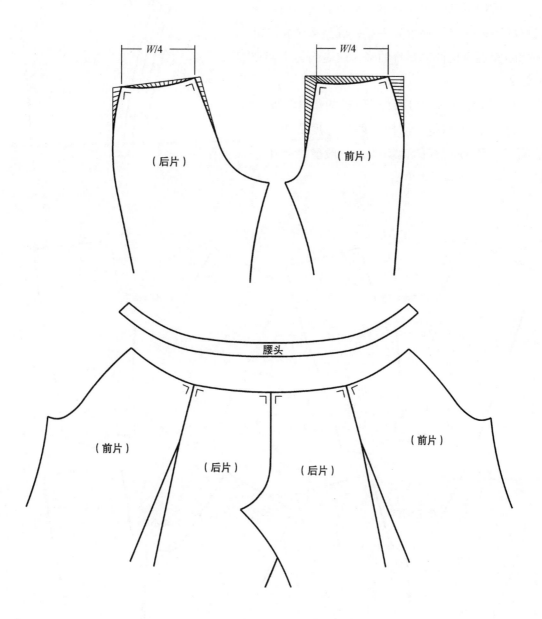

7．横裆的宽度及大小裆弧的弯度

横裆的宽度，直接影响大小裆的宽度。是各种裤子版型的一个主要指标。横裆越大，裆部活动量就越大，穿着越宽松。横裆越小，裆部越紧身卡体，显体形。应根据裤子款式、面料性能等因素，确定横裆的大小。老年人的横裆宜加大。

大裆弧线简称大裆弯。该弯的大小是决定裤子后裆部位是否合体、舒适的重要条件。由于男女西裤追求的效果不同，大裆弯的弧度是有区别的。女西裤大裆弧要弯的重一点，后裆下部卡体，显出优美的曲线；而男西裤大裆弧弯的要轻一点，松量大一点，成品裤子宽松舒适。牛仔裤的大裆弧比西裤要直的多，这是因为大裆宽比西裤小得多。

下图是前后片内裆对接后裆弯形成的整体效果。女西裤弯度最大，男西裤弯度比女西裤弯度要小。牛仔裤要直得多。弹性较强的针织裤，一般横裆要小，弯度要轻。

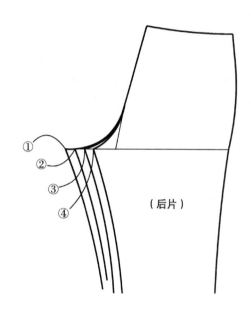

（后片）

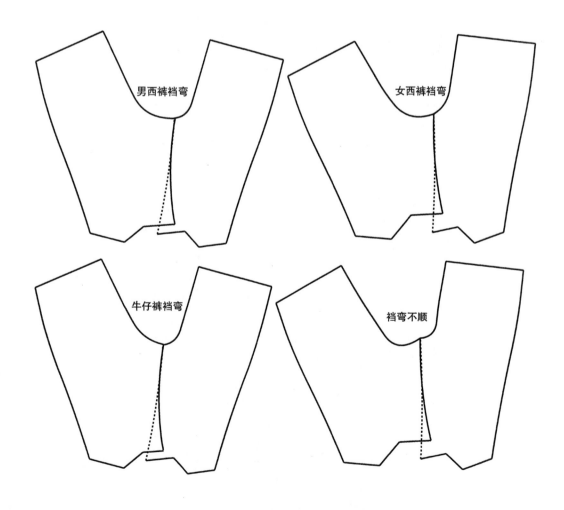

男西裤裆弯

女西裤裆弯

牛仔裤裆弯

裆弯不顺

二、裤子的归拔（拔裆）

裤子的造型非常复杂，这是由人的下体外形的不规则和特殊性所决定的。平面的裤片单纯靠几何图形的变化以及立体造型满足不了人体的复杂变化和要求，通过加温、加压、拉力等外力使平面的裤片变形，这一工艺称为"归拔"。归是归拢，拔是拔开，简称"归拔"。因为裤子的归拔主要是拔长裆部（内裆），所以也称"拔裆"。归拔后产生的窝势，与人体臀部、胯部等部位的球面相吻合，而产生的负量正好与臀下方的曲面相吻合。

通过拔裆，使裤片的平面结构产生了相应变化。裤片的结构应考虑拔裆因素所带来的影响，改变了烫迹线的轨迹和位置。因而不要把"裤中线"和"烫迹线"混为一谈，裤中线和烫迹线是两个概念。下图标明了前后裤片需要归拢和拔开的部位。

前片归拔示意图

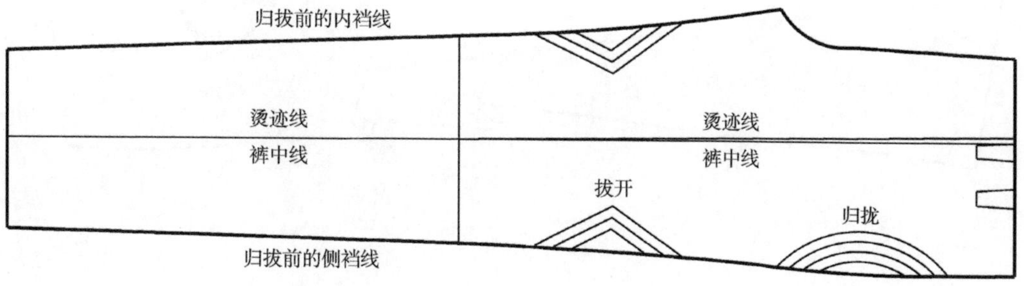

归拔前的内裆线

烫迹线　　　　　　　　烫迹线

裤中线　　　　　　　　裤中线

拔开

归拢

归拔前的侧裆线

后片归拔示意图

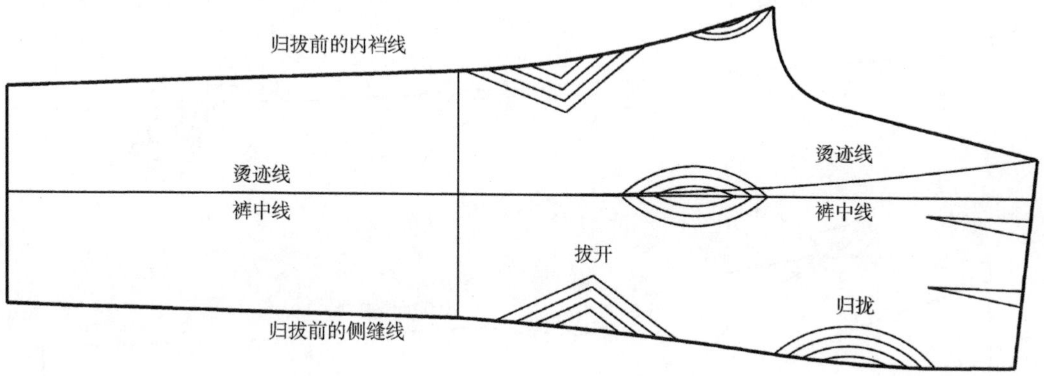

归拔前的内裆线

烫迹线　　　　　　　　烫迹线

裤中线　　　　　　　　裤中线

拔开

归拢

归拔前的侧缝线

1. 后裤片归拔

（1）拔内裆：用蒸汽熨斗在裤片的反面，由臀高线开始向内裆按箭头所示方向加温，加压，反复推拉，同时用左手往外拽拉。把内裆线拔开，拉长。使边线由原来的内弧形变成直形。

（2）拔侧缝：用蒸汽熨斗在裤片的反面，由臀高线开始向侧缝按箭头所示方向反复推拉，同时用左手往外拽拉。把侧缝线拔开，拉长，使边线由原来的内弧形变成直形。胯部外弧处归拢，向里推进，使边线由外弧形变成直形。

（3）烫平烫迹线：归拔完成后，把裤片折叠成双层，内裆缝和侧缝对齐，烫平。进一步让内裆线呈直线状态，把烫迹线烫平，臀下往里推，归进，使烫迹线变成"S"形弧线。

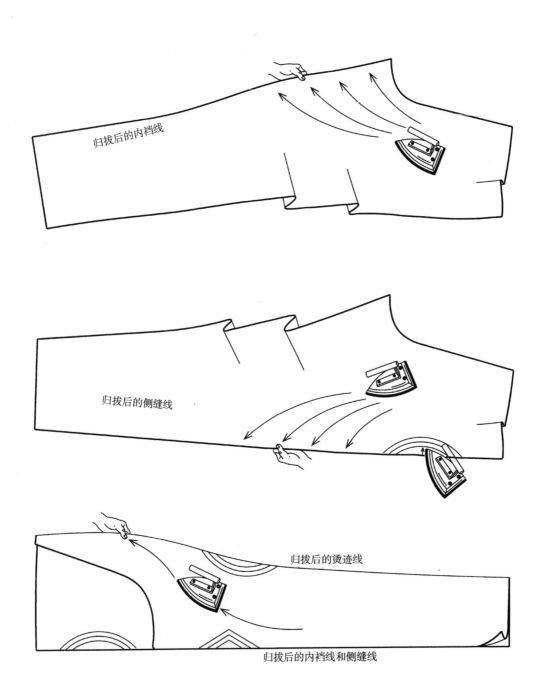

2. 前裤片归拔

（1）拔内裆、侧缝：用归拔后裤片相同的方法，归拔前裤片。区别在于后裤片内裆缝和侧缝的弯度大，归拔力度要大；前裤片内裆缝和侧缝的弯度小，归拔力度不需太大。

（2）烫平烫迹线：归拔完成后，把裤片沿裤中线折叠成双层，内裆缝和侧缝对齐，烫平。进一步让内裆线呈直线状态。把烫迹线烫平，变成"S"形弧线。

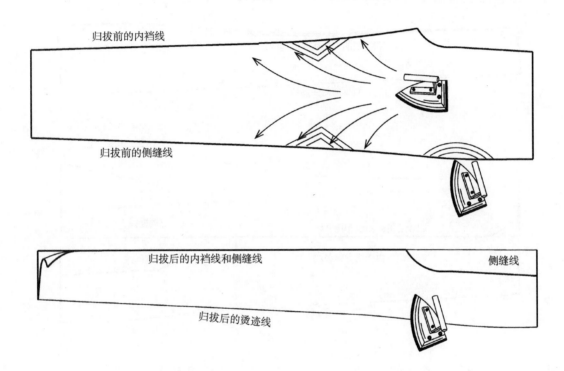

归拔是利用高温、高压等强制手段，使衣片的丝缕变形，产生立体变化，而衣片的总量和面积没有变。

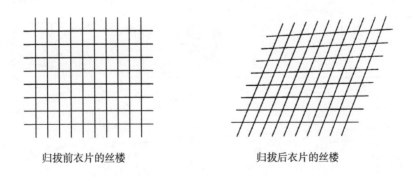

归拔前衣片的丝缕　　　　　　归拔后衣片的丝缕

3. 归拔前后效果的比较

下图是归拔前后效果的比较。归拔前：内裆和侧缝边线均为内弧状态，而烫迹线是直线状态。归拔后：内裆和侧缝的边线变成直线，而烫迹线则变成了与人体相吻合的弧形。

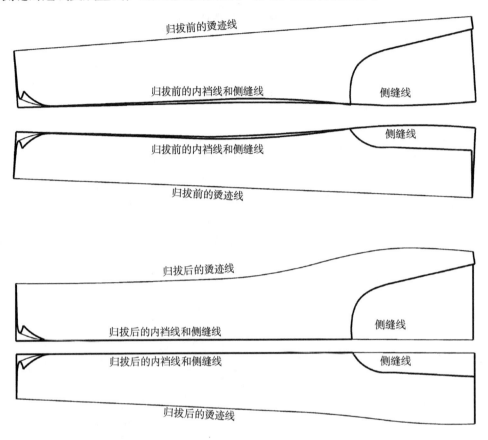

下图是经过归拔的成品裤子的折叠效果。前后片的内裆边线和侧缝边线均为直线，两个直边对起来，很自然就能烫平。烫迹线臀部处呈外弧状态，与人体臀部球面相吻合。而臀下为内弧状态，与人体臀下曲面相吻合，这就是归拔的基本作用。

另外很多中低档裤子裤片不进行归拔，成衣后进行整烫。其实这个整烫的过程，产生的作用相当于简单的归拔。

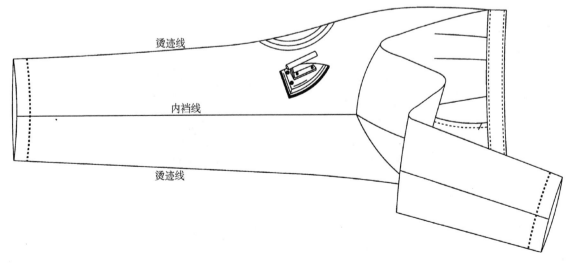

第十节　针织面料基本知识

针织物是由一根或若干根纱线（合并），沿纬向或经向弯成线圈，再由线圈互相套结而成。随着纺织工业的发展，如今的针织物已经由单纯的棉纱发展成今天的麻、丝、毛、化学纤维等多种纱的织品。

一、针织物的特性

1. 具有较大的伸缩性

由于针织物是由线圈套结而成，因而有较大的弹性，当受到外力拉伸时，即随之伸长；当外力解除后，即恢复原状。针织品的这种伸缩性，能适应人体各部位的伸展、弯曲，松量小的部位不牵扯，不发紧；松量大的部位不起褶，穿着贴身、合体。

2. 具有较好的柔软性

由于针织物用的纱线捻度较低，再加之编织密度较低，所以针织物的质地比较柔软，穿着有舒适感，特别是做内衣。

3. 具有良好的吸湿性和透气性

针织品线圈套结之间空隙较大，有利于人体排除汗液和汗气，有良好的透气性。

二、针织物的分类

1. 纬编针织物

纬编针织物是由圆机制成的圆筒。分大圆机和小圆机。大圆机有24英寸、28英寸、30英寸、32英寸等（双层筒）机型，小圆机有16英寸、18英寸等（双层筒）机型。常见的产品有如下品种：

（1）汗布（单面）、竹节布等。

（2）棉毛（双面）。

（3）网眼：大网眼织物、小网眼织物等。

（4）毛圈：毛巾布、蚂蚁布、天鹅绒、摇粒绒等。

2. 经编针织物

经编针织物是用横机制成的。常见的产品有如下品种：

（1）各种规格的罗纹织物。

（2）双面毛衣织物。

（3）各种经编布等。

三、针织物的主要物理指标

1. 纱支

针织物纱线的粗细以"纱支"为衡量标准。英制纱支1磅重的棉纱（454克），有几个840码长，就是几支纱。常见的纱支有8支纱、10支纱、16支纱、18支纱、20支纱、32支纱、40支纱、60支纱等。纱线越粗，纱支越低；纱线越细，纱支越高。90支纱以上为高支纱。高支纱对棉花的品质和纺纱技术要求都很高，要用优良的新疆长绒棉做原料。纱支的代号为"S"。国内企业及外贸流通，多数以英制纱支为统一标准。

2. 密度

针织物的密度以针数来衡量。每英寸多少针，常见的有24针、28针等。36S~40S以上一般选28针，36S以下一般选24针。

3. 克重

每平方米的针织物有多少克重，就称为"克重"。如1平方米针织物重180克，就称为180克重。克重与纱支有紧密的联系。纱支越低（纱线越粗）其克重越高；纱支越高（纱线越细）其克重越低。一般汗布20支纱其克重在170~190克；36支纱其克重在120~130克。克重是测定面料厚度的间接标准。

4. 筒宽

针织物的筒宽指双层铺平测量的宽度，相当于梭织品的幅宽。常见的筒宽有16″、18″、24″、28″、30″、34″等。可根据产品的排板情况，选择合适的筒宽，定制面料，不仅裁剪时操作方便，同时也可大幅度提高面料的利用率。

四、针织物的扩幅和缩幅

针织物的筒宽尽管有多种多样，但有时仍满足不了产品排版的需要。筒宽的大小不合适，可以在染整过程中进行扩幅或者缩幅处理（也称扩档、缩档）。扩幅就是把筒宽扩大；缩幅就是把筒宽缩小。扩幅和缩幅一般不得超过5~6cm。

五、针织物的缩率

针织物的缩率与很多因素有关。一般汗布和棉毛织物的经向缩率在3%~5%，纬向缩率在3%~6%。有时出现负缩率（俗称倒涨）。出现负缩率的原因往往是由缩幅引起的。针织物的缩率一般是通过高温熨烫进行测定。

六、针织物的生产流程

针织物的生产先由棉纱经机织成毛坯，毛坯经染色、烧毛、丝光等工艺进行处理形成光坯，光坯就是供裁剪用的成品布，利用光坯通过裁剪、缝制进入制作程序。

七、针织物在生产过程中的损耗

每道生产工序，都有不同的损耗（针织物多以重量kg为计算单位）。

1. 织耗

由棉纱制成毛坯的损耗简称织耗。织耗一般为5%左右。织耗的高低与棉纱的质量、织布的设备及工艺技术有一定关系。棉纱的质量越好其织耗就越低。设备和工艺技术的先进，也可降低织耗。

2. 染耗

由毛坯经染整成为光坯的损耗，简称染耗。染耗一般在3%~6%。染耗的高低与颜色的深浅有关，深色染耗在3%~4%；浅色染耗在5%~6%。另外烧毛、丝光等工艺对染耗也有一定影响。

3. 裁耗

裁剪中出现的损耗简称裁耗。裁耗主要与排版中的布料利用率有直接关系，利用率越高，裁耗越低，反之越高。普通产品的裁耗一般在10%~20%，一般15%左右（面料利用率在85%上下）。

附录一　中华人民共和国国家标准（国标）
服装规格系列参考

1. 男上衣规格系列表

单位：cm

部位名称＼型			80	84	88	92	96	100	104
胸围			102	106	110	114	118	122	126
领围			39	40	41	42	43	44	45
总肩宽			44	45	46	47	48	49	50
号	155	衣长	68	68	68	68			
		袖长	56	56	56	56			
	160	衣长	70	70	70	70	70		
		袖长	57.5	57.5	57.5	57.5	57.5		
	165	衣长	72	72	72	72	72	72	72
		袖长	59	59	59	59	59	59	59
	170	衣长			74	74	74	74	74
		袖长			60.5	60.5	60.5	60.5	60.5
	175	衣长				76	76	76	76
		袖长				62	62	62	62
	180	衣长					78	78	78
		袖长					63.5	63.5	63.5
	185	衣长					80	80	80
		袖长					65	65	65

2. 男长裤规格系列表

单位：cm

部位名称＼型			66	70	74	78	82	86	90
腰围			70	74	78	82	86	90	92
臀围			101	104	107	110	113	116	119
号	155	裤长	96	96	96	96	96	96	
	160		99	99	99	99	99	99	99
	165		102	102	102	102	102	102	102
	170		105	105	105	105	105	105	105
	175		108	108	108	108	108	108	108
	180			111	111	111	111	111	111
	185			114	114	114	114	114	114

3. 女上衣规格系列表

单位：cm

部位名称＼型			76	80	84	88	92	96	100
胸围			96	100	104	108	112	116	120
领围			36	37	38	39	40	41	42
总肩宽			39	40	41	42	43	44	45
号	140	衣长	60	60	60	60			
		袖长	50	50	50	50			
	145	衣长	62	62	62	62	62		
		袖长	51.5	51.5	51.5	51.5	51.5		
	150	衣长	64	64	64	64	64	64	64
		袖长	53	53	53	53	53	53	53
	155	衣长		66	66	66	66	66	66
		袖长		54.5	54.5	54.5	54.5	54.5	54.5
	160	衣长			68	68	68	68	68
		袖长			56	56	56	56	56
	165	衣长			70	70	70	70	70
		袖长			57.5	57.5	57.5	57.5	57.5
	170	衣长				72	72	72	72
		袖长				59	59	59	59

4. 女长裤规格系列表

单位：cm

部位名称＼型			64	68	72	76	80	84	88
腰围			68	72	76	80	84	88	92
臀围			103	106	109	112	115	118	121
号	145	裤长	89	89	89	89	89		
	150		92	92	92	92	92	92	92
	155		95	95	95	95	95	95	95
	160		98	98	98	98	98	98	98
	165		101	101	101	101	101	101	101
	170		104	104	104	104	104	104	104
	175			107	107	107	107	107	107

附录二 小学生运动装统一号型规格表

班级_____

姓名_____

身高_____

体重_____

联系电话_____

统一价格_____

自报号型_____

单位：cm

规格	6XS	5XS	4XS	3XS	2XS	XS	S	M	L	XL	XXL	净尺寸	成品尺寸
号型	120/60	125/60	130/64	135/64	140/68	145/72	150/72	155/76	160/80	165/84	170/88		
体重（kg）	25~27.5	27.5~30	30~32.5	32.5~35	35~37.5	37.5~40	40~42.5	42.5~45	45~47.5	47.5~50	50~52.5		
胸围	84	86	88	90	92	94	96	100	104	108	112		
衣长	52	54	56	58	60	62	64	66	68	70	72		
臀围	84	86	88	90	92	94	96	100	104	108	112		
裤长	74	77	80	83	86	89	92	95	98	101	104		

注 ①号型的含义：身高为"号"，净胸围为"型"。

②如表中无自己需要的号型规格，可在最后一栏内填上自己需要的号型规格。

③125/60及以下号型，一旦订购，不予调换。

编后记

    本教材已在多所院校试用数年，同时作为山东省中职、大专院校专业教师培训的统一教材，青岛市劳动局确定的企业技术人员培训的统一教材。经过在长期实践中不断提炼、增删、修改、充实，该教材逐步成熟、完善，受到广大师生及企业技术人员的欢迎和好评，并于2011年被评为青岛市精品课程。

    作者长期在教学岗位上工作，具有在服装生产第一线操作的阅历，兼任多家大中型服装企业的技术顾问，经常帮助企业培训技术骨干。作者与时俱进，锐意创新，不仅专业技术过硬，而且在教学方面也有深层研究，先后获得"青岛市教学能手""山东省优秀教师"等荣誉称号，为社会培养服装专业技术人才数以万计。作者的培训教学专业系统，并开设CAD课程，赠送CAD软件，教学中使用多媒体、电子教室等先进的设备，全程使用课件，科学授课，专业知识不断更新，内容更加丰富。

    作者充分利用现代网络信息技术，开通网络教学，推出新技术，介绍最新研发的新款式、新方法、新成果。读者朋友可通过QQ进行沟通咨询，求证答疑，解决难题，获得最新信息资料。同时欢迎广大读者朋友和同仁们，积极参与互动交流，发表您的意见和看法，共同探讨，取长补短，推动服装技术和专业教学不断创新、发展。

E-mail：fspww@126.com

手机：13969652131   13964824177

QQ：793023077

房世鹏

于2014年10月